企业职工
工伤预防培训教材

《企业职工工伤预防培训教材》编委会 / 编

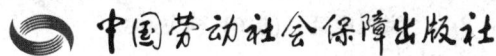
中国劳动社会保障出版社

图书在版编目(CIP)数据

企业职工工伤预防培训教材/《企业职工工伤预防培训教材》编委会编. -- 北京：中国劳动社会保障出版社，2019
ISBN 978-7-5167-4089-7

Ⅰ.①企… Ⅱ.①企… Ⅲ.①工伤事故-事故预防-技术培训-教材 Ⅳ.①X928.03

中国版本图书馆 CIP 数据核字(2019)第 130103 号

中国劳动社会保障出版社出版发行

(北京市惠新东街 1 号 邮政编码：100029)

*

三河市华骏印务包装有限公司印刷装订　新华书店经销
787 毫米×1092 毫米 16 开本 20.25 印张 260 千字
2019 年 7 月第 1 版 2023 年 10 月第 3 次印刷
定价：48.00 元

营销中心电话：400-606-6496
出版社网址：http://www.class.com.cn

版权专有　　侵权必究

如有印装差错，请与本社联系调换：(010) 81211666
我社将与版权执法机关配合，大力打击盗印、销售和使用盗版图书活动，敬请广大读者协助举报，经查实将给予举报者奖励。
举报电话：(010) 64954652

《企业职工工伤预防培训教材》编委会

主　　任　汪建锋

副 主 任　佟瑞鹏　周慧文　梁培志

编写人员　汪建锋　佟瑞鹏　周慧文　梁培志　高　麟　刘国平

内容简介

《中华人民共和国社会保险法》《工伤保险条例》明确了工伤预防工作是社会保障、工伤保险的重要组成部分。做好工伤预防工作具有十分重要的意义，可以有效防止职业伤亡、减少因工伤事故造成的财力物力支出、有利于企业健康持续发展和促进社会稳定。

本教材为企业职工工伤预防培训通用教材，主要内容包括：一是概述，介绍工伤保险的基本概念及工伤保险主要业务内容；二是工伤预防管理，介绍工伤预防的概念、管理模式、安全管理的基本理论及措施；三是工伤事故预防，介绍工伤危险因素分类与辨识、典型作业过程工伤事故预防、典型行业工伤事故预防；四是职业病预防，介绍职业病危害因素分类及辨识、职业病危害因素预防、职业病诊断鉴定与医疗救治；五是工伤事故应急与现场处置，介绍应急管理、应急预案、事故应急与处置、避险与逃生及常见事故的现场紧急救护；六是工伤处理实务，简要对工伤事故发生后的工伤认定、工伤医疗、工伤康复、劳动能力鉴定及工伤保险待遇申领程序及注意事项进行说明。教材设附录内容，分别为工伤保险相关法律法规规章文件和工伤保险待遇一览表，供读者掌握相关工伤保险与工伤预防的政策及查阅使用。

本书可作为工伤保险行政管理、工伤保险经办单位干部职工和企业相关管理人员的参考用书，特别适合对企业职工开展工伤预防培训使用。

目 录

第一章 概述

第一节 工伤保险 ·· 2
  一、工伤与工伤保险的基本概念 ························ 2
  二、工伤保险的特征与基本原则 ························ 4
  三、我国工伤保险制度的立法与发展 ·················· 8

第二节 工伤保险业务概述 ································· 9
  一、工伤保险业务流程 ······································ 9
  二、工伤保险业务内容概述 ······························ 10

第二章 工伤预防管理

第一节 工伤预防概述 ·· 24
  一、工伤预防的概念 ··· 24
  二、工伤预防的地位和作用 ······························ 24
  三、工伤预防管理机制 ······································ 26

第二节 工伤预防管理模式 ································· 32
  一、扩大工伤保险覆盖面 ·································· 33

二、工伤保险费率调控 …………………………… 34
　　三、其他综合性预防措施 …………………………… 39
　　四、我国基金预防机制的运行情况 ………………… 43
第三节　安全管理基本理论 …………………………… 45
　　一、安全管理基本概念 ……………………………… 45
　　二、安全管理理论 …………………………………… 50
第四节　安全管理措施 ………………………………… 60
　　一、安全生产责任制 ………………………………… 60
　　二、安全生产教育培训 ……………………………… 65
　　三、安全生产检查 …………………………………… 71
　　四、特种设备和特种作业管理 ……………………… 76
　　五、劳动防护用品配置与管理 ……………………… 84
　　六、安全标志使用 ………………………………… 100

第三章　工伤事故预防

第一节　工伤危险因素分类与辨识 ………………… 105
　　一、工伤危险因素分类 …………………………… 105
　　二、工伤危险因素辨识 …………………………… 109
第二节　典型作业过程工伤事故预防 ……………… 110
　　一、电气事故预防 ………………………………… 110
　　二、焊接切割事故预防 …………………………… 118
　　三、起重事故预防 ………………………………… 130
　　四、厂内运输事故预防 …………………………… 138
　　五、火灾爆炸及危险化学品事故预防 …………… 146
　　六、机械事故预防 ………………………………… 159
第三节　典型行业工伤事故预防 …………………… 168

　　　　一、建筑行业工伤事故预防 …………… 168
　　　　二、矿山行业工伤事故预防 …………… 176
　　　　三、化工行业工伤事故预防 …………… 181

第四章　职业病防治

第一节　职业病危害因素分类及辨识 ………… 188
　　　　一、职业病危害因素分类 ……………… 188
　　　　二、职业病危害因素辨识 ……………… 190
第二节　职业病危害因素预防 ………………… 192
　　　　一、生产性粉尘预防 …………………… 192
　　　　二、化学因素预防 ……………………… 195
　　　　三、物理因素预防 ……………………… 196
　　　　四、放射性因素预防 …………………… 204
　　　　五、生物因素预防 ……………………… 205
第三节　职业病诊断鉴定与医疗救治 ………… 206
　　　　一、职业病诊断机构 …………………… 207
　　　　二、职业病的诊断 ……………………… 208
　　　　三、职业病鉴定 ………………………… 211
　　　　四、职业病的医疗救治 ………………… 213

第五章　工伤事故应急与现场处置

第一节　应急管理概论 ………………………… 215
　　　　一、突发公共事件概述 ………………… 215
　　　　二、应急管理概述 ……………………… 217
第二节　应急预案概论 ………………………… 221
　　　　一、应急预案概述 ……………………… 221
　　　　二、应急预案编制 ……………………… 222

第三节 事故应急救援与处置 ………………………… 226
　一、事故应急救援与处置程序 ……………… 226
　二、受伤人员的伤情判断 …………………… 227
　三、几种常见的救护方法 …………………… 228
第四节 避险与逃生 …………………………………… 230
　一、火灾时的避险与逃生 …………………… 230
　二、危险化学品泄漏时的避险与逃生 ……… 234
第五节 常见事故的现场紧急救护 …………………… 235
　一、意外触电事故急救措施 ………………… 235
　二、化学品烧伤急救措施 …………………… 237
　三、眼部受伤急救措施 ……………………… 238
　四、断指急救措施 …………………………… 239
　五、车辆伤害急救措施 ……………………… 240
　六、溺水事故急救措施 ……………………… 241
　七、高处坠落急救措施 ……………………… 242
　八、化学品中毒急救措施 …………………… 243
　九、中暑急救措施 …………………………… 244
　十、食物中毒急救措施 ……………………… 245

第六章 工伤处理实务

第一节 工伤处理流程与注意事项 …………………… 247
　一、工伤处理流程 …………………………… 247
　二、工伤处理说明与注意事项 ……………… 247
第二节 工伤认定办理流程与注意事项 ……………… 249
　一、工伤认定办理流程 ……………………… 249
　二、工伤认定办理说明与注意事项 ………… 250

第三节　工伤医疗办理流程与注意事项 ………… 253

　　一、工伤医疗办理流程 ………………… 253

　　二、工伤医疗办理说明与注意事项 ……… 253

第四节　工伤康复办理流程与注意事项 ………… 255

　　一、工伤康复办理流程 ………………… 255

　　二、工伤康复办理说明与注意事项 ……… 255

第五节　劳动能力鉴定（确认）办理流程与注意事项

………………………………………… 258

　　一、劳动能力鉴定（确认）办理流程 …… 258

　　二、劳动能力鉴定（确认）办理说明与注意事项 ………………………………… 259

第六节　工伤保险待遇申领流程与注意事项 ……… 261

　　一、工伤保险待遇申领流程 ……………… 261

　　二、工伤保险待遇申领说明与注意事项 ……

………………………………………… 261

附录

附录一　工伤保险相关法律法规规章文件 ………… 266

　　一、工伤保险相关法律法规规章文件目录 …

………………………………………… 266

　　二、工伤保险主要法律法规规章文件选录 …

………………………………………… 274

附录二　工伤保险待遇一览表 ……………… 311

第一章 概述

工伤保险是社会保险的一个重要分支。工伤保险是对因工作原因遭受事故伤害或患职业病的劳动者提供物质帮助的一种社会保障制度。工伤保险的保障对象是职业人群，其所保障人群虽然不及养老保险和医疗保险广泛，但这些人群一旦受到伤害，给个人、家庭乃至社会带来的影响往往远远大于事故本身，而且是引发劳资争议和冲突的重要原因之一。因此在大多数国家，工伤保险都是最早建立的社会保险险种之一。

本章通过对工伤与工伤保险的基本概念、工伤保险的特征与基本原则、我国工伤保险制度的历史沿革、工伤保险业务流程、工伤保险业务内容等的介绍，帮助读者从整体上理解工伤保险制度的基本内涵，建立、实施工伤保险制度的重大意义和工伤保险业务流程。

第一节 工伤保险

工伤保险是社会保障体系的重要组成部分，工伤保险制度对于保障因生产、工作过程中的事故伤害或患职业病而造成伤、残、亡的职工及其供养直系亲属的生活，对于促进企业安全生产、维护社会安定，起着重要的作用。

一、工伤与工伤保险的基本概念

（一）工伤的概念

"工伤"，也称"职业伤害""工作伤害"，各国的概念不尽相同。"工伤"一词比较规范的概念是在1921年国际劳工大会上通过的公约中提出的，即"由于工作直接或间接引起的事故为工伤"。1964年第48届国际劳工大会也规定了"工伤补偿应将职业病和上下班交通事故包括在内"。

《企业职工伤亡事故分类》（GB 6441-1986）中将"伤亡事故"定义为"企业职工在生产劳动过程中，发生的人身伤害、急性中毒"。

【阅读参考】

关于工伤的定义

第13次国际劳动统计会议所使用的定义是：雇佣事故，指由雇佣引起或在雇佣过程中发生的事故（工业事故和上下班事故）；雇佣伤害，指由雇佣事故导致的所有伤害和所有职业病。

美国国家标准《记录与测定工作伤害经历的方法》（ANSIZ 16.1）中，将"工作伤害"定义为"任何由工作引起并在工作过程中发生的（人受到的）伤害或职业病，即由工作活动或工作环境导致的伤害或职业病"。

工伤会带来经济损失和人员伤亡，通过一段时间的恢复生产，经济损失是可以弥补的，而人员伤亡所造成的后果却是很长时间都无法消除的。例如，伤残人员的生理、心理治疗，身体机能的康复，对所供养直系亲属的抚恤等，都需要长期进行。如果解决得不好，不但是对伤残人员这部分人力资源的浪费，而且会影响其他生产人员的生产积极性，甚至影响到社会的安定。因此，职业伤害（工伤）已构成了各国的劳动问题和社会问题，并引起了各国政府的重视，使其在安全生产、文明生产、预防事故发生、提供工伤补偿等方面不断加强立法，建立并完善工伤保险制度。

（二）工伤保险的概念

工伤保险亦称工业伤害保险、因工伤害保险、职业伤害赔偿保险等。早期的工伤保险实际上是"工伤赔偿"，即劳动者因工导致伤残、疾病和死亡时，对劳动者本人或其供养亲属给予经济赔偿和提供物质帮助的一种社会保险制度。随着社会的发展，工伤保险的功能不断延伸。现代意义上的工伤保险，不仅包括对因工伤、残、亡者的经济补偿和物质帮助，而且包括促进企业安全生产、降低事故及职业病发生率，并通过现代康复手段使受伤害者尽快恢复劳动能力，促进其与社会的融合，也就是建立并形成工伤预防、工伤补偿、工伤康复三位一体的制度体系。

【关键概念】

> 工伤保险，是指劳动者在生产经营活动中或在规定的某些特殊情况下所遭受的意外伤害或是罹患职业病，以及因这两种情况造成劳动者死亡、暂时或永久丧失劳动能力时，劳动者及其供养亲属（遗属）能够从国家、社会得到的必要物质补偿。这种补偿既包括医疗、康复所需，也包括生活保障所需。

我国的《工伤保险条例》中规定，施行工伤保险是"为了保障因工作遭受事故伤害或者患职业病的职工获得医疗救治和经济补偿，促进工伤预防和职业康复，分散用人单位的工伤风险"。

【阅读参考】

1964年，第48届国际劳工大会上通过的第121号文件《工伤事故和职业病津贴公约》及《工伤事故津贴建议书》均指出，实施工伤保险的目的，是在受雇人员发生不测事故时，为其提供医疗护理、现金津贴，进行职业康复；为不同程度的伤残者安排适当职业；采取措施，防止工伤事故和职业病的发生。

二、工伤保险的特征与基本原则

（一）工伤保险的特征

工伤保险具有补偿与保障的性质，缴费由用人单位负责。比起其他保险项目，工伤保险的特征较为明显，如待遇优厚、保险内容全面和保险服务周到等。

1. 工伤保险与其他社会保险制度相同的特征

（1）工伤保险具有强制性。工伤事故具有突发性和不可预测性，多属于意外事故。同时工伤亦具有不可逆性。工伤所造成的器官或生理功能的损伤，可以是暂时、部分丧失劳动能力；也可能是虽经治疗休养，但是仍不能完全复原，以致身体功能或智力部分或全部丧失，造成残疾，这种残疾表现为永久性部分或全部丧失劳动能力。

职业病虽列入因工伤残的范围，但它同一般伤残又有所区别。职业病具有迟发性，而且往往造成体内器官生理功能的损伤，且大多损伤属于不可逆性的。

由于工伤可能为受伤害者带来终身痛苦，给家庭带来永久的不幸，于企业不利，于国家不利，因此，大多数国家法律往往规定强制实施工伤保险。

（2）工伤保险具有社会性（普遍性）。工伤保险是世界上历史最悠久、实施范围最广的社会保障制度。政府通过法律，通过对社会经济生活的一定干预，在发生职业风险与未发生职业风险之间进行收入再分配，切实达到保障伤残劳动者基本生活水平的目的。

（3）工伤保险具有互济性。工伤保险通过统筹的基金来分散职业风险，以缓解企业之间、行业之间、地区之间因职业风险不同而承受的不同压力，在较大范围内分散风险，为劳动者和企业双方建立保护机制。

【阅读参考】

根据国际社会保障协会（ISSA）2000年的统计资料，在全球近200个国家（包括地区）中，有172个国家（包括地区）建立了社会保障制度。其中，建立了工伤保险项目的有164个，其他的30多个国家（包括地区）也有与工伤事故方面相关的立法。

工伤保险具有福利性和非营利性。工伤保险基金属劳动者所有，是保障劳动者安全健康的物质基础，专款专用，国家不征税，并由国家财政提供担保，由隶属政府部门的非营利性事业单位经办，为受保人服务。

2. 工伤保险不同于其他社会保险制度的特征

（1）工伤保险具有补偿性（赔偿性）。这是工伤保险不同于其他社会保险的显著特性。在绝大多数国家中，工伤保险费用不实行分担方式，全部费用由用人单位缴纳，劳动者个人不缴纳费用。

（2）工伤保险具有事故预防与职业康复性。现代工伤保险已不仅限于对工伤职工给予经济补偿，而是把它与职业康复和工伤预防紧密地结合起来，以便更好地发挥其在维护劳动者权益和社会稳定，促进生产力发展方面的积极作用。

(二) 工伤保险的基本原则

目前，世界上大多数国家在实行工伤保险制度时，普遍遵循的主要原则可大致归纳如下：

1. 补偿不究过失原则

此原则又被称为无责任补偿原则，即在劳动者负伤后，不管过失在谁，工伤职工均可获得经济补偿，保障其基本生活。但这并不妨碍有关部门对企业事故责任人的追究，以防止类似事故重复发生，教育广大劳动者，降低事故率。

2. 劳动者个人不缴费原则

工伤保险费由企业或雇主缴纳，劳动者个人不缴费，这是工伤保险与养老、医疗、失业等其他社会保险项目的区别之处。由于在生产中劳动者创造社会财富的同时，也可能会因生产安全事故付出鲜血乃至生命，所以理应由雇主（或由企业）、社会保险机构负担补偿费用，这在各国已形成共识。

3. 风险分担、互助互济原则

这是社会保险制度中的基本原则。通过法律强制征收保险费，建立工伤保险基金，采取互助互济的方法，分散风险，缓解部分企业、行业因工伤事故或职业病所产生的负担，从而减少社会矛盾。

4. 保障与补偿相结合的原则

社会保险制度的一项基本原则就是保障原则，即当劳动者在暂时或永久地丧失劳动能力时，对其给予物质上的必要保证，使他们能够继续保持基本的生活水平，以保证劳动力扩大再生产运行和社会的稳定。此外，工伤保险还具有补偿（赔偿）的原则，这是工伤保险与其他社会保险的显著区别。劳动力是有价值的，在生产劳动过程中，劳动力受到损害，理应对这种损害给予补偿。

5. 补偿与预防、康复相结合的原则

工伤补偿、工伤预防与工伤康复三者是密切相连的。工伤预防是最基本的，各国政府都致力于采取各项措施，减少或消灭事故。工伤事故发生后，应立即对受伤害者进行医治并给予经济补偿，使受伤害者能够得到及时的救治，同时使其（或家庭）生活得到一定的保障；并且及时对受伤害者进行医学康复及职业康复，使其尽可能恢复劳动能力，或是恢复部分劳动能力，能够具备从事某种职业的能力，能够自食其力，尽可能地减少或避免人力资源的浪费。这十分重要，已引起各国政府和工伤保险机构的高度重视。

6. 区别因工和非因工的原则

工伤保险制度中，对于界定"因工"与"非因工"所致伤害有明确规定。职业伤害与工作环境、工作条件、工艺流程等有直接关系，因此医治、医疗康复、伤残补偿、死亡抚恤待遇等均比其他社会保险的水平高。只要是"因工"受到伤害，待遇上不受年龄、性别、缴费期限的限制。"因病"或"非因工"伤亡，与劳动者本人职业因素无关的事故补偿，许多国家规定的待遇平均比工伤待遇低得多。

7. 一次性补偿与长期补偿相结合原则

对"因工"而部分或完全永久性丧失劳动能力的职工或是因工死亡的职工的遗属进行补偿时，工伤保险机构一般有一次性支付补偿金项目。此外，对一些伤残者及工亡职工所供养的遗属有长期支付项目，直到其失去供养条件为止。这种补偿原则，已被世界上越来越多的国家所接受。

8. 确定伤残和职业病等级原则

工伤保险待遇是根据伤残和职业病等级而分类确定的。各国在制定工伤保险制度时，都制定了伤残和职业病等级，并通过专门的鉴定机构和人员对受职业伤害职工的受伤害程度予以确定，区别不同伤残和职业病状况，给予不同标准的待遇。

三、我国工伤保险制度的立法与发展

我国工伤保险的立法始于1951年原政务院发布的《中华人民共和国劳动保险条例》，该条例对国营、公私合营、私营及合作社的厂、矿以及铁路、运输、邮电、工矿、交通事业和国营建筑公司的职工、学徒工和试用人员等发生工伤及享受待遇等问题比较详细地作出了规定，明确工伤待遇包括工伤医疗和康复待遇、因工伤残待遇以及死亡待遇。

1993年，党的十四届三中全会通过的《中共中央关于建立社会主义市场经济体制若干问题的决定》提出，要"普遍建立企业工伤保险制度"。1995年1月1日实施的《中华人民共和国劳动法》对建立工伤保险制度做了原则性规定。1996年，原劳动部发布了《企业职工工伤保险试行办法》，基本确立了工伤保险制度，并在全国逐步推开。

随着改革开放的深化，为解决工伤保险立法层次低等问题，2003年4月27日，《工伤保险条例》以中华人民共和国国务院令第375号公布，自2004年1月1日起施行，标志着我国工伤保险制度建设进入法制化轨道。2010年10月28日，《中华人民共和国社会保险法》（以下简称《社会保险法》）正式颁布，自2011年7月1日开始实施，其中，对工伤保险做出了专章规定，进一步明确了工伤保险的法律地位。2010年12月20日，在总结实践经验的基础上，中华人民共和国国务院令第586号公布了《国务院关于修改〈工伤保险条例〉的决定》，对《工伤保险条例》进行了修订完善。至此，我国工伤保险法律体系基本形成。截至2018年年底，全国工伤保险参保人数已达到2.39亿人，比"十一五"末的16161万人增加了7739万人。在超额完成了"十二五"末2.1亿人的参保目标的基础上，继续保持增长势头。

第二节　工伤保险业务概述

一、工伤保险业务流程

根据《社会保险法》《实施〈中华人民共和国社会保险法〉若干规定》《工伤保险条例》等有关规定，工伤保险业务流程包括：工伤保险参保缴费、工伤事故和职业病预防、工伤认定、工伤事故处置处理（含工伤医疗、康复等）、劳动能力鉴定、工伤保险待遇支付及工伤保险权益记录查询等，具体如图1—1所示。

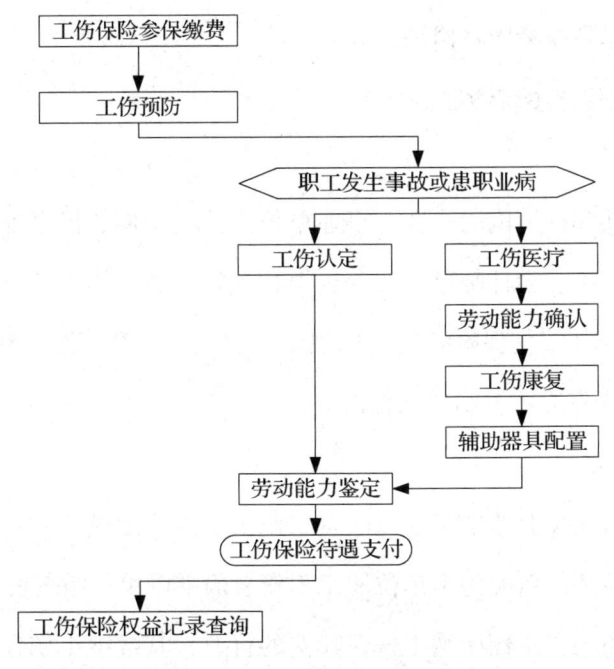

图1—1　工伤保险业务流程

根据《社会保险法》《实施〈中华人民共和国社会保险法〉若干规定》《工伤保险条例》《关于印发工伤保险经办规程的通知》等有关规定，工伤保险各业务流程的主要内容见表1—1。

表1—1　　　　　　　　　工伤保险各业务流程

编号	业务流程	主要内容
1	工伤保险参保缴费	参加工伤保险并按规定缴费、异常参保纠正
2	工伤预防	工伤事故及职业病预防宣传及培训
3	工伤认定	申请、受理、调查、认定及送达、争议处理
4	工伤医疗	门诊、住院、转院治疗
5	工伤康复	康复治疗
6	劳动能力鉴定（确认）	申请、受理、鉴定（确认）及送达、再次鉴定、复查鉴定
7	辅助器具配置	申请、受理、确认、送达、配置及费用报销
8	工伤保险待遇支付	申请、受理、核定、发放及定期管理、争议处理
9	工伤保险记录查询	申请、受理、查询、争议处理

二、工伤保险业务内容概述

（一）工伤保险参保缴费概述

1. 参保范围

中华人民共和国境内的企业、事业单位、社会团体、民办非企业单位、基金会、律师事务所、会计师事务所等组织和有雇工的个体工商户（以下称用人单位）应当依照《工伤保险条例》的规定参加工伤保险，为本单位全部职工或者雇工（以下称职工）缴纳工伤保险费。

2. 缴费方式

用人单位应当按时缴纳工伤保险费，职工个人不缴纳工伤保险费。用人单位缴纳工伤保险费的数额为本单位职工工资总额乘以单位缴费费率之积。

对难以按照工资总额缴纳工伤保险费的行业，其缴纳工伤保险费的具体方式，由国务院社会保险行政部门规定。

3. 单位费率

国家根据不同行业的工伤风险程度确定行业的差别费率，并根据使用工伤保险基金、工伤发生率等情况在每个行业内确定费率档次。行业差别费率和行业内费率档次由国务院社会保险行政部门制定，报国务院批准后公布施行。

社会保险经办机构根据用人单位使用工伤保险基金、工伤发生率和所属行业费率档次等情况，确定用人单位缴费费率。

4. 公示公开

用人单位应当将参加工伤保险的有关情况在本单位内公示。个人有权监督本单位为其缴费情况。

5. 其他情况

公务员和参照公务员法管理的事业单位、社会团体的工作人员因工作遭受事故伤害或者患职业病的，由所在单位支付费用。具体办法由国务院社会保险行政部门会同国务院财政部门规定。现已有部分地区将公务员纳入工伤保险制度范围。

（二）工伤预防概述

1. 目的意义

为了保障因工作遭受事故伤害或者患职业病的职工获得医疗救治和经济补偿，促进工伤预防和职业康复，分散用人单位的工伤风险，《工伤保险条例》明确工伤预防有关内容。

2. 原则要求

用人单位和职工应当遵守有关安全生产和职业病防治的法律法规，执行安全卫生规程和标准，预防工伤事故发生，避免和减少职业病危害。

3. 执行机构

工伤预防费使用管理工作由统筹地区人力资源社会保障行政部门会同财政、卫生健康、安全监管行政部门按照各自职责做好相关工作。

4. 项目支出

根据《工伤保险条例》《工伤预防费使用管理暂行办法》，工伤预防费用于下列项目的支出：

（1）工伤事故和职业病预防宣传。

（2）工伤事故和职业病预防培训。

5. 项目开展

工伤预防的项目开展内容包括：

（1）统筹地区行业协会和大中型企业等社会组织根据本地区确定的工伤预防重点领域，于每年工伤保险基金预算编制前提出下一年拟开展的工伤预防项目，编制项目实施方案和绩效目标，向统筹地区的人力资源社会保障行政部门申报。

（2）面向社会和中小微企业的工伤预防项目，可由人力资源社会保障、卫生健康、安全监管部门参照政府采购法等相关规定，从具备相应条件的社会、经济组织以及医疗卫生机构中选择提供工伤预防服务的机构，推动组织项目实施。

（三）工伤认定概述

1. 认定范围

（1）职工有下列情形之一的，应当认定为工伤：

1）在工作时间和工作场所内，因工作原因受到事故伤害的。

2）工作时间前后在工作场所内，从事与工作有关的预备性或者收尾性工作受到事故伤害的。

3）在工作时间和工作场所内，因履行工作职责受到暴力等意外伤害的。

4）患职业病的。

5）因工外出期间，由于工作原因受到伤害或者发生事故下落不明的。

6）在上下班途中，受到非本人主要责任的交通事故或者城市轨道交通、客运轮渡、火车事故伤害的。

7）法律、行政法规规定应当认定为工伤的其他情形。

（2）职工有下列情形之一的，视同工伤：

1）在工作时间和工作岗位，突发疾病死亡或者在48小时之内经抢救无效死亡的。

2）在抢险救灾等维护国家利益、公共利益活动中受到伤害的。

3）职工原在军队服役，因战、因公负伤致残，已取得革命伤残军人证，到用人单位后旧伤复发的。

（3）职工符合上述认定、视同工伤规定，但是有下列情形之一的，不得认定为工伤或者视同工伤：

1）故意犯罪的。

2）醉酒或者吸毒的。

3）自残或者自杀的。

2. 申请人

所在单位、受伤害职工或者其近亲属、工会组织按照相关规定程序提出工伤认定申请。

3. 申请时限

职工发生事故伤害或者按照职业病防治法规定被诊断、鉴定为职业病，所在单位应当自事故伤害发生之日或者被诊断、鉴定为职业病之日起30日内，向统筹地区社会保险行政部门提出工伤认定申请。遇有特殊情况，经报社会保险行政部门同意，申请时限可以适当延长。

用人单位未在规定的时限内提出工伤认定申请的，受伤害职工或者其近亲属、工会组织在事故伤害发生之日或者被诊断、鉴定为职业病之日起1年内，可以直接按照规定提出工伤认定申请。

4. 申请材料

提出工伤认定申请应当填写《工伤认定申请表》，并提交下列材料：

（1）劳动、聘用合同文本复印件或者与用人单位存在劳动关系（包括事实劳动关系）、人事关系的其他证明材料。

（2）医疗机构出具的受伤后诊断证明书或者职业病诊断证明书（或者职业病诊断鉴定书）。并根据申请事项的具体情况，按照《工伤认定申请表》填表说明等要求提交相应的证明材料。

5. 申请受理

社会保险行政部门收到工伤认定申请后，应当在15日内对申请人提交的材料进行审核，材料完整的，作出受理或者不予受理的决定；材料不完整的，应当以书面形式一次性告知申请人需要补正的全部材料。社会保险行政部门收到申请人提交的全部补正材料后，应当在15日内作出受理或者不予受理的决定。

社会保险行政部门决定受理的，应当出具《工伤认定申请受理决定书》；决定不予受理的，应当出具《工伤认定申请不予受理决定书》。

6. 调查核实

社会保险行政部门受理工伤认定申请后，可以根据需要对申请人提供的证据进行调查核实。

社会保险行政部门进行调查核实，应当由两名以上工作人员共同进行，并出示执行公务的证件。

社会保险行政部门工作人员在工伤认定中，可以进行以下调查核实工作：

（1）根据工作需要，进入有关单位和事故现场。

（2）依法查阅与工伤认定有关的资料，询问有关人员并作出调查笔录。

（3）记录、录音、录像和复制与工伤认定有关的资料。调查核实工作的证据收集参照行政诉讼证据收集的有关规定执行。

7. 举证责任

职工或者其近亲属认为是工伤，用人单位不认为是工伤的，由该用人单位承担举证责任。用人单位拒不举证的，社会保险行政部门可以根据受伤害职工提供的证据或者调查取得的证据，依法作出工伤认定决定。

8. 认定中止

社会保险行政部门受理工伤认定申请后，作出工伤认定决定需要以司法机关或者有关行政主管部门的结论为依据的，在司法机关或者有关行政主管部门尚未作出结论期间，作出工伤认定决定的时限中止，并书面通知申请人。

9. 作出结论

社会保险行政部门应当自受理工伤认定申请之日起60日内作出工伤认定决定，出具《认定工伤决定书》或者《不予认定工伤决定书》。社会保险行政部门对于事实清楚、权利义务明确的工伤认定申请，应当自受理工伤认定申请之日起15日内作出工伤认定决定。

10. 结论送达

社会保险行政部门应当自工伤认定决定作出之日起20日内，将《认定工伤决定书》或者《不予认定工伤决定书》送达受伤害职工（或者其近亲属）和用人单位，并抄送社会保险经办机构。

11. 救济途径

职工或者其近亲属、用人单位对不予受理决定不服或者对工伤认定决定不服的，可以依法申请行政复议或者提起行政诉讼。

(四) 工伤医疗概述

1. 就医机构

职工治疗工伤应当在签订服务协议的医疗机构就医，情况紧急时可以先到就近的医疗机构急救。

2. 报销范围

治疗工伤所需费用符合工伤保险诊疗项目目录、工伤保险药品目录、工伤保险住院服务标准的，从工伤保险基金支付。

工伤职工治疗非工伤引发的疾病，不享受工伤医疗待遇，按照基本医疗保险办法处理。

3. 保障措施

社会保险行政部门作出认定为工伤的决定后发生行政复议、行政诉讼的，行政复议和行政诉讼期间不停止支付工伤职工治疗工伤的医疗费用。

（五）工伤康复概述

1. 康复机构

工伤职工应到签订服务协议的医疗机构进行工伤康复。

2. 报销范围

符合《工伤康复服务项目（试行）》和《工伤康复服务规范（试行）》，涉及药品、诊疗及住院服务的，按工伤保险诊疗项目目录、工伤保险药品目录、工伤保险住院服务标准执行。

工伤职工到签订服务协议的医疗机构进行工伤康复的费用，符合规定的，从工伤保险基金支付。

（六）劳动能力鉴定概述

1. 申请情形

职工发生工伤，经治疗伤情相对稳定后存在残疾、影响劳动能力的，应当进行劳动能力鉴定。

2. 鉴定范围

劳动能力鉴定是指劳动功能障碍程度和生活自理障碍程度的等级鉴定。劳动功能障碍分为 10 个伤残等级，最重的为一级，最轻的为十级。

生活自理障碍分为 3 个等级：生活完全不能自理、生活大部分不能自理和生活部分不能自理。

3. 鉴定申请

劳动能力鉴定由用人单位、工伤职工或者其近亲属向设区的市级劳动能力鉴定委员会提出申请，并提供工伤认定决定和职工工伤医疗的有关资料。

4. 申请材料

申请劳动能力鉴定应当填写劳动能力鉴定申请表，并提交下列材料：

（1）《工伤认定决定书》原件和复印件。

（2）有效的诊断证明、按照医疗机构病历管理有关规定复印或者复制的检查、检验报告等完整病历材料。

（3）工伤职工的居民身份证或者社会保障卡等其他有效身份证明原件和复印件。

（4）劳动能力鉴定委员会规定的其他材料。

5. 鉴定程序

设区的市级劳动能力鉴定委员会收到劳动能力鉴定申请后，应当从其建立的医疗卫生专家库中随机抽取3名或者5名相关专家组成专家组，由专家组提出鉴定意见。设区的市级劳动能力鉴定委员会根据专家组的鉴定意见作出工伤职工劳动能力鉴定结论，必要时，可以委托具备资格的医疗机构协助进行有关的诊断。

6. 现场鉴定

劳动能力鉴定委员会应当提前通知工伤职工进行鉴定的时间、地点以及应当携带的材料。工伤职工应当按照通知的时间、地点参加现场鉴定。对行动不便的工伤职工，劳动能力鉴定委员会可以组织专家上门进行劳动能力鉴定。组织劳动能力鉴定的工作人员应当对工伤职工的身份进行核实。

工伤职工因故不能按时参加鉴定的，经劳动能力鉴定委员会同意，可以调整现场鉴定的时间，作出劳动能力鉴定结论的期限相应顺延。

7. 结论时限

设区的市级劳动能力鉴定委员会应当自收到劳动能力鉴定申请之日起 60 日内作出劳动能力鉴定结论，必要时，作出劳动能力鉴定结论的期限可以延长 30 日。劳动能力鉴定结论应当及时送达申请鉴定的单位和个人。

8. 再次鉴定

工伤职工或者其用人单位对初次鉴定结论不服的，可以在收到该鉴定结论之日起 15 日内向省、自治区、直辖市劳动能力鉴定委员会申请再次鉴定。省、自治区、直辖市劳动能力鉴定委员会作出的劳动能力鉴定结论为最终结论。

9. 复查鉴定

自劳动能力鉴定结论作出之日起 1 年后，工伤职工、用人单位或者社会保险经办机构认为伤残情况发生变化的，可以向设区的市级劳动能力鉴定委员会申请劳动能力复查鉴定。

（七）劳动能力确认概述

1. 确认范围

劳动能力确认范围包括：

（1）辅助器具配置确认。

（2）医疗终结期确认。

（3）停工留薪期确认。

（4）工伤复发确认。

（5）工伤康复确认。

2. 一般流程

劳动能力确认的一般流程包括：

（1）符合申请情形，提出申请。

（2）劳动能力鉴定委员会审核材料，决定是否受理。

（3）符合受理条件的，在规定时限内作出确认结论，并送达。

(八) 工伤保险待遇概述

1. 申请条件

按照规定参加工伤保险，并及时足额缴纳工伤保险费，发生符合《工伤保险条例》规定的待遇并按规定办理申请手续及提交申请材料的。

2. 待遇项目

根据《社会保险法》第三十八条、第三十九条，《工伤保险条例》第五章有关规定，工伤（亡）职工工伤保险待遇具体包括15个待遇项目（见表1—2）。各地有省条例或实施细则的，根据具体规定，待遇项目可能会有所增加。

表1—2　　　　　　　工伤保险待遇项目及依据条款

编号	工伤保险待遇项目	依据条款
1	工伤医疗费	《工伤保险条例》第三十条
2	工伤康复费	《工伤保险条例》第三十条
3	住院治疗工伤的伙食补助费	《工伤保险条例》第三十条
4	到统筹地区以外就医交通、食宿费	《工伤保险条例》第三十条
5	辅助器具装配费	《工伤保险条例》第三十二条
6	停工留薪期工资福利待遇	《工伤保险条例》第三十三条
7	停工留薪期内护理	《工伤保险条例》第三十三条
8	生活护理费	《工伤保险条例》第三十四条
9	一次性伤残补助金	《工伤保险条例》第三十五条、第三十六条、第三十七条
10	伤残津贴	《工伤保险条例》第三十五条、第三十六条
11	一次性工伤医疗补助金	《工伤保险条例》第三十六条、第三十七条
12	一次性伤残就业补助金	《工伤保险条例》第三十六条、第三十七条
13	丧葬补助金	《工伤保险条例》第三十九条
14	供养亲属抚恤金	《工伤保险条例》第三十九条
15	一次性工亡补助金	《工伤保险条例》第三十九条

3. 待遇核定

按照《社会保险法》第三十八条、第三十九条，《工伤保险条例》第五章有关规定执行，详见《工伤保险条例》第八章工伤保险待遇相关内容。

4. 停止享受待遇情形

工伤职工有下列情形之一的，停止享受工伤保险待遇：

(1) 丧失享受待遇条件的。

(2) 拒不接受劳动能力鉴定的。

(3) 拒绝治疗的。

5. 特殊情形

用人单位分立、合并、转让的，承继单位应当承担原用人单位的工伤保险责任；原用人单位已经参加工伤保险的，承继单位应当到当地经办机构办理工伤保险变更登记。

用人单位实行承包经营的，工伤保险责任由职工劳动关系所在单位承担。

职工被借调期间受到工伤事故伤害的，由原用人单位承担工伤保险责任，但原用人单位与借调单位可以约定补偿办法。

企业破产的，在破产清算时依法拨付应当由单位支付的工伤保险待遇费用。

其他待遇特殊处理情形，参见本书第六章有关内容。

6. 争议处理

职工与用人单位发生工伤待遇方面的争议，按照处理劳动争议的有关规定处理。

7. 救济途径

工伤职工或者其近亲属对经办机构核定的工伤保险待遇有异议的，有关单位或者个人可以依法申请行政复议，也可以依法向人民法院提起行政诉讼。

(九) 工伤保险个人权益记录

1. 权益范围

社会保险个人权益记录，是指以纸质材料和电子数据等载体记录的反映参保人员及其用人单位履行社会保险义务、享受社会保险权益状况的信息，包括下列内容：

(1) 参保人员及其用人单位社会保险登记信息。

（2）参保人员及其用人单位缴纳社会保险费、获得相关补贴的信息。

（3）参保人员享受社会保险待遇资格及领取待遇的信息。

（4）参保人员缴费年限和个人账户信息。

（5）其他反映社会保险个人权益的信息。

2. 查询服务

社会保险经办机构应当向参保人员及其用人单位开放社会保险个人权益记录查询程序，界定可供查询的内容，通过社会保险经办机构网点、自助终端或者电话、网站等方式提供查询服务。

3. 查询要求

参保人员向社会保险经办机构查询本人社会保险个人权益记录的，需持本人有效身份证件；参保人员委托他人向社会保险经办机构查询本人社会保险个人权益记录的，被委托人需持书面委托材料和本人有效身份证件。需要书面查询结果或者出具本人参保缴费、待遇享受等书面证明的，社会保险经办机构应当按照规定提供。

4. 异议处理

参保人员或者用人单位对社会保险个人权益记录存在异议时，可以向社会保险经办机构提出书面核查申请，并提供相关证明材料。社会保险经办机构应当进行复核，确实存在错误的，应当改正。

5. 其他查询

其他申请查询社会保险个人权益记录的单位，应当向社会保险经办机构提出书面申请。申请应当包括下列内容：

（1）申请单位的有效证明文件、单位名称、联系方式。

（2）查询目的和法律依据。

（3）查询的内容。

6. 查询处理

社会保险经办机构收到依据规定提出的查询申请后,应当进行审核,并按照下列情形分别作出处理:

(1)对依法应当予以提供的,按照规定程序提供。

(2)对无法律依据的,应当向申请人作出说明。

第二章 工伤预防管理

《工伤保险条例》强调了工伤预防、工伤补偿和工伤康复三位一体的原则，将工伤预防工作摆在了与工伤补偿和工伤康复同等的地位。2017年9月，人力资源社会保障部、财政部、国家卫生计生委、国家安全监管总局下发《关于印发工伤预防费使用管理暂行办法的通知》，对工伤预防工作开展和费用使用进行了明确的规定。

工伤预防可以降低工伤事故和职业病的发生，保障劳动者的安全健康，分散企业风险，强化安全责任，减少工伤保险基金的支出和社会物质财富的损失，降低社会成本。随着社会的进步，应从源头上减少和避免工伤事故和职业病的发生，因此就需要加强工伤预防的体系建设。

通过本章的介绍，目的在于使读者了解工伤预防的概念；领会工伤预防在工伤保险中的地位和作用；了解工伤预防工作的管理机制；理解工伤预防工作的管理模式，即扩大工伤保险的覆盖面、完善工伤保险费率机制和使用工伤保险基金开展宣传、培训等，并加强对安全管理基本理论和措施的了解和认识。

第一节 工伤预防概述

随着经济快速发展，工业化程度不断提高，工伤保险应对工伤事故和职业危害的保障作用愈加重要。现代意义的工伤保险制度是工伤预防、工伤补偿和工伤康复三位一体的保险体系。我国实行的工伤保险制度除了保障工伤职工得到医疗救治和经济补偿以外，还包括促进工伤预防工作，避免和减少工伤事故和职业病的发生，并通过医疗康复和职业康复，使工伤职工回归社会和重返工作岗位，促进社会的和谐稳定。

一、工伤预防的概念

工伤预防是指采用经济、管理和技术等手段，事先防范职业伤亡事故以及职业病的发生，改善和创造有利于安全健康的劳动条件，减少工伤事故及职业病的隐患，保护劳动者在劳动过程中的安全和健康。工伤预防的目的是从源头上减少和避免工伤事故和职业病的发生，实现"零工伤"的最终目标。建立工伤保险制度的目的是保护劳动者和分散企业风险。保护劳动者的基本目标是保障其因工作受到事故伤害或患职业病后，能获得医疗救治和经济补偿，保障其基本生活，最高目标应是"无伤害"；分散企业风险，直接目的是保障企业不至于因工伤事故导致企业经营发生困难，最高目标应是"无风险"。因此，工伤保险制度的最终目标是实现"零工伤"，将工伤预防放在首位。

二、工伤预防的地位和作用

（一）工伤预防的地位

国际劳工组织第 121 号《工伤事故津贴公约》要求每个成员国必须把制定

工业安全与职业病预防条例写入工伤保险条款,要求实施工伤保险制度的国家,必须采取工伤预防的措施,将工伤预防作为政府的重要职责。

《中华人民共和国安全生产法》(以下简称《安全生产法》)第三条明确提出"安全生产管理,坚持安全第一、预防为主、综合治理的方针"。2003年4月国务院颁布的《工伤保险条例》第一条提出了"促进工伤预防"的立法宗旨,第四条要求"用人单位和职工应当遵守有关安全生产和职业病防治的法律法规,执行安全卫生规程和标准,预防工伤事故发生,避免和减少职业病危害"。2010年新修订的《工伤保险条例》中明确规定工伤预防的宣传、培训等费用可从工伤保险基金中列支,奠定了我国工伤保险制度的工伤预防功能的法律地位和制度基础,也表明我国政府对工伤预防工作的一贯重视。

(二) 工伤预防的作用

1. 降低工伤事故和职业病的发生率

工伤预防是企业安全生产工作的一项重要内容。企业要进行生产活动,就存在发生伤亡事故和职业病的可能。据统计,我国每年工伤人数近100万人,评定伤残等级人数近50万人,新患职业病的有1万多人。减少工伤事故和职业病的发生,保障劳动者在生产过程中的安全健康,需要事先的预防工作。据有关部门的统计资料,现有的事故80%以上是可以通过对安全生产的重视而避免的,说明了工伤预防工作的迫切性和重要性。

2. 有利于企业发展

近几年来,我国工伤事故和职业危害所造成的对职工生命和生活的危害及重大经济损失,已经引起各级政府和社会各方面的广泛关注。据统计,在我国,一次死亡10人以上的特大事故平均每周发生2起,一次死亡3人以上的重大事故每天就要发生2起。职业危害也触目惊心,全国累积的尘肺病患者就有60多万人。随着工伤保险制度的改革,将工伤预防引入工伤保险,使企业了解工伤保险不只是补偿,也是分散企业风险,强化安全责任,改善作业环境,保护劳动者安全健康的重要手段。一方面，通过工伤预防，提高企业安全管理水平，消除事故隐患，减少和避免事故的发生，提升了企业形象，减少了发生工伤事故给企业带来的损失，保证企业生产经营的顺利进行，有助于企业的良性发展，进而推动经济社会的发展进步。另一方面，企业工伤事故少了，将大大减少由此引发的劳资双方的争议，有利于建立和谐的劳动关系，促进社会的和谐稳定。

3. 减少工伤保险基金的支出

国际通行的"损失控制"理论表明，在前期投入少量资金开展工伤预防工作，事后可减少大量的赔偿支出。据国际劳工组织测算，一个国家职业伤害造成的经济损失通常占该国国内生产总值（GDP）的2%左右。按2010年我国近40万亿元人民币的GDP计算，我国一年中各种职业伤害造成的经济损失高达8 000亿元人民币。工伤预防工作既能减少职业伤害，也是减少工伤保险基金支出的重要手段。实践证明，加强工伤预防工作，是控制工伤保险基金支出的有效办法。同时，工伤事故的降低，工伤人数的减少，除了可以降低工伤保险赔付和待遇支付外，还可减少人力资源社会保障部门工伤认定、劳动能力鉴定和待遇核付等一系列工作的工作量和管理费用，从而降低行政成本。

三、工伤预防管理机制

工伤保险制度的发展已走过被动补偿的消极工伤保险阶段，工伤预防、工伤补偿和工伤康复相结合是国际工伤保险发展的主流。在大多数的工业化国家，已开始把"控制损失"作为工伤保险主要的目标，很多国家已将工伤预防作为工伤保险的首要职责和主要内容。

（一）世界各地关于工伤预防的法律规定

为了确保职工的生命安全，德国制定了劳动保护法规，由政府部门对各行各业的安全生产、劳动保护、职工伤亡依法行使监察的职能，实行行业管理。

由协会或公会制定行业的技术标准、规范，各企业认真贯彻执行。同时，这些技术标准、规范也是法院判定企业是否正确遵守行业行为的法定依据。各企业依据这些标准、规范制定各自的企业安全规章制度和工作条例。德国的《社会法典》规定了"预防优先"和"康复先于赔付"的原则，并把"预防为主"作为工伤保险工作的首要目标，赋予工伤保险管理机构"使用所有适用手段防止事故和职业病发生"的责任。德国同业公会每年使用工伤保险基金中约5%的资金，用于开展工伤预防工作，取得了很好的经济效益和社会效益。

法国、澳大利亚、加拿大、美国、巴西、意大利和日本等国家在工伤保险立法中均有事故预防优先的条款。

法国在《关于就业伤亡的补偿》立法中，写入了伤亡事故预防与工伤保险补偿计划相联系的条款。工伤保险基金由国家级、省级、地方级社会保险机构负责，与其他基金一同管理，每年提取7%～8%作为事故预防基金。此外，社会保险机构还收取相当于工资收入1.5%的保险费，由雇主缴纳，再加上对那些不遵守职业安全的雇主的罚款，一同作为事故预防基金。

澳大利亚的社会保障立法明确规定，建立事故保险基金的目的首先在于工伤预防，然后才是伤亡事故处理、职业康复和发放补偿金。该国法律还规定，除了雇主外，私人保险机构也必须为事故预防提供资金。澳大利亚的许多保险机构都雇用检查员及安全调研员，为事故预防提供意见和建议。工伤保险机构还为企业提供咨询并组织安全教育工作。

加拿大的省级保险法要求所有的雇主必须在企业内建立一个安全委员会。加拿大哥伦比亚省工人赔偿委员会每年安排3.48%的事故预防费，用于安全宣传教育和管理。

美国的马萨诸塞州早在1912年就开始利用部分工人补偿基金用于工伤预防。俄亥俄州的保险计划委员会成立了安全和健康基金会，该基金会每年拿出其财政收入的1%作为工伤预防基金，用于实施各种工伤预防计划。虽然美国政府并未规定私人保险人缴纳预防费用，但他们仍以每年保额1.1%的资金资助工伤预防工作。

巴西社会保障法规定，社会保险机构必须向工业安全、健康及医药卫生基金会缴纳一定费用。社会保险机构的一部分收入必须用于安全措施的建立或事故预防工作。

意大利的《工伤事故与职业病条例》赋予国家工伤保险所（INAIL）的主要职责：预防发生工伤事故，为从事危险工作的工人提供保险，使工伤事故的受害者重回劳动力市场和社会生活。为了减少事故发生，INAIL采用了许多重要的手段持续监测事故倾向，向中小企业提供预防性培训与建议，并向改善安全条件的企业提供资金，鼓励企业在预防措施方面进行技术革新。意大利每年利用工伤保险基金的5%~10%，用于开展工伤预防工作。

日本的社会保障制度规定，社会保险基金在支持正常的补偿外，有责任支持推动工伤预防工作，资助各种工业安全与卫生的科研与实验活动；资助劳动者的职业病普查及对工业环境管理所进行的有关科研工作。日本劳动福利事业团负责办理具体的业务，开展与工伤保险有关的改善劳动环境、预防事故、工伤人员疗养康复及援助因工死亡家属等工作。

（二）世界各地工伤预防的管理模式

一般说来，工伤预防从立法、执行、监察到提供预防服务，往往需要国家多个部门或机构的共同参与，协作实施。

在工伤预防的管理机构方面，国外工伤预防的管理模式分为三种：第一种是工伤预防工作由政府或专门机构承担，如英联邦国家和东欧一些国家的工伤保险立法中没有工伤预防的内容，国家实施工伤保险并负责赔付，而工伤预防工作则由政府专设部门或者委托专门机构负责管理；第二种是工伤保险和工伤预防由两个相关机构分别管理，如日本在劳动省基准局下设了两个机构分别管理；第三种是工伤保险和工伤预防由同一个机构负责管理，如德国同业公会在管理工伤保险的同时兼顾了预防、补偿和康复三项职能。

在工伤预防的工作机制方面，各国实践经验表明，工伤预防必须与本国国情相结合，必须将工伤保险预防与其他主体预防手段相结合。由于各国工伤保险制度的具体实施差异较大，并没有一套普遍适用的工伤保险预防机制。但一些基本的方法与手段可供借鉴，一般来说，大多数国家工伤预防机制主要由两部分组成：一种是运用费率机制来实现事故预防；另一种是建立专门的工伤预防基金。

(三) 世界各地工伤预防的措施与经验

工伤预防在全球范围内广泛开展，取得了较好的经济效益和社会效益。如作为工伤保险制度发源地的德国，是工伤预防、工伤补偿和工伤康复三位一体的工伤保险制度比较完善的国家，由于重视工伤预防工作，从1970年到2008年，工伤事故发生率下降了约60%，工亡事故发生率更是下降了约75%，同时工伤保险平均缴费费率从1.51%下降到了1.26%。各国的工伤预防措施主要包括以下几个方面：

1. 工伤保险与安全生产工作紧密结合

日本这两项工作统一由劳动省基准局管理，并设立"劳动福利事业团"办理具体业务。劳动福利事业团向劳动省提出计划，申请经费，独立经营，建立工伤保险医院、疗养院、康复中心等工伤福利设施；向中小企业提供低息贷款，帮助其改善劳动条件；工伤保险工作做到了人、钱、事统一管理。日本允许社会保障部门做预防工作，其中最重要的是对不同的工伤预防组织给予财政权力，全国实行三级机构垂直管理模式，第一级是劳动卫生省劳动基准局，第二级是各都道府县设劳动基准局（47个），第三级是厂（矿）区劳动基准监督署（340多个），全国共有安全监督官3 000多名。为防止事故，日本安全监督管理部门加大了事故预防投入的比例，主要用于安全科学技术研究、宣传培训、检测检验等方面，使事故大幅下降。

为了促进企业的安全生产，减少工伤事故，德国各工伤保险同业公会在全国自上而下设立了安全技术监察部门，配备专职安全监督员，一直深入到厂（矿）密集的工业区，形成了能够对每个企业进行有效监督检查的管理网络体系。监督人员在工作中发现企业存在安全生产问题时，一是能够及时提出指导性意见，督促企业整改；二是可提请国家安全生产监督管理部门监督企业整改。此外，同业公会内还设有技术支援机构、医院和研究室。技术支援机构可帮助企业培训和检测分析，指导企业改进工作，医院可医治一些非严重性伤员和职业病患者，研究机构可对一些影响职工安全与健康的危害因素做一些前瞻性的专题研究。

2. 设立专门的工伤预防基金

法国的社会保障机构建立专门的工伤预防基金和专职的安全监督员。基金主要用于为企业提供安全方面的咨询，提供安全技术和安全专家，监督实施安全条例和工伤统计分析等工作。社会保障机构负责的工伤预防基金会，资助职业安全与职业病预防研究所，其主要职能是加强研究并发布有关的职业安全与卫生信息，并且培训事故预防专家。社会保障工作者的预防工作包括提供安全技术及预防专家等，他们把研究成果提交给负责职业安全与卫生的劳动管理人员。同时，政府的劳动部门也有一支职业安全和卫生方面的专职监察队伍。

在美国，俄亥俄州的保险计划委员会实施了许多工伤预防工作，该基金会拿出其收入的1%作为工伤预防基金。虽然美国政府并未规定私人保险人缴纳预防费用，但他们仍以每年保险额1.1%的资金资助工伤预防工作，主要工作内容包括：建立预防数据库，教育、指导与培训，财政支持及其他。

3. 调节费率，促进工伤预防

日本工伤保险费按行业差别划分，共分八大产业53个行业，最高费率为14.8%，最低费率为0.5%，另外各行业都附加0.1%的通勤事故保险费率，行业之间差别费率达25倍。为促进工伤预防，行业差别费率每3年调整1次，根据企业的收支比例计算,上下浮动幅度最高达 40%。

德国根据行业的不同特点设立了 35 个同业公会,形成不同的费率。平均费率最低为 0.71%,最高为 14.58%,相差 18 倍。德国还根据企业的安全生产状况上下浮动保费,浮动幅度最高达 30%。实践表明,这些做法有效地提高了企业安全生产的积极性。

4. 加强劳动保护工作

德国在劳动保护监察方面实行双轨制,在制定劳动保护规范方面的具体体现是:国家制定劳动保护规范的框架,工伤保险同业公会按照此规范细节制定劳动保护方面的规程与规定。这些规程与规定,涉及劳动保护的各个方面,包括机器安全设置方面的规范,也包括使用机器时的劳动保护用品方面的规范。目前,劳动保护方面的规程与规定总计约 130 个。所有制定、公布、出版劳动保护规程与规定的费用,都由工伤预防经费承担。

德国同业公会中的技术监督机构(TAD)负责对企业进行劳动保护监察和咨询服务。目前技术监督机构约有 3000 名监察员,其工作重点在于就劳动保护方面与企业会谈。监察员在工矿企业检查安全条件和职业危险程度,有权要求企业安全工程师积极配合。检查结束后,要将检查结果通知雇主。如果发现雇主有违反安全卫生规定的情况,而雇主又不整改的,他们将报告政府工伤监督官员,对其进行处罚。此外,同业公会还建立了 20 多个检测检查站,免费为中小企业提供服务。

5. 开展安全教育培训和提供劳动医疗服务

开展安全教育培训是德国工伤保险同业公会预防工伤事故的又一个重要手段。同业公会设立了 36 个培训中心,通过电视、互联网等工具,对学员进行劳动安全教育培训。学员在培训期间的食、宿、培训、交通一律免费,由工伤预防经费列支。另外,同业公会为尽早发现职业病,还积极提供劳动医疗服务。劳动医疗由同业公会所属的 170 个检查中心进行。检查中心的医生不是治疗医生，仅负责健康检查。根据规定，在一般情况下，雇主招收新工人要进行劳动健康检查，对于特殊工种的工人，必须定期进行检查，其他工种工人也应定期检查。

部分典型国家的工伤预防模式情况见表2—1，由于各国国情不同，工伤预防工作的模式，基金来源、管理机构，及其主要职能各不相同。

表2—1　　　　　　　部分典型国家的工伤预防模式情况

国家	工作模式	基金来源	管理机构	主要职能
德国	赋予工伤保险预防职能	工伤保险基金提取5%	国家劳动安全检查机构、工伤保险同业公会	制定规章与规定 劳动保护检查和咨询服务 劳动医疗、安全教育培训、预防工伤与职业病科研
法国	专门的事故预防基金	对不遵守职业安全的雇主罚款	国家受雇劳动者疾病保险基金会	提供安全方面咨询 提供安全技术和安全专家 监督实施安全条例 工伤统计分析
瑞士	工伤保险中专门从事预防的分支机构	对高风险和安全记录不良的企业专门征收	劳动社会保障部	为企业提供安全服务

第二节　工伤预防管理模式

工伤保险制度下的工伤预防，一般随着工伤保险覆盖面的扩大和统筹层次的提高而得以加强，还体现在工伤保险基金的收支等方面。从工伤保险基金方面来看，工伤预防的管理主要有两类措施：一是费率机制的预防措施，即在收取工伤保险费时通过费率调节（对风险大、事故多的行业企业提高费率，反之则降低费率）达到工伤预防的目的，是工伤保险制度内在的预防功能；二是使用工伤保险基金开展的预防措施，这是从工伤保险基金中支出工伤预防费的预防手段，是工伤保险制度外在的预防措施。

一、扩大工伤保险覆盖面

工伤保险作为一种社会保险，大数法则是其一个十分重要的原则，即参加保险者必须有较大的人群才能共同应对风险，才能较好开展工伤预防等工作。以我国工伤保险发展的历史为例可以看出，中华人民共和国成立以来，我国工伤保险制度的覆盖面逐渐扩大，这也是我国工伤预防工作不断深入开展的基础。

1951年，《中华人民共和国劳动保险条例》规定了参加劳动保险（工伤保险）人员为：

"第二条 本条例的实施，采取逐步推广办法，目前的实施范围暂定如下：

甲：有工人职员一百人以上的国营、公私合营、私营及合作社经营的工厂、矿场及其附属单位；

乙：铁路、航运、邮电的各企业单位与附属单位；

丙：工、矿、交通事业的基本建设单位；

丁：国营建筑公司。

关于本条例的实施范围继续推广办法由中央人民政府劳动部根据实际情况随时提出意见，报请中央人民政府政务院决定之。"

"第三条 不实行本条例的企业及季节性的企业，其有关劳动保险事项，得由各该企业或其所属产业或行业的行政方面或资方与工会组织，根据本条例的原则及本企业、本产业或本行业的实际情况协商，订立集体合同规定之。"

"第四条 凡在实行劳动保险的企业内工作的工人与职员（包括学徒），不分民族、年龄、性别和国籍，均适用本条例，但被剥夺政治权利者除外。"

1996年，《企业职工工伤保险试行办法》对工伤保险参保范围的规定为：

"中华人民共和国境内的企业及其职工必须遵照本办法的规定执行。"

2004年,《工伤保险条例》对工伤保险参保范围的规定为:"中华人民共和国境内的各类企业、有雇工的个体工商户(以下称用人单位)应当依照本条例规定参加工伤保险,为本单位全部职工或者雇工(以下称职工)缴纳工伤保险费。中华人民共和国境内的各类企业的职工和个体工商户的雇工,均有依照本条例的规定享受工伤保险待遇的权利。有雇工的个体工商户参加工伤保险的具体步骤和实施办法,由省、自治区、直辖市人民政府规定。"

2010年,《国务院关于修改〈工伤保险条例〉的决定》对《工伤保险条例》进行修订,修订后对工伤保险参保范围的规定为:"中华人民共和国境内的企业、事业单位、社会团体、民办非企业单位、基金会、律师事务所、会计师事务所等组织和有雇工的个体工商户(以下称用人单位)应当依照本条例规定参加工伤保险,为本单位全部职工或者雇工(以下称职工)缴纳工伤保险费。中华人民共和国境内的企业、事业单位、社会团体、民办非企业单位、基金会、律师事务所、会计师事务所等组织的职工和个体工商户的雇工,均有依照本条例的规定享受工伤保险待遇的权利。"

由以上规定可以看出,我国工伤保险覆盖面在不断扩大,目前已经覆盖了超过2亿人,并将继续扩大。覆盖面扩大意味着工伤保险抵御风险的能力不断加强,功能逐渐完备。工伤预防作为工伤保险的一个重要功能,也在不断得到重视和加强。

二、工伤保险费率调控

《社会保险法》第三十四条、《工伤保险条例》第八条规定,国家根据不同行业的工伤风险程度确定行业的差别费率,并根据使用工伤保险基金、工伤发生率等情况在每个行业内确定费率档次。根据这些规定,在实际操作中,社会保险经办机构根据用人单位使用工伤保险基金、工伤发生率和所属行业费率档次等情况，确定用人单位缴费费率。费率机制的预防措施，是指在筹集工伤保险基金的过程中，采取工伤保险行业差别费率和浮动费率机制，根据用人单位的工伤风险和工伤事故发生情况，调整用人单位的缴费费率，即对安全生产状况差、使用工伤保险基金多的用人单位提高缴费比例，对安全生产情况好、使用工伤保险基金少的用人单位降低缴费比例。这实质上是对两种不同情况用人单位的奖惩措施，可以引导用人单位做好工伤预防，利用经济杠杆作用激励和督促用人单位加强安全管理和工伤预防工作。

（一）行业差别费率机制

1. 行业差别费率机制的概念

行业差别费率机制是指根据不同的行业所面临的工作环境而可能发生伤亡事故的风险和职业的危险程度，分别确定不同比例的工伤保险社会统筹基金缴费率的机制。行业差别费率是工伤保险特有的费率模式。

行业差别费率是工伤保险费率确定的基础。差别费率是国际比较通用的一种筹资方法，世界上建立工伤保险制度的国家大多实行行业差别费率，用人单位的缴费与所属行业风险程度、事故发生频率相挂钩。例如，对工伤事故发生频率高的煤炭开采业、建筑业等企业确定较高的行业基准费率；反之，对银行业、证券业、商业等企业确定较低的行业基准费率。差别费率使工伤保险费的征缴更加趋于合理化。行业差别费率的确定，首先按照不同行业的工伤风险程度在每个行业确定一个基准费率，然后在基准费率的基础上，再根据不同行业具体用人单位的安全生产状况、工伤保险费用的使用等情况，在每个行业内确定若干费率档次。实行行业差别费率机制，在一定程度上使工伤保险的互助互济原则和雇主责任制原则有机结合，使工伤保险和工伤预防紧密结合，既保护工伤职工合法权益，又分散用人单位风险。

不同的行业，其工伤事故或者职业病的发生概率是不一样的。反映不同工伤风险的行业划分，一方面要参照国民经济行业分类，另一方面要依据职业安全卫生的经验数据，经验数据则根据事故和职业病统计数据分析得出。这些数据不是单独的事故发生率、职业病发生率等，还要考虑事故造成的损失率。用人单位费率的确定主要依据企业的规模和所从事的行业，其中企业所从属的行业是考虑费率水平的重要条件，各个企业风险程度是确定费率过程中的重要因素。

2. 行业差别费率的确定依据

确定行业差别费率所依据的评价指标主要有以下几种：

（1）工伤事故发生次数。工伤事故发生次数是指单位时间内某行业发生工伤事故的次数总和。本指标说明工伤事故的发生频率和劳动保护安全制度的总效应。

（2）因工伤亡总人数。因工伤亡总人数是指某行业单位时间内因工伤残、死亡的人数之和。

（3）因工伤亡总人次数。因工伤亡总人次数是指某行业单位时间内因工负伤、致残乃至死亡的累积人数与次数之和。这一指标反映行业工伤事故的总体规模，是确定差别费率的重要指标之一。

（4）工伤事故频率。工伤事故频率是指某行业单位时间内每千名职工因工负伤的总人次数。这一指标是反映行业或企业内职业伤害发生的程度，说明在职工总体中工伤事件发生的概率高低。

（5）工伤死亡率。工伤死亡率是指某行业单位时间内因工死亡的职工占工伤总人数的比例，这一指标反映工伤事故对职工的伤害程度，说明行业工伤事故的严重程度高低。

（二）浮动费率机制

浮动费率是指在差别费率的基础上根据企业在一定时期内安全生产状况和工伤保险费用支出情况，在评估的基础上，定期对企业费率予以浮动的办法。浮动费率的目的是利用经济杠杆促进企业重视安全生产，强化工伤预防工作，降低企业伤亡事故率。

浮动费率是与企业的工伤事故率直接挂钩的,企业上年的事故越多,其下年的缴费就越多,这就体现出浮动费率的经济杠杆作用。为了利用好浮动费率这个经济杠杆作用,必须制定规范的浮动费率机制,科学地统计分析和评估行业企业的工伤事故率、收支率和工伤保险费用支出情况,调整企业的工伤保险费率。通过调整工伤保险费率促进企业抓好安全生产,减少工伤事故的发生,这是实行浮动费率机制的目的所在。

(三) 我国费率机制的运行情况

《工伤保险条例》第八条规定:工伤保险费根据以支定收、收支平衡的原则,确定费率。国家根据不同行业的工伤风险程度确定行业的差别费率,并根据工伤保险费使用、工伤发生率等情况在每个行业内确定若干费率档次。行业差别费率及行业内费率档次由国务院社会保险行政部门制定,报国务院批准后公布施行。统筹地区经办机构根据用人单位工伤保险费使用、工伤发生率等情况,适用所属行业内相应的费率档次确定单位缴费费率。

自2004年《工伤保险条例》实施以来,我国的工伤保险费率机制已初步建立,并对企业加强安全管理、开展工伤预防起到一定的促进作用。但是,目前我国的行业差别费率划分较粗,行业基准费率差距过小,未能真正反映各行业的工伤风险;浮动档次较少,费率浮动范围和评价指标的科学性不够,未能有效发挥对工伤预防的促进作用。因此,我国的工伤保险费率机制还需不断改革和完善,从而使工伤保险制度的预防功能得以充分发挥。

2015年7月,人力资源和社会保障部、财政部共同发布《关于调整工伤保险费率政策的通知》(人社部发〔2015〕71号),并于2015年10月1日起执行,主要规定如下:

1. 关于行业工伤风险类别划分

按照《国民经济行业分类》(GB/T 4754—2011)对行业的划分,根据不同行业的工伤风险程度，由低到高，依次将行业工伤风险类别划分为一类至八类，详见表2—2。

表2—2　　　　　　　　工伤保险行业风险分类

行业类别	行业名称
一	软件和信息技术服务业，货币金融服务，资本市场服务，保险业，其他金融业，科技推广和应用服务业，社会工作，广播、电视、电影和影视录音制作业，中国共产党机关，国家机构，人民政协、民主党派，社会保障，群众团体、社会团体和其他成员组织，基层群众自治组织，国际组织
二	批发业，零售业，仓储业，邮政业，住宿业，餐饮业，电信、广播电视和卫星传输服务，互联网和相关服务，房地产业，租赁业，商务服务业，研究和试验发展，专业技术服务业，居民服务业，其他服务业，教育，卫生，新闻和出版业，文化艺术业
三	农副食品加工业，食品制造业，酒、饮料和精制茶制造业，烟草制品业，纺织业，木材加工和木、竹、藤、棕、草制品业，文教、工美、体育和娱乐用品制造业，计算机、通信和其他电子设备制造业，仪器仪表制造业，其他制造业，水的生产和供应业，机动车、电子产品和日用产品修理业，水利管理业，生态保护和环境治理业，公共设施管理业，娱乐业
四	农业、畜牧业、农、林、牧、渔服务业，纺织服装、服饰业，皮革、毛皮、羽毛及其制品和制鞋业，印刷和记录媒介复制业，医药制造业，化学纤维制造业，橡胶和塑料制品业，金属制品业，通用设备制造业，专用设备制造业，汽车制造业，铁路、船舶、航空航天和其他运输设备制造业，电气机械和器材制造业，废弃资源综合利用业，金属制品、机械和设备修理业，电力、热力生产和供应业，燃气生产和供应业，铁路运输业，航空运输业，管道运输业，体育
五	林业，开采辅助活动，家具制造业，造纸和纸制品业，建筑安装业，建筑装饰和其他建筑业，道路运输业，水上运输业，装卸搬运和运输代理业
六	渔业，化学原料和化学制品制造业，非金属矿物制品业，黑色金属冶炼和压延加工业，有色金属冶炼和压延加工业，房屋建筑业，土木工程建筑业
七	石油和天然气开采业，其他采矿业，石油加工、炼焦和核燃料加工业
八	煤炭开采和洗选业，黑色金属矿采选业，有色金属矿采选业，非金属矿采选业

2. 关于行业差别费率及其档次确定

不同工伤风险类别的行业执行不同的工伤保险行业基准费率。各行业工伤风险类别对应的全国工伤保险行业基准费率为，一类至八类分别控制在该行业用人单位职工工资总额的0.2%、0.4%、0.7%、0.9%、1.1%、1.3%、1.6%、1.9%左右。

通过费率浮动的办法确定每个行业内的费率档次：一类行业分为 3 个档次，即在基准费率的基础上，可向上浮动至 120%、150%；二类至八类行业分为 5 个档次，即在基准费率的基础上，可分别向上浮动至 120%、150% 或向下浮动至 80%、50%。

各统筹地区人力资源社会保障部门会同财政部门，按照"以支定收、收支平衡"的原则，合理确定本地区工伤保险行业基准费率具体标准，并征求工会组织、用人单位代表的意见，报统筹地区人民政府批准后实施。基准费率的具体标准可根据统筹地区经济产业结构变动、工伤保险费使用等情况适时调整。

3. 关于单位费率的确定与浮动

统筹地区社会保险经办机构根据用人单位工伤保险费使用、工伤发生率、职业病危害程度等因素，确定其工伤保险费率，并可依据上述因素变化情况，每一年至三年确定其在所属行业不同费率档次间是否浮动。对符合浮动条件的用人单位，每次可上下浮动一档或两档。统筹地区工伤保险最低费率不低于本地区一类风险行业基准费率。费率浮动的具体办法由统筹地区人力资源社会保障部门商财政部门制定，并征求工会组织、用人单位代表的意见。

需要指出的是，行业差别费率和浮动费率虽然对促进工伤预防工作有一定作用，但是这种作用是有条件、有限度的，必须综合采取多种措施，才能搞好工伤预防工作。

三、其他综合性预防措施

其他综合性预防措施，主要指采取教育、技术和经济等措施，提高用人单位和职工的工伤预防意识，改善企业职业安全卫生状况，促进企业加强安全生产，减少工伤事故和职业病的发生。

1. 教育培训措施

教育培训措施是指开展工伤预防的宣传、教育与培训等活动，是贯彻"安全第一,预防为主,综合治理"方针,普及安全生产和工伤保险知识,提高用人单位和职工工伤预防意识,增强工伤预防能力,减少和避免工伤事故和职业病发生的重要措施。

开展工伤预防的宣传、教育与培训工作,在安全生产和工伤保险中有着非常重要的意义,也是国内外工伤预防工作普遍采用的基本措施。通过开展工伤预防的宣传、教育与培训工作,一方面,可以提高用人单位和职工做好安全生产管理的责任感和自觉性,帮助其正确认识安全生产和工伤预防的重要性,树立"安全第一"的安全价值观和"预防优先"的预防理念。另一方面,能够普及和提高劳动者的工伤预防和职业安全卫生方面的法律法规、基本知识,增强安全操作技能,做到工作中不伤害自己,不伤害别人,也不被别人伤害,从而保护自己和他人的安全与健康。

工伤预防的宣传主要包括:媒体宣传活动、政策咨询活动和知识竞赛,制作公益广告和标志,印制和发放宣传资料等。教育培训针对培训内容和培训对象,灵活选择多种方式方法,可采用讲授法、实际操作演练法、案例研讨法和宣传娱乐法,还可以通过网络视频开展网上培训等。

2. 技术措施

技术措施是指利用工伤保险基金,补助企业开展的预防伤亡事故和职业病的技术活动,以及企业对其设备、设施和生产工艺等从工伤预防和职业安全卫生的角度进行设计、改造、检测和维护,从而改善其职业安全生产状况,减少工伤事故和职业病的发生。

另外,技术措施还包括对工伤预防新技术、新产品的开发等科研活动,以提高工伤预防的技术水平。

(1) 工伤事故预防的安全技术措施。防止事故发生的安全技术是指为了防止事故的发生而采取的约束、限制能量或危险物质,防止其意外释放的技术措施。常用的防止事故发生的预防技术有消除危险源、限制能量或危险物质、隔离等。

1）消除危险源。消除系统中的危险源，可以从根本上防止事故的发生。但是，按照现代安全管理理论，彻底消除所有危险源是不可能的。因此，人们往往首先选择危险性较大、在现有技术条件下可以消除的危险源，作为优先考虑的对象。可以通过选择合适的工艺、技术、设备、设施，合理的结构形式，选择无害、无毒或不能致人伤害的物料来彻底消除某种危险源。

2）限制能量或危险物质。限制能量或危险物质可以防止事故的发生，如减少能量或危险物质的量，防止能量蓄积，安全地释放能量等。

3）隔离。隔离是一种常用的控制能量或危险物质的事故预防技术措施。采取隔离技术，既可以防止事故的发生，也可以防止事故的扩大，减少事故的损失。

4）故障—安全设计。在系统、设备、设施的一部分发生故障或破坏的情况下，在一定时间内也能保证安全的技术措施称为故障—安全设计。通过设计，使系统、设备、设施发生故障或事故时处于低能状态，防止能量的意外释放。

5）减少故障和失误。通过增加安全系数、增加可靠性或设置安全监控系统等来减轻物的不安全状态，减少物的故障或事故的发生。

6）个体防护。个体防护是把人体与意外释放能量或危险物质隔离开，是一种不得已的隔离措施，但却是保护人身安全的最后一道防线。

7）设置薄弱环节。利用事先设计好的薄弱环节，使事故能量按照人们的意图释放，防止能量作用于被保护的人或物。如锅炉上的易熔塞、电路中的熔断器等。

8）避难与救援。设置避难场所，当事故发生时人员暂时躲避，免遭伤害或赢得救援的时间。事先选择撤退路线，当事故发生时，人员按照撤退路线迅速撤离。事故发生后，组织有效的应急救援力量，迅速地实施救护，是减少事故人员伤亡和财产损失的有效措施。

(2)职业病预防的技术措施。通过预防性健康检查,早期发现职业病有利于及时采取措施,防止职业病危害因素所致疾病的发生和发展,还可以为评价劳动条件及职业病危害因素对健康的影响提供资料,并有助于发现新的职业病危害因素,这是保护劳动者相关权益所不可缺少的。职业病预防的内容包括职业健康检查、建立健康监护档案、健康监护资料分析等几个方面。

1)职业健康检查。职业健康检查可分为就业前健康检查和就业后的定期健康检查两种形式。

①就业前健康检查是指对准备从事某种作业的劳动者进行的健康检查,其目的在于:检查受检者的体质和健康状况是否符合参加该作业,是否有职业禁忌证,是否有危及他人的疾患和传染病、精神病等。根据检查结果决定可否从事该作业或安排其他适当工作。取得基础健康状况资料,可供定期检查和动态观察时进行自身对比之用。

②定期健康检查是依据《职业健康监护技术规范》(GBZ 188-2014)的规定,按一定时间间隔对接触职业病危害因素作业工人进行的定期健康检查。其目的是:及时发现职业病危害因素对健康的早期影响和可疑征象;早期诊断和处理职业病患者和观察对象及其他疾病患者,防止其病情的发展和恶化;检出高危人群,即对高危害因素易感的人群,作为重点监护对象;发现具有职业禁忌证的工人,以便调离或安排其他适当工作;采取措施防止其他工人健康受损。

另外,职业病普查也是一种健康检查,主要是对接触某种职业病危害因素的人群,普遍地进行一次健康检查。通过普查发现职业病,还可检出有职业禁忌证的人和高危人群。

2)建立健康监护档案。健康监护档案的内容有:职业史和疾病史;职业病危害因素的监测结果及接触水平;职业健康检查结果及处理情况;个人健康基础资料等。

3）健康监护资料分析。对接触有害因素工人的健康监护资料的统计分析，对指导职业病防治工作有重要意义，可作为职业病预防工作的重要信息资源。

（3）经济措施。经济措施是指除利用费率机制的经济杠杆作用对企业进行调节以外，对违反国家安全生产规定、工伤预防工作做得较差的企业给予处罚，从而引导企业重视工伤预防，进入工伤预防和安全生产的良性轨道。

在经济措施中，一般综合考虑企业的安全生产情况、工伤事故和职业病发生率、工伤保险基金收支率等指标，对企业进行奖励和处罚。

综上所述可以看出，工伤预防是一项综合性很强的工作，需要有关方面协同配合，也需要社会各方面资源的投入。由于我国工伤保险制度设计的特殊性，工伤保险基金对于工伤预防的影响有待进一步提高。随着经济社会的不断发展，这种状况应会逐步改变。

四、我国基金预防机制的运行情况

我国目前采取从工伤保险基金提取工伤预防费开展工伤预防的工作方式，这种预防机制还处在改革探索阶段，还需在制度建设和改革实践中不断完善，加以统一和规范。

2009年，人力资源和社会保障部下发了《关于开展工伤预防试点工作有关问题的通知》（人社厅发〔2009〕108号），选择了广东、海南和河南3省的11个城市作为试点城市，正式启动了工伤预防试点工作。

2013年4月，人力资源和社会保障部印发《关于进一步做好工伤预防试点工作的通知》（人社部发〔2013〕32号），决定在2009年初步试点的基础上，再选择一部分具备条件的城市扩大试点，并进一步规范了工作原则和程序。2013年10月，人力资源和社会保障部办公厅印发《关于确认工伤预防试点城市的通知》（人社厅发〔2013〕111号），确认了天津市等50个工伤预防试点城市（统筹地区），要求各试点城市积极探索建立科学、规范的工伤预防工作模式，为在全国范围内开展工伤预防工作积累经验，完善我国工伤预防制度体系。

2016年8月，人力资源和社会保障部工伤保险司下发《关于选择部分地区开展工伤预防专项试点工作的函》的工作部署，从2017年至2020年，选定天津市，河南省郑州市，广东省广州市、东莞市、中山市共5个城市为工伤预防专项试点城市。根据试点工作要求，试点城市要选择工伤高发的行业、工种、岗位等作为工伤预防专项试点的重点，试点期间，针对选定的行业、工种、岗位等，持续采取宣传、培训等工伤预防措施，跟踪选定行业、工种、岗位的预防效果，每年进行评估。

2017年8月，人力资源社会保障部、财政部、国家卫生计生委、国家安全监管总局联合下发《关于印发工伤预防费使用管理暂行办法的通知》（人社部规〔2017〕13号），规定工伤预防费用于工伤事故和职业病预防宣传及工伤事故和职业病预防培训；规定在保证工伤保险待遇支付能力和储备金留存的前提下，工伤预防费的使用原则上不得超过统筹地区上年度工伤保险基金征缴收入的3%。因工伤预防工作需要，经省级人力资源社会保障部门和财政部门同意，可以适当提高工伤预防费的使用比例。并且规定工伤预防费使用实行预算管理。统筹地区社会保险经办机构按照上年度预算执行情况，根据工伤预防工作需要，将工伤预防费列入下一年度工伤保险基金支出预算。具体预算编制按照预算法和社会保险基金预算有关规定执行。具体执行中，统筹地区人力资源和社会保障部门应会同财政、卫生健康、安全监管部门以及本辖区内负有安全生产监督管理职责的部门，根据工伤事故伤害、职业病高发的行业、企业、工种、岗位等情况，统筹确定工伤预防的重点领域，并通过适当方式告知社会。

第三节 安全管理基本理论

一、安全管理基本概念

(一) 安全

安全是指免遭不可接受危险的伤害。

生产过程中的安全,又称为生产安全,是指不发生工伤事故、职业病或设备财产损失的状态。

工程中的安全,是用概率表示近似的客观量,用于衡量安全的程度。

系统工程中的安全概念,认为世界上没有绝对安全的事物,任何事物都有不安全的因素,具有一定的危险性。安全和危险是一对互为存在前提的术语,在安全评价中,安全主要是指人和物的安全。在系统整个寿命周期内,安全性与危险性互为补数。

(二) 本质安全

本质安全是指通过设计等手段使生产设备或生产系统本身具有安全性,即使在误操作或发生故障的情况下也不会造成事故。具体包括两个方面的内容:

1. 失误—安全功能

指操作者即使操作失误,也不会发生事故或伤害,或者说设备、设施和技术工艺本身具有自动防止人的不安全行为的功能。

2. 故障—安全功能

指设备、设施或生产工艺发生故障或损坏时,还能暂时维持正常工作或自动转变为安全状态。

上述两种安全功能应该是设备、设施和技术工艺本身固有的,即在规划设计阶段就被纳入其中,而不是事后补偿的。

本质安全是生产中"预防为主"的根本体现,也是安全生产的最高境界。实际上,由于技术、资金和人们对事故的认识等原因,目前还很难做到本质安全,只能作为追求的目标。

(三) 安全生产

《辞海》将"安全生产"解释为:为预防生产过程中发生人身、设备事故,形成良好劳动环境和工作秩序而采取的一系列措施和活动。《中国大百科全书》将"安全生产"解释为:旨在保护劳动者在生产过程中安全的一项方针,也是企业管理必须遵循的一项原则,要求最大限度地减少劳动者的工伤和职业病,保障劳动者在生产过程中的生命安全和身体健康。

根据现代系统安全工程的观点,安全生产是指在社会生产活动中,通过人、机、物、环境的和谐运作,使生产过程中潜在的各种事故风险和伤害因素始终处于有效控制状态,切实保护劳动者的生命安全和身体健康。

(四) 安全管理

安全管理是管理的重要组成部分,是安全科学的一个分支。安全管理是指针对人们在生产过程中的安全问题,运用有效的资源,发挥人们的智慧,通过人们的努力,进行有关决策、计划、组织和控制等活动,实现生产过程中人、机、物、环境的和谐,达到安全生产的目标。

安全管理的目标是减少和控制危害,减少和控制事故,尽量避免生产过程中由于事故所造成的人身伤害、财产损失、环境污染以及其他损失。安全管理包括安全生产法制管理、行政管理、监督检查、工艺技术管理、设备设施管理、作业环境和条件管理等方面。

安全管理的基本研究对象是企业的员工,涉及企业中的所有人员、设备设施、物料、环境、财务、信息等各个方面。安全管理的内容包括:安全生产管理机构和安全生产管理人员、安全生产责任制、安全生产管理规章制度、安全生产策划、安全生产培训教育、安全生产档案等。

（五）事故

《现代汉语词典》对"事故"的解释是：意外的损失或灾祸（多指生产、工作上发生的）。

在国际劳工组织制定的一些指导性文件如《职业病和职业病记录与通报实用规程》中，将职业事故定义为："由工作引起或者在工作过程中发生的事件，并导致致命或非致命的职业伤害。"

（六）事故隐患

事故隐患是指生产系统中可导致事故发生的人的不安全行为、物的不安全状态和管理上的缺陷。

事故隐患分为一般事故隐患和重大事故隐患。

一般事故隐患是指危害和整改难度较小，发现后能够立即整改排除的隐患。

重大事故隐患是指危害和整改难度较大，应当全部或者局部停产停业，并经过一定时间整改、治理方能排除的隐患，或者因外部因素影响致使生产经营单位自身难以排除的隐患。

（七）危险

危险是指易于受到损害或伤害的一种状态，它是指系统中存在的导致发生不期望后果的可能性超过了人们的接受程度。

危险性是指对系统危险程度的客观描述，它用危险概率和危险严重度来表示这一危险可能导致的损失。

长期以来，人们一直把安全和危险看作是截然不同的、相对独立的旧概念。系统安全包含许多创新的安全新概念：认为世界上没有绝对安全的事物，任何事物中都包含有不安全的因素，具有一定的危险性。其中，危险概率是指发生危险的可能性，危险严重度是指对危害造成的最坏结果的定性评价。安全则是一个相对的概念，它是一种模糊数学的概念。危险性是对安全性的隶属度，当危险性低于某种程度时，人们就认为是安全的。

（八）危险因素

能对人造成伤亡或对物造成突发性损害的因素被称为危险因素。

（九）有害因素

有害因素是指能影响人的身体健康导致疾病，或对物造成慢性损害的因素。

（十）危险源

危险源是指可能造成人员伤害、疾病、财产损失、作业环境破坏或其他损失的根源或状态。

（十一）风险

风险是危险、危害事故发生的可能性与危险、危害事故严重程度的综合度量。风险是描述系统危险程度的客观量，又称为风险度或危险性。衡量风险大小的指标是风险率（R），它等于事故发生的概率（P）与事故损失严重程度（S）的乘积：

$$R = PS$$

（十二）安全生产方针

《安全生产法》第三条规定：安全生产工作应当以人为本，坚持安全发展，坚持安全第一、预防为主、综合治理的基本方针。

"安全第一"就是在生产经营过程中，在处理生产和安全这两个方面问题时，要始终把安全放在首要的位置，坚持最优先考虑人的生命安全。

"预防为主"就是按照系统工程理论，按照事故发展的规律和特点，预防事故的发生，做到防患未然，将事故消灭在萌芽状态。

"综合治理"，就是要标本兼治，重在治本，采取各种管理手段预防事故发生,实现治标的同时,研究治本的方法,综合运用科技手段、法律规定、经济手段和行政干预,从各个方面着手解决影响安全生产的深层次问题,做到思想上、制度上、技术上、监督检查上、事故处理上和应急救援上的综合管理。

(十三)"三违"与强令冒险作业

所谓"三违"是指违章指挥、违章作业和违反劳动纪律。

1. 违章指挥

违章指挥是指施工单位有关管理人员违反国家关于安全生产的法律法规和有关安全规程、规章制度的规定,对作业人员具体的生产活动进行指挥,强令工人冒险作业;指挥工人在安全防护设施、设备上有缺陷的条件下仍然冒险作业、违章作业而不制止。

2. 违章作业

违章作业是指职工在劳动过程中违反有关的法律法规、标准、规章制度、操作规程,盲目蛮干、冒险作业的行为。如不遵守施工现场安全制度、进入施工现场不戴安全帽,高处作业不系安全带和不正确使用劳动防护用品;擅自动用机电设备或拆改挪动设施、设备,随意爬脚手架等。

3. 违反劳动纪律

违反劳动纪律是指不遵守企业的各项劳动纪律,迟到、早退、脱岗、工作期间干私活、打架斗殴、嬉闹等。如不坚守岗位、串岗等行为。

4. 强令冒险作业

强令冒险作业是指施工单位有关管理人员明知开始或者继续作业会有重大危险,仍然强迫作业人员进行作业的行为。

(十四)"三不伤害"

"三不伤害"是指:在生产作业中不伤害自己、不伤害他人、不被别人伤害。

首先,确保自己不违章,其次保证不伤害到自己,最后不去伤害到别人。

要做到不被别人伤害，这就要求作业人员要有良好的自我保护意识，要及时制止违章。制止违章既保护了自己，也保护了他人。

（十五）"四不放过"

安全生产事故后，调查和处理必须坚持"四不放过"。所谓四不放过是指：事故原因没有查清不放过；事故责任者没有严肃处理不放过；广大职工没有受到教育不放过；防范措施没有落实不放过。

（十六）安全生产规章制度

安全生产规章制度是指施工单位根据有关安全生产的法律法规以及有关国家标准或者行业标准，结合本单位的实际情况制定的安全生产方面的具体制度和要求。

（十七）安全操作规程

安全操作规程是指为保障安全生产，对操作的具体技术要求和实施程序所做出的统一规定。

二、安全管理理论

（一）安全管理基础理论

1. 马斯洛需求层次论

人的需求是指人体某种生理或心理上的不满足感，它可使人产生行动的动机。人在某一时刻最强烈的需求被称为强势需求，它产生主导动机并直接导致人的行动。美国心理学家马斯洛将人的需求由低到高归纳为生理需求、安全需求、社会需求、尊重需求、求知需求、审美需求、自我实现需求7个层次。一般情况下，只有当某低层次的需求相对满足之后，其上一级需求才能转化为强势需求。这就是"需求层次理论"。

马斯洛的需求层次理论是国内外许多管理理论的重要基础，对企业安全管理具有一定的指导意义。应用此理论时应注意以下几点：

（1）注意调查分析本企业职工需求层次结构的状况，为安全管理提供科学的依据。

（2）针对不同层次的需求，提出相应的安全管理措施。

（3）注意职工需求层次结构的变化，适时调整满足职工需求的管理方法。

（4）把职工的安全需求与其他需求作为一个需求体系综合考虑，以提高安全管理的有效性。

2. 双因素理论

1957年，美国心理学家赫茨伯格提出的"保健因素—激励因素"理论，简称双因素理论。他将人的行动动机因素分为与工作的客观情况有关的保健因素和与工作有内在联系的激励因素两大类。保健因素的满足只能防止职工对工作的不满，激励因素的改善却可激发职工的积极性并产生满足感。

与需求层次论比较，保健因素相当于人的较低层次的需求（生理、安全和社交的需求），激励因素相当于人的较高层次的需求（尊重、自我实现的需求）。在企业的安全管理中，首先应重视保健因素需求的满足，在此基础上，再充分利用激励因素对职工进行安全生产的激励作用。要将企业安全生产的近期目标和发展规划以不同的形式反馈给职工，以增强职工对企业安全生产的信心。同时要正确区分两类因素，做到因人而异，并防止激励因素向保健因素的转化。

3. 强化理论

强化理论又称为矫正理论，它是由美国心理学家斯金纳提出来的。此理论强调人的行为与影响行为的环境刺激之间的关系，认为管理者可以通过不断改变环境的刺激来控制人的行为。强化包括正强化、负强化和自然消退三种类型，其中：正强化是用于加强所期望的个人行为；负强化和自然消退的目的是减少和消除不期望发生的行为。三者相互联系、相互补充，构成了强化的体系，并成为一种制约或影响人的行为的特殊环境因素。

在实际应用中应以正强化为主,慎重采用负强化(尤其是惩罚)手段,注意强化的时效性,同时因人制宜,采用不同的强化方式,利用信息反馈增强强化效果,以使强化机制协调运转并产生整体效应。

4. 挫折理论

挫折理论主要揭示人的动机行为受阻而未能满足需要时的心理状态,并由此而导致的行为表现,力求采取措施将消极性行为转化为积极性、建设性行为。挫折的形成是由于人的认知与外界刺激因素相互作用失调所致,是一种普遍存在的心理现象,它的产生是不以人的主观意志为转移的。挫折感因人而异,即使客观上挫折情境相似,不同的人对挫折的感受也会不同,所受的打击程度也就不同。挫折一方面可增加个体的心理承受能力,使人猛醒,吸取教训,改变目标或策略,从逆境中重新奋起;另一方面也可使人们处于不良的心理状态中,出现负向情绪反应,并采取消极的防卫方式来对付挫折情境,从而导致不安全的行为反应。

在企业安全生产活动中,应重视挫折问题,可采取下述措施:

(1) 帮助职工用积极的行为适应挫折,如合理调整无法实现的行动目标。

(2) 改变受挫折职工对挫折情境的认识和估价,以减轻挫折感。

(3) 通过培训提高职工工作能力和技术水平,增加个人目标实现的可能性,减少挫折的主观因素。

(4) 改变或消除易于引起职工挫折的工作环境,减少挫折的客观因素。

(5) 开展心理保健和咨询,消除或减弱挫折心理压力。

5. 期望理论

1964年,美国心理学家佛隆提出了管理中的期望理论。此理论的基本点是:人的积极性被激发的程度,取决于他对目标价值估计的大小和判断实现此目标概率大小的乘积,用公式表示为:

$$激励水平(M) = 目标效价(V) \times 期望值(E)$$

式中，目标效价是指个人对某一工作目标对自身重要性的估价；期望值是指个人对实现目标可能性大小的主观估计。一般说来，目标效价和期望值都很高时，才会有较高的激励力量；只要效价和期望值中有一项不高，则目标的激励力量就不大。对于企业来说，需要的是职工在工作中的绩效；而对于职工来说，关注的则是与劳动付出有关的报酬。

期望理论明确地提出职工的激励水平与企业设置的目标效价和可实现的概率有关，这对企业采取措施调动职工的积极性具有现实的意义。首先，企业应重视安全生产目标的结果和奖酬对职工的激励作用。其次，企业应重视目标效价与个人需要的联系。同时，企业应通过宣传教育引导职工认识安全生产与其切身利益的一致性，提高职工对安全生产目标及其奖酬效价的认识水平。最后，企业应通过各种方式为职工提高个人能力创造条件，以增加职工对目标的期望值。

6. 公平理论

公平理论是美国心理学家亚当期于1965年提出的。该理论的基本要点是：人的工作积极性不仅与个人实际报酬多少有关，而且与人们对报酬的分配是否感到公平更为密切。公平理论可用公平关系式来表示。设当事人 A 和被比较对象 B，则当 A 感觉到公平时有下式成立：

$$O_A/I_A = O_B/I_B$$

式中：I 为个人所投入（付出）的代价，如资历、工龄、受教育水平、技能、努力等；O 为个人所获取的报酬，如奖金、晋升、荣誉、社会地位等。若 $O_A/I_A = O_B/I_B$ 人们就会有公平感；若 $O_A/I_A < O_B/I_B$ 人们就会感到不公平，产生委屈感；若 $O_A/I_A > O_B/I_B$ 人们也会感到不公平，产生内疚感。一般而论，人的内疚感的临界阈值较高，而委屈感的临界阈值较低，因此主要是后者对人的影响大。

在企业安全管理中，应该重视公平理论所揭示的职工安全工作行为动机的激发与职工的公平感的联系，预防不公平感给职工在安全生产中带来的消极影响。

(二)安全管理原理与原则

安全管理作为管理的主要组成部分，遵循管理的普遍规律，既服从管理的基本原理与原则，又有其特殊的原理与原则。具体来讲有以下四项基本原理：

1. 预防原理

(1) 预防原理的含义。安全管理工作应该做到预防为主，通过有效的管理和技术手段，减少和防止人的不安全行为和物的不安全状态，这就是预防原理。在可能发生人身伤害、设备或设施损坏和环境破坏的场合，事先采取措施，防止事故发生。

(2) 运用预防原理的原则：

1) 偶然损失原则。事故后果以及后果的严重程度，都是随机的、难以预测的。反复发生的同类事故，并不一定产生完全相同的后果，这就是事故损失的偶然性。偶然损失原则告诉我们，无论事故损失大小，都必须做好预防工作。

2) 因果关系原则。事故的发生是许多因素互为因果连续发生的最终结果，只要诱发事故的因素存在，发生事故是必然的，只是时间或迟或早而已，这就是因果关系原则。

3) "3E"原则。造成人的不安全行为和物的不安全状态的原因可归结为4个方面，即技术原因、教育原因、身体和态度原因以及管理原因，针对这4个方面的原因，可以采取三种防止对策，即工程技术对策、教育对策和法制对策，即所谓"3E"原则。

4) 本质安全化原则。本质安全化原则是指从一开始和从本质上实现安全化，从根本上消除事故发生的可能性，从而达到预防事故发生的目的。本质安全化原则不仅可以应用于设备、设施，还可以应用于建设项目。

2. 强制原理

（1）强制原理的含义。采取强制管理的手段控制人的意愿和行为，使个人的活动、行为等受到安全管理要求的约束，从而实现有效的安全管理，这就是强制原理。所谓强制就是绝对服从，不必经被管理者同意便可采取控制行动。

（2）运用强制原理的原则：

1）安全第一原则。安全第一就是要求在进行生产和其他工作时把安全工作放在一切工作的首要位置。当生产和其他工作与安全发生矛盾时，要以安全为主，生产和其他工作要服从于安全，这就是安全第一的原则。

2）监督原则。监督原则是指在安全工作中，为了使安全生产法律法规落到实处，必须设立安全生产监督管理部门，对企业生产中的守法和执法情况进行监督。

3. 系统原理

（1）系统原理的含义。系统原理是现代管理学的一个基本原理。它是指人们在从事管理工作时，运用系统理论、观点和方法，对管理活动进行充分的系统分析，以达到管理的优化目标，即用系统论的观点、理论和方法来认识和处理管理中出现的问题。安全生产管理系统是生产管理的一个子系统，包括各级安全管理人员、安全防护设备与设施、安全管理规章制度、安全生产操作规范和规程以及安全管理信息等。安全贯穿于生产活动的方方面面，安全管理是全方位、全天候和涉及全体人员的管理。

（2）运用系统原理的原则：

1）动态相关性原则。动态相关性原则告诉我们，构成管理系统的各要素是运动和发展的，它们相互联系又相互制约。显然，如果管理系统的各要素都处于静止状态，就不会发生事故。

2）整分合原则。高效的现代安全管理必须在总体规划下明确分工，在分工基础上有效综合，这就是整分合原则。运用该原则，要求企业管理者在制定整体目标和进行宏观决策时，必须将安全生产纳入其中，在考虑资金、人员和体系时，都必须将安全生产作为一项重要内容考虑。

3）反馈原则。反馈是控制过程中对控制机构的反作用。成功、高效的管理，离不开灵活、准确、快速的反馈。企业生产的内部条件和外部条件在不断变化，所以必须及时捕获、反馈各种安全生产信息，以便及时采取行动。

4）封闭原则。在任何一个管理系统内部，管理手段、管理过程等必须构成一个连续封闭的回路，才能形成有效的管理活动，这就是封闭原则。封闭原则告诉我们，在企业安全生产中，各管理机构之间、各种管理制度和方法之间，必须具有紧密的联系，形成相互制约的回路，才能有效。

4. 人本原理

（1）人本原理的含义。在管理中必须把人的因素放在首位，体现以人为本的指导思想，这就是人本原理。以人为本有两层含义：一是一切管理活动都是以人为本展开的，人既是管理的主体，又是管理的客体，每个人都处在一定的管理层面上，离开人就无所谓管理；二是管理活动中，作为管理对象的要素和管理系统各环节，都是需要人来掌管、运作、推动和实施。

（2）运用人本原理的原则：

1）动力运作。推动管理活动的基本力量是人，管理必须有能够激发人的工作能力的动力，这就是动力原则。对于管理系统，有三种动力，即物质动力、精神动力和信息动力。

2）能级原则。现代管理认为，单位和个人都具有一定的能量，并且可按照能量的大小顺序排列，形成管理的能级，就像原子中电子的能级一样。在管理系统中，建立一套合理能级，根据单位和个人能量大小安排工作，发挥不同能级的能量，保证结构的稳定性和管理的有效性，这就是能级原则。

3）激励原则。管理中的激励就是利用某种外部诱因的刺激，调动人的积极性和创造性。以科学的手段，激发人的内在潜力，使其充分发挥积极性、主动性和创造性，这就是激励原则。人的工作动力来源于内在动力、外部压力和工作吸引力。

4) 行为原则。需求与动机是人的行为的基础，人类的行为规律是需求决定动机、动机产生行为，行为指向目标，目标完成需求得到满足，于是又产生新的需求、动机、行为，以实现新的目标。安全生产工作重点是防治人的不安全行为。

(三) 事故致因理论

事故致因理论是从大量典型事故的本质原因中所分析、提炼出的事故机理和事故模型。这些机理和模型反映了事故发生的规律性，能够为事故原因的定性、定量分析及事故的预防提供科学依据。

1. 事故频发倾向理论

1919 年，英国的格林伍德和伍兹把许多伤亡事故发生次数按照泊松分布、偏倚分布和非均等分布进行统计分析后发现，当发生事故的概率不存在个体差异时，一定时间内事故发生的次数服从泊松分布。一些工人由于精神或心理方面的问题，如果在生产操作过程中发生过一次事故，当再继续操作时，就有重复发生第二次、第三次事故的倾向，事故发生的次数服从偏倚分布。当企业中存在许多特别容易发生事故的人员时，发生事故次数的人数服从非均等分布。

再次研究基础上，1939 年，英国的法默和查姆勃等人提出了事故频发倾向理论。事故频发倾向是指个别容易发生事故的稳定的个人内在倾向。事故频发倾向者的存在是工业事故发生的主要原因，即少数具有事故频发倾向的工人是事故频发倾向者，他们的存在是工业事故发生的原因。如果企业中减少了事故频发倾向者，就可以减少工业事故。

因此，人员选择就成了预防事故的重要措施，通过严格的生理、心理检验，从众多的求职人员中选择身体、智力、性格特征及动作特征等方面的优秀的人才就业，而把企业中的所谓事故频发倾向者解雇。

事故频发倾向理论是早期的事故致因理论，显然不符合现代事故致因理论的理念。

2. 海因里希因果连锁理论

1931年，美国的海因里希在《工业事故预防》一书中，阐述了工业安全理论。该书的主要内容之一就是论述了事故发生的因果连锁理论，后人称其为海因里希连锁理论。

海因里希第一次提出了事故因果连锁理论，阐述导致伤亡事故各种原因因素间及与伤害间的关系，认为伤亡事故的发生不是一个孤立的事件，尽管伤害可能在某个瞬间突然发生，却是一系列原因事件相继发生的结果。

（1）伤害事故连锁构成。海因里希把工业伤害事故的发生发展过程描述为具有一定因果关系的事件的连锁，即：

1）人员伤亡的发生是事故的结果。

2）事故的发生原因是人的不安全行为或物的不安全状态。

3）人的不安全行为或物的不安全状态是由于人的缺点造成的。

4）人的缺点是由于不良环境诱发或者是由先天的遗传因素造成的。

（2）主要因素。海因里希将事故因果连锁过程概括为以下5个因素：

1）遗传因素及社会环境。遗传因素及社会环境是造成人的性格上缺点的原因。遗传因素可能造成鲁莽、固执等不良性格；社会环境可能妨碍其接受教育，助长性格的缺点发展。

2）人的缺点。人的缺点是使人产生不安全行为或造成机械、物质不安全状态的原因，它包括鲁莽、固执、过激、神经质、轻率等性格上的先天缺陷，以及缺乏安全生产知识和技术等后天的缺点。

3）人的不安全行为或物的不安全状态。所谓人的不安全行为或物的不安全状态是指那些曾经引起过事故，可能再次引起事故的人的行为或机械、物的状态，它们是造成事故的直接原因。

4) 事故。事故是由于物体、物质、人或放射线的作用或反作用，使人员受到伤害或可能受到伤害的、意料之外的、失去控制的事件。

5) 伤害。由于事故直接产生的人身伤害。

海因里希用多米诺骨牌来形象地描述这种事故的因果连锁关系。在多米诺骨牌系列中，一枚骨牌被碰倒了，则会发生连锁反应，其余几枚骨牌相继被碰倒。如果移去中间一枚骨牌，则连锁被破坏，事故过程被中止。他认为，企业安全工作的中心就是防止人的不安全行为，消除机械的或物质的不安全状态，中断事故连锁的进程，从而避免事故的发生。

3. 能量意外释放理论

1961年，美国的吉布森提出了事故是一种不正常的或不希望的能量释放。各种形式的能量是构成伤害的直接原因。因此，应该通过控制能量或控制作为能量达到人体媒介的能量载体来预防伤害事故。

1966年，在吉布森的研究基础上，美国的哈登完善了能量意外释放理论，提出"人受伤害的原因只能是某种能量的转移"，并提出了能量逆流于人体造成伤害的分类方法，将伤害分为两类：第一类伤害是由于施加于局部或全身性损伤阈值的能量伤害；第二类伤害是由影响了局部或全身性能量交换引起的，主要指中毒窒息和冻伤。哈登认为，在一定条件下，某种形式的能量能否产生造成人员伤亡事故的伤害取决于能量大小、接触能量时间的长短和频率以及力的集中程度。根据能量意外释放理论，可以利用各种屏蔽来防止意外的能量转移，从而防止事故的发生。

4. 系统安全理论

在20世纪50年代到60年代美国研究洲际导弹的过程中，系统安全理论应运而生。系统安全理论包括很多区别于传统安全理论的创新概念：

(1) 在事故致因理论方面，改变了人们只注重操作人员的不安全行为，而忽略硬件故障在事故致因中的作用的传统观念，开始考虑如何通过改善物的系统可靠性来提高复杂系统的安全性，从而避免事故。

（2）没有任何一种事物是绝对安全的，任何事物中都潜伏着危险因素。通常所说的安全或危险只不过是一种主观的判断。

（3）不可能根除一切危险源，可以减少来自现有危险源的危险性，宁可减少总的危险性而不是只彻底去消除几种选定的风险。

（4）由于人的认识能力有限，有时不能完全认识危险源及其风险，即使认识了现有的危险源，随着生产技术的发展，新技术、新工艺、新材料和新能源的出现，又会产生新的危险源。安全生产工作的目标就是控制危险源，努力把事故发生概率降到最低，即使万一发生事故，也可以把伤害和损失控制在较轻的程度上。

第四节　安全管理措施

一、安全生产责任制

（一）安全生产责任制及其重要作用

1. 安全生产责任制的概念

安全生产责任制是根据我国的安全生产方针"安全第一、预防为主、综合治理"和安全生产法律法规以及"管生产必须管安全"这一原则，建立的各级领导、职能部门、工程技术人员、岗位操作人员在劳动生产过程中对安全生产层层负责的制度，是将以上所列的各级负责人员、各职能部门及其工作人员和各岗位生产人员在安全生产方面应做的事情和应负的责任加以明确规定的一种制度。安全生产责任制是企业岗位责任制的一个组成部分，是企业中最基本的一项安全制度,也是企业安全生产、劳动保护管理制度的核心。实践证明,凡是建立健全了安全生产责任制的企业,各级领导重视安全生产、劳动保护工作,切实贯彻执行党的安全生产、劳动保护方针、政策和国家的安全生产、劳动保护法律法规,在认真负责地组织生产的同时,积极采取措施,改善劳动条件,工伤事故和职业性疾病就会减少。反之,人员就会职责不清,相互推诿,而使安全生产、劳动保护工作无人负责,无法进行,工伤事故与职业病就会不断发生。

安全生产责任制是经长期的安全生产、劳动保护管理实践证明的成功制度与措施。这一制度与措施最早见于国务院1963年3月30日颁布的《关于加强企业生产中安全工作的几项规定》(《五项规定》)。《五项规定》中要求,企业的各级领导、职能部门、有关工程技术人员和生产工人,各自在生产过程中应负的安全责任,必须加以明确的规定。《五项规定》还要求:企业单位的各级领导人员在管理生产的同时,必须负责管理安全工作,认真贯彻执行国家有关劳动保护的法令和制度,在计划、布置、检查、总结、评比生产的同时,计划、布置、检查、总结、评比安全工作("五同时"制度);企业单位中的生产、技术、设计、供销、运输、财务等各有关专职机构,都应在各自的业务范围内,对实现安全生产的要求负责;企业单位都应根据实际情况加强劳动保护机构或专职人员的工作;企业单位各生产小组都应设置不脱产的安全管理员;企业职工应自觉遵守安全生产规章制度。

2. 企业建立安全生产责任制的意义

建立安全生产责任制的目的,一方面是增强生产经营单位各级负责人员、各职能部门及其工作人员和各岗位生产人员对安全生产的责任感;另一方面明确生产经营单位中各级负责人员、各职能部门及其工作人员和各岗位生产人员在安全生产中应履行的职责和应承担的责任,以充分调动各级人员和各部门安全生产方面的积极性和主观能动性,确保安全生产。

建立安全生产责任制的重要意义主要体现在两方面：

（1）落实我国安全生产方针和有关安全生产法律法规和政策的具体要求。《安全生产法》规定：生产经营单位必须建立健全安全生产责任制。

（2）通过明确责任使各级各类人员真正重视安全生产工作，对预防事故和减少损失、进行事故调查和处理、建立和谐社会等具有重要作用。

生产经营单位是安全生产的责任主体，生产经营单位必须建立安全生产责任制，把"安全生产，人人有责"从制度上固定下来；生产经营单位法人代表要切实履行本单位安全生产第一责任人的职责，把安全生产的责任落实到每个环节、每个岗位、每个人，从而增强各级管理人员的责任心，使安全管理工作既做到责任明确，又互相协调配合，共同努力把安全生产工作落到实处。

（二）建立安全生产责任制的要求

建立一个完善的安全生产责任制的总要求是：横向到边、纵向到底，并由生产经营单位的主要负责人组织建立。建立的安全生产责任制具体应满足如下要求：

（1）必须符合国家安全生产法律法规和政策、方针的要求。

（2）与生产经营单位管理体制协调一致。

（3）要根据本单位、部门、班组、岗位的实际情况制定，既明确、具体，又具有可操作性，防止形式主义。

（4）由专门的人员与机构制定和落实，并应适时修订。

（5）应有配套的监督、检查等制度，以保证安全生产责任制得到真正落实。

生产经营单位的主要负责人在管理生产的同时，必须负责管理事故预防工作。在计划、布置、检查、总结、评比生产的时候，同时计划、布置、检查、总结、评比事故预防工作。事故预防工作必须由行政主要负责人负责，分公司、车间的各级主要负责人在安全管理上都负第一位责任。各级的副职根据各自分管业务工作范围负相应的责任。他们的主要任务是贯彻执行国家有关安全生产的法律法规、制度和保持管辖范围内职工的安全和健康。凡是严格认真地贯彻落实了"五同时",说明其担负起了责任,反之就是失职。如果因此而造成事故,那就要视事故后果的严重程度和失职程度,由行政以及司法机关追究法律责任。

(三) 安全生产责任制的主要内容

安全生产责任制的内容主要包括两个方面:一是纵向方面,即从上到下所有类型人员的安全生产职责。在建立责任制时,可首先将本单位从主要负责人一直到岗位工人分成相应的层级,然后结合本单位的实际工作,对不同层级的人员在安全生产中应承担的职责做出规定。

二是横向方面,即各职能部门(包括党、政、工、团)的安全生产职责。在建立责任制时,可按照本单位职能部门的设置(如安全、设备、计划、技术、生产、基建、人事、财务、设计、档案、培训、党办、宣传、工会、团委等部门),分别对其在安全生产中应承担的职责做出规定。

生产经营单位在建立安全生产责任制时,在纵向方面至少应包括下列几类人员:

1. 生产经营单位主要负责人

生产经营单位的主要负责人是本单位安全生产的第一责任者,对安全生产工作全面负责。《安全生产法》第十八条将生产经营单位的主要负责人的安全生产职责定为:

(1) 建立健全本单位安全生产责任制。

(2) 组织制定本单位安全生产规章制度和操作规程。

(3) 组织制订并实施本单位安全生产教育和培训计划。

(4) 保证本单位安全生产投入的有效实施。

(5) 督促、检查本单位的安全生产工作,及时消除生产安全事故隐患。

（6）组织制定并实施本单位的生产安全事故应急救援预案。

（7）及时、如实报告生产安全事故。

具体可根据上述 7 个方面内容，并结合本单位的实际情况对主要负责人的职责做出具体规定。

2. 生产经营单位其他负责人

生产经营单位其他负责人的职责是协助主要负责人搞好安全生产工作。不同的负责人管的工作不同，应根据其具体分管工作，对其在安全生产方面应承担的具体职责做出规定。

3. 生产经营单位职能管理机构负责人及其工作人员

各职能部门都会涉及安全生产职责，需根据各部门职责分工做出具体规定。各职能部门负责人的职责是按照本部门的安全生产职责，组织有关人员做好本部门安全生产责任制的落实，并对本部门职责范围内的安全生产工作负责；各职能部门的工作人员则是在各自职责范围内做好有关安全生产工作，并对自己职责范围内的安全生产工作负责。

4. 班组长

班组安全生产是搞好本单位安全生产工作的关键，班组长全面负责本班组的安全生产，是安全生产法律法规和规章制度的直接执行者。班组长的主要职责是贯彻执行本单位对安全生产的规定和要求，督促本班组的工人遵守有关安全生产规章制度和安全操作规程，切实做到不违章指挥，不违章作业，遵守劳动纪律。

5. 岗位工人

岗位工人对本岗位的安全生产负直接责任，岗位工人要接受安全生产教育和培训，遵守有关安全生产规章和安全操作规程，不违章作业，遵守劳动纪律。特种作业人员必须接受专门的培训，经考试合格取得操作资格证书后，方可上岗作业。

二、安全生产教育培训

《安全生产法》第二十五条规定：生产经营单位应当对从业人员进行安全生产教育和培训，保证从业人员具备必要的安全生产知识，熟悉有关的安全生产规章制度和安全操作规程，掌握本岗位的安全操作技能，了解事故应急处理措施，知悉自身在安全生产方面的权利和义务。未经安全生产教育和培训合格的从业人员，不得上岗作业。

（一）安全生产教育培训对象

（1）根据《生产经营单位安全培训规定》（2015年5月国家安全生产监督管理总局令第80号第二次修正），生产经营单位应当进行安全培训的从业人员包括主要负责人、安全生产管理人员、特种作业人员和其他从业人员。

（2）生产经营单位使用被派遣劳动者的，应当将被派遣劳动者纳入本单位从业人员统一管理，对被派遣劳动者进行岗位安全操作规程和安全操作技能的教育和培训。劳务派遣单位应当对被派遣劳动者进行必要的安全生产教育和培训。

（3）生产经营单位接收中等职业学校、高等学校学生实习的，应当对实习学生进行相应的安全生产教育和培训，提供必要的劳动防护用品。学校应当协助生产经营单位对实习学生进行安全生产教育和培训。

（二）安全生产教育培训的目的

1. 统一思想，提高认识

通过安全教育培训，把职工的思想统一到"安全第一、预防为主、综合治理"的方针上来，使企业的经营管理者和各级领导真正把安全摆在"第一"的位置，在从事企业经营管理活动中坚持"五同时"的基本原则；使广大职工认识安全生产的重要性，从"要我安全"变为"我要安全""我会安全"，做到"三不伤害"，即"不伤害自己，不伤害他人，不被他人伤害"，提高自觉抵制

"三违"现象的能力。

2. 提高企业的安全管理水平

安全管理包括对全体职工的安全管理，以及对设备、设施的安全技术管理和对作业环境的劳动卫生管理。通过安全生产教育培训，提高各级领导干部的安全生产政策水平，掌握有关安全生产法律法规、制度，学习应用先进的安全管理方法、手段，提高全体职工在各自工作范围内，对设备、设施和作业环境的安全管理能力。

3. 提高全体职工的安全知识水平和安全技能

安全知识包括对生产活动中存在的各类危险因素和危险源的辨识、分析、预防、控制等知识。安全技能包括安全操作的技巧、紧急状态的应变能力以及事故状态的急救、自救和处理能力。通过安全生产教育培训，使广大职工掌握安全生产知识，提高安全操作水平，发挥自防自控的自我保护及相互保护作用，有效地防止事故。

鉴于企业经济实力和科技水平，设备、设施的安全状态尚未达到本质安全的程度，坚持不断地进行安全生产教育培训，减少和控制人的不安全行为，就显得尤为重要。

（三）安全生产教育培训的内容

安全生产教育培训的内容主要包括思想教育、法制教育、知识教育和技能训练。

思想教育主要是安全生产方针政策教育、形势任务教育和重要意义教育等。通过形式多样、丰富多彩的安全生产教育培训，使各级领导牢固地树立起"安全第一"的思想，正确处理各自业务范围内的安全与生产、安全与效益的关系，主动采取事故预防措施；通过教育培训提高全体职工的安全意识，激励其安全动机，自觉采取安全行为。

法制教育主要是法律法规教育、执法守法教育、权利义务教育等。通过教育培训，使企业的各级领导和全体职工知法、懂法、守法，以法规为准绳约束自己，履行自己的义务；以法律为武器维护自己的权利。

知识教育主要是安全管理、安全技术和劳动卫生知识教育培训。通过教育培训，使企业的经营管理者和各级领导了解和掌握安全生产规律，熟悉自己业务范围内必需的安全管理理论和方法及相关的安全技术、劳动卫生知识，提高安全管理水平；使全体职工掌握各自必要的安全科学技术，提高企业的整体安全素质。

技能训练主要是针对各个不同岗位或工种的工人所必需的安全生产方法和手段的训练，如安全操作技能训练、危险预知训练、紧急状态事故处理训练、自救互救训练、消防演习、逃生求生训练等。通过训练，使工人掌握必备的安全生产技能与技巧。

1. 对生产经营单位主要负责人的教育培训

（1）基本要求：

1）煤矿、非煤矿山、危险化学品、烟花爆竹、金属冶炼等生产经营单位主要负责人和安全生产管理人员，自任职之日起6个月内，必须经安全生产监管监察部门对其安全生产知识和管理能力考核合格。

2）其他单位主要负责人必须按照国家有关规定进行安全生产培训。

3）所有单位主要负责人每年应进行安全生产再培训。

（2）培训的主要内容：

1）国家有关安全生产的方针、政策和有关安全生产的法律法规、规章及标准。

2）安全生产管理的基本知识、安全生产技术、安全生产专业知识。

3）重大危险源管理、重大事故防范、应急管理和救援组织以及事故调查处理的有关规定。

4）职业危害及其预防措施。

5）国内外先进的安全生产管理经验。

6）典型事故和应急救援案例分析。

7）其他需要培训的内容。

（3）培训时间。煤矿、非煤矿山、危险化学品、烟花爆竹、金属冶炼等生产经营单位主要负责人初次安全培训时间不得少于48学时，每年再培训时间不得少于16学时。

其他单位主要负责人安全生产管理培训时间不得少于32学时，每年再培训时间不得少于12学时。

（4）再培训的主要内容。再培训的主要内容是新知识、新技术、新工艺、新装备和新案例，包括：

1）有关安全生产的法律法规、规章、规程、标准和政策。

2）安全生产的新技术、新知识。

3）安全生产管理经验。

4）典型事故案例。

2. 对安全生产管理人员的教育培训

（1）基本要求：

1）煤矿、非煤矿山、危险化学品、烟花爆竹、金属冶炼等生产经营单位的安全生产管理人员自任职6个月内，必须经安全生产监督监察部门对其安全生产知识和管理能力考核合格。

2）其他单位安全生产管理人员必须按照国家有关规定进行安全生产培训。

3）所有单位安全生产管理人员每年应进行安全生产再培训。

（2）培训的主要内容：

1）国家有关安全生产的方针、政策，及有关安全生产的法律法规、规章及标准。

2）安全生产管理、安全生产技术、职业卫生等知识。

3）伤亡事故统计、报告及职业危害的调查处理方法。

4）应急管理、应急预案编制以及应急处置的内容和要求。

5）国内外先进的安全生产管理经验。

6）典型事故和应急救援案例分析。

7）其他需要培训的内容。

(3) 培训时间。煤矿、非煤矿山、危险化学品、烟花爆竹、金属冶炼等生产经营单位的安全生产管理人员初次安全培训时间不得少于48学时，每年再培训时间不得少于16学时。

其他单位的安全生产管理人员安全培训时间不得少于32学时，每年再培训时间不得少于12学时。

(4) 再培训的主要内容。再培训的主要内容是新知识、新技术、新工艺、新装备和新案例，包括：

1）有关安全生产的法律法规、规章、规程、标准和政策。

2）安全生产的新技术、新知识。

3）安全生产管理经验。

4）典型事故案例。

3. 对生产经营单位其他从业人员的教育培训

生产经营单位其他从业人员（以下简称"从业人员"）是指除主要负责人和安全生产管理人员以外，该单位从事生产经营活动的所有人员，包括其他负责人、管理人员、技术人员和各岗位的工人，以及临时聘用的人员。

(1) 新从业人员。对新从业人员应进行厂（矿）、车间（工段、区、队）、班组三级安全生产教育培训。

1）厂（矿）级安全生产教育培训的内容主要是：

①本单位安全生产情况及安全生产基本知识。

②本单位安全生产规章制度和劳动纪律。

③从业人员安全生产权利和义务。

④有关事故案例等。

煤矿、非煤矿山、危险化学品、烟花爆竹、金属冶炼等生产经营单位厂（矿）级安全培训除包括上述内容外，应当增加事故应急救援、事故应急预案演练及防范措施等内容。

2）车间（工段、区、队）级安全生产教育培训的内容主要是：

①工作环境及危险因素。

②所从事工种可能遭受的职业伤害和伤亡事故。

③所从事工种的安全职责、操作技能及强制性标准。

④自救互救、急救方法、疏散和现场紧急情况的处理。

⑤安全设备设施、个人防护用品的使用和维护。

⑥本车间（工段、区、队）安全生产状况及规章制度。

⑦预防事故和职业危害的措施及应注意的安全事项。

⑧有关事故案例。

⑨其他需要培训的内容。

3）班组级安全生产教育培训的内容主要是：

①岗位安全操作规程。

②岗位之间工作衔接配合的安全与职业卫生事项。

③有关事故案例。

④其他需要培训的内容。

生产经营单位新上岗的从业人员，岗前安全培训时间不得少于24学时，煤矿、非煤矿山、危险化学品、烟花爆竹、金属冶炼等生产经营单位新上岗的从业人员安全培训时间不得少于72学时，每年再培训的时间不得少于20学时。

（2）调整工作岗位或离岗1年以上重新上岗的从业人员。从业人员调整工作岗位或离岗1年以上重新上岗时，应进行相应的车间（工段、区、队）级安全生产教育培训。

生产经营单位采用新工艺、新技术、新材料或者使用新设备时，应当对有关从业人员重新进行有针对性的安全培训。

单位要确立终身教育的观念和全员培训的目标，对在岗的从业人员应进行经常性的安全生产教育培训。其内容主要是：安全生产新知识、新技术；安全生产法律法规；作业场所和工作岗位存在的危险因素、防范措施及事故应急措施；事故案例等。

三、安全生产检查

安全生产检查是指对生产过程及安全管理中可能存在的生产安全事故隐患、有害与危险因素、缺陷等进行查证，以确定隐患或有害与危险因素、缺陷的存在状态，以及它们转化为事故的条件，以便制定整改措施，消除隐患和有害与危险因素，确保生产安全。

安全生产检查是安全管理工作的重要内容，是消除隐患、防止事故发生、改善劳动条件的重要手段。通过安全生产检查可以发现生产经营单位生产过程中的危险因素，以便有计划地制定纠正措施，保证生产安全。

（一）安全生产检查的类型

1. 定期安全生产检查

定期安全生产检查一般是通过有计划、有组织、有目的的形式来实现的，检查的频率可设定为次/年、次/季、次/月、次/周等，其周期根据各单位实际情况确定。定期安全生产检查具有面广、有深度、能及时发现并解决问题等优点。

2. 经常性安全生产检查

经常性安全生产检查则是采取个别的、日常的巡视方式来实现的。在施工（生产）过程中进行经常性安全生产检查，能及时发现事故隐患，及时消除，保证施工（生产）正常进行。

3. 季节性及节假日前安全生产检查

由各级生产单位根据季节变化，按事故发生的规律对易发的潜在危险，突出重点进行季节性安全生产检查。如冬季防冻保温、防火、防煤气中毒；夏季防暑降温、防汛、防雷电等检查。

由于节假日（特别是重大节日，如元旦、春节、劳动节、国庆节）前后容易发生事故，因而应有针对性地进行安全生产检查。

4. 专业（项）安全生产检查

专业（项）安全生产检查是对某个专业（项）问题或在施工（生产）中存在的普遍性安全问题进行的单专业（项）定性检查。

对危险较大的在用设备、设施，作业场所环境条件的管理性或监督性定量检测检验，则属专业性安全生产检查。专业（项）检查具有较强的针对性和专业要求，用于检查难度较大的项目。通过检查，发现潜在问题，研究整改对策，及时消除隐患，进行技术改造。

5. 综合性安全生产检查

综合性安全生产检查一般是由主管部门对下属各企业或生产单位进行的全面综合性检查，必要时可系统地组织进行安全性评价。

6. 不定期的职工代表巡视安全生产检查

由企业或车间工会负责人负责组织有关专业技术特长的职工代表进行巡视安全生产检查。重点检查内容包括：国家安全生产方针政策、法律法规的贯彻执行情况；查单位领导干部安全生产责任制的执行情况；职工安全生产权利的执行情况；查事故原因、隐患整改情况，并对责任者提出处理意见。此类检查可进一步强化各级领导安全生产责任制的落实，促进职工劳动保护合法权利的维护。

(二)安全生产检查的内容

安全生产检查对象的确定应本着突出重点的原则,对于危险性大、易发事故、事故危害大的生产系统、部位、装置、设备等应加强检查。一般应重点检查:易造成重大损失的易燃易爆危险物品、剧毒品、锅炉、压力容器、起重、运输、冶炼设备、电气设备、冲压机械、高处作业和本企业易发生工伤、火灾、爆炸等事故的设备、工种、场所及其作业人员;造成职业中毒或职业病的尘毒点及其作业人员;直接管理重要危险点和有害点的部门及其负责人。

安全生产检查的内容包括软件系统和硬件系统,具体主要是查思想、查管理、查隐患、查整改、查事故处理。

目前,对非矿山企业,国家有关规定要求强制性检查的项目有:锅炉、压力容器、压力管道、高压医用氧舱、起重机、电梯、自动扶梯、施工升降机、简易升降机、防爆电器、厂内机动车辆、客运索道、游艺机及游乐设施等,作业场所的粉尘、噪声、振动、辐射、高温低温、有毒物质的浓度等。

(三)安全生产检查的方法

1. 常规检查

常规检查是常见的一种检查方法。通常是由安全管理人员作为检查工作的主体,到作业场所的现场,通过感观或通过一定的简单工具、仪表等辅助,对作业人员的行为、作业场所的环境条件、生产设备设施等进行的定性检查。安全生产检查人员通过这一手段,及时发现现场存在的事故隐患并采取措施予以消除,纠正施工人员的不安全行为。

这种方法完全依靠安全生产检查人员的经验和能力,检查的结果直接受其个人素质的影响。因此,对安全生产检查人员要求较高。

2. 安全生产检查表法

为使检查工作更加规范,使个人的行为对检查结果的影响减少到最小,常采用安全生产检查表法。

安全生产检查表是为了系统地找出系统中的不安全因素，事先把系统加以剖析，列出各层次的不安全因素，确定检查项目，并把检查项目按系统的组成顺序编制成表，以便进行检查或评审，这种表就叫作安全生产检查表。安全生产检查表是进行安全生产检查，发现和查明各种危险和隐患、监督各项安全规章制度的实施，及时发现事故隐患并制止违章行为的一个有力工具。

安全生产检查表应列举需查明的所有会导致事故的不安全因素。每个检查表均需注明检查时间、检查者、直接负责人等，以便分清责任。安全生产检查表的设计应做到系统、全面，检查项目应明确。编制安全生产检查表的主要依据包括：有关标准、规程、规范及规定；国内外事故案例及本单位在安全管理及生产中的有关经验；通过系统分析，确定的危险部位及防范措施；新知识、新成果、新方法、新技术、新法规和标准等。

在我国许多行业都编制并实施了适合行业特点的安全生产检查标准，如建筑、火电、机械、煤炭等行业都制定了适用于本行业的安全生产检查表。企业在实施安全生产检查工作时，根据行业颁布的安全生产检查标准，可以结合本单位情况制定更具可操作性的检查表。

3. 仪器检查法

机器、设备内部的缺陷及作业环境条件的真实信息或定量数据，只能通过仪器检查法来进行定量化的检验与测量，才能发现事故隐患，从而为后续整改提供信息。因此必要时需要实施仪器检查，由于被检查对象不同，检查所用的仪器和手段也不同。

（四）安全生产检查的工作程序

安全生产检查工作一般包括以下几个步骤：

1. 安全生产检查准备

安全生产检查准备内容包括：

（1）确定检查对象、目的、任务。

（2）查阅、掌握有关法律法规、标准、规程的要求。

（3）了解检查对象的工艺流程、生产情况、可能出现危险危害的情况。

（4）制订检查计划，安排检查内容、方法、步骤。

（5）编写安全生产检查表或检查提纲。

（6）准备必要的检测工具、仪器、书写表格或记录本。

（7）挑选和训练检查人员，并进行必要的分工等。

2. 实施安全生产检查

实施安全生产检查就是通过访谈、查阅文件和记录、现场检查、仪器测量的方式获取信息。

（1）访谈。与有关人员进行谈话来了解相关部门、岗位执行规章制度的情况。

（2）查阅文件和记录。检查设计文件、作业规程、安全措施、责任制度、操作规程等是否齐全，是否有效；查阅相应记录，判断上述文件是否被执行。

（3）现场观察。到作业现场寻找不安全因素、事故隐患、事故征兆等。

（4）仪器测量。利用一定的检测检验仪器设备，对在用的设施、设备、器材状况及作业环境条件等进行测量，以发现隐患。

3. 通过分析做出判断

掌握情况（获得信息）之后，就要进行分析、判断和检验。可凭经验、技能进行分析、判断，必要时可以通过仪器检验得出正确结论。

4. 及时做出决定进行处理

做出判断后应针对存在的问题做出采取措施的决定，决定内容应包括隐患整改意见和要求，以及进行信息的反馈方式和方法等。

5. 实现安全生产检查工作闭环

通过复查整改落实情况，获得整改效果的信息，以实现安全生产检查工作的闭环。

四、特种设备和特种作业管理

（一）特种设备

1. 特种设备及其安全使用

特种设备是指对人身和财产安全有较大危险性的锅炉、压力容器（含气瓶）、压力管道、电梯、起重机械、客运索道、大型游乐设施、场（厂）内专用机动车辆以及法律、行政法规规定适用《中华人民共和国特种设备安全法》（以下简称《特种设备安全法》）的其他特种设备。

根据《特种设备安全法》规定，国家对特种设备实行目录管理。特种设备目录由国务院负责特种设备安全监督管理的部门制定，报国务院批准后执行。特种设备生产、经营、使用单位应当遵守该法和其他有关法律法规，建立健全特种设备安全和节能责任制度，加强特种设备安全和节能管理，确保特种设备生产、经营、使用安全，符合节能要求。特种设备生产、经营、使用单位及其主要负责人对其生产、经营、使用的特种设备安全负责。特种设备生产、经营、使用单位应当按照国家有关规定配备特种设备安全管理人员、检测人员和作业人员，并对其进行必要的安全教育和技能培训。特种设备安全管理人员、检测人员和作业人员应当按照国家有关规定取得相应资格，方可从事相关工作。特种设备安全管理人员、检测人员和作业人员应当严格执行安全技术规范和管理制度，保证特种设备安全。

特种设备使用单位应当使用取得许可生产并经检验合格的特种设备，禁止使用国家明令淘汰和已经报废的特种设备。特种设备使用单位应当在特种设备投入使用前或者投入使用后30日内，向负责特种设备安全监督管理的部门办理使用登记，取得使用登记证书。登记标志应当置于该特种设备的显著位置。特种设备使用单位应当建立岗位责任、隐患治理、应急救援等安全管理制度，制定操作规程，以保证特种设备安全运行。

2. 特种设备安全技术档案

特种设备使用单位应当建立特种设备安全技术档案。安全技术档案应当包括以下内容：

（1）特种设备的设计文件、产品质量合格证明、安装及使用维护保养说明、监督检验证明等相关技术资料和文件。

（2）特种设备的定期检验和定期自行检查记录。

（3）特种设备的日常使用状况记录。

（4）特种设备及其附属仪器仪表的维护保养记录。

（5）特种设备的运行故障和事故记录。

3. 特种设备安全管理

特种设备安全管理人员应当对特种设备使用状况进行经常性检查，发现问题应当立即处理；情况紧急时，可以决定停止使用特种设备并及时报告本单位有关负责人。特种设备作业人员在作业过程中发现事故隐患或者其他不安全因素，应当立即向特种设备安全管理人员和单位有关负责人报告；特种设备运行不正常时，特种设备作业人员应当按照操作规程采取有效措施保证安全。

（二）特种作业人员

1. 特种作业和特种作业人员的概念

根据《特种作业人员安全技术培训考核管理规定》（2015年5月国家安全生产监督管理总局令第80号修正），特种作业，是指容易发生事故，对操作者本人、他人的安全健康及设备、设施的安全可能造成重大危害的作业。特种作业的范围由特种作业目录规定，有9大类41个工种，详细请查阅《特种作业目录》。

特种作业人员，是指直接从事特种作业的从业人员。

特种作业人员应当符合下列条件：

（1）年满18周岁，且不超过国家法定退休年龄。

（2）经社区或者县级以上医疗机构体检健康合格，并无妨碍从事相应特种作业的器质性心脏病、癫痫病、美尼尔氏症、眩晕症、癔症、帕金森病、精神病、痴呆症以及其他疾病和生理缺陷。

（3）具有初中及以上文化程度。

（4）具备必要的安全技术知识与技能。

（5）相应特种作业规定的其他条件。

危险化学品特种作业人员除上述第（1）项、第（2）项、第（4）项和第（5）项规定的条件外，应当具备高中或者相当于高中及以上文化程度。

2. 培训

（1）特种作业人员应当接受与其所从事的特种作业相应的安全技术理论培训和实际操作培训。

已经取得职业高中、技工学校及中专以上学历的毕业生从事与其所学专业相应的特种作业，持学历证明经考核发证机关同意，可以免予相关专业的培训。

跨省、自治区、直辖市从业的特种作业人员，可以在户籍所在地或者从业所在地参加培训。

（2）从事特种作业人员安全技术培训的机构，应当制订相应的培训计划、教学安排，并按照国务院安全监管主管部门、煤矿安监主管部门制定的特种作业人员培训大纲和煤矿特种作业人员培训大纲进行特种作业人员的安全技术培训。

3. 考核发证

（1）特种作业人员的考核包括考试和审核两部分。考试由考核发证机关或其委托的单位负责；审核由考核发证机关负责。

国务院安全监管主管部门、煤矿安监主管部门分别制定特种作业人员、煤矿特种作业人员的考核标准，并建立相应的考试题库。

考核发证机关或其委托的单位应当按照安全监管主管部门、煤矿安监主管部门统一制定的考核标准进行考核。

（2）参加特种作业操作资格考试的人员，应当填写考试申请表，由申请人或者申请人的用人单位持学历证明或者培训机构出具的培训证明向申请人户籍所在地或者从业所在地的考核发证机关或其委托的单位提出申请。

考核发证机关或其委托的单位收到申请后，应当在60日内组织考试。

特种作业操作资格考试包括安全技术理论考试和实际操作考试两部分。考试不及格的，允许补考1次。经补考仍不及格的，重新参加相应的安全技术培训。

（3）考核发证机关委托承担特种作业操作资格考试的单位应当具备相应的场所、设施、设备等条件，建立相应的管理制度，并公布收费标准等信息。

（4）考核发证机关或其委托承担特种作业操作资格考试的单位，应当在考试结束后10个工作日内公布考试成绩。

（5）符合规定并经考试合格的特种作业人员，应当向其户籍所在地或者从业所在地的考核发证机关申请办理特种作业操作证，并提交身份证复印件、学历证书复印件、体检证明、考试合格证明等材料。

（6）收到申请的考核发证机关应当在5个工作日内完成对特种作业人员所提交申请材料的审查，做出受理或者不予受理的决定。能够当场做出受理决定的，应当当场做出受理决定；申请材料不齐全或者不符合要求的，应当当场或者在5个工作日内一次告知申请人需要补正的全部内容，逾期不告知的，视为自收到申请材料之日起即已被受理。

（7）对已经受理的申请，考核发证机关应当在20个工作日内完成审核工作。符合条件的，颁发特种作业操作证；不符合条件的，应当说明理由。

（8）特种作业操作证有效期为6年，在全国范围内有效。特种作业操作证由国务院安全监管主管部门统一式样、标准及编号。

（9）特种作业操作证遗失的，应当向原考核发证机关提出书面申请，经原考核发证机关审查同意后，予以补发。

特种作业操作证所记载的信息发生变化或者损毁的，应当向原考核发证机关提出书面申请，经原考核发证机关审查确认后，予以更换或者更新。

4. 复审

（1）特种作业操作证每3年复审1次。

特种作业人员在特种作业操作证有效期内，连续从事本工种10年以上，严格遵守有关安全生产法律法规的，经原考核发证机关或者从业所在地考核发证机关同意，特种作业操作证的复审时间可以延长至每6年1次。

（2）特种作业操作证需要复审的，应当在期满前60日内，由申请人或者申请人的用人单位向原考核发证机关或者从业所在地考核发证机关提出申请，并提交下列材料：

1）社区或者县级以上医疗机构出具的健康证明。

2）从事特种作业的情况。

3）安全培训考试合格记录。

4）特种作业操作证有效期届满需要延期换证的，应当按照规定申请延期复审。

（3）特种作业操作证申请复审或者延期复审前，特种作业人员应当参加必要的安全培训并考试合格。

安全培训时间不少于8个学时，主要培训法律法规、标准、事故案例和有关新工艺、新技术、新装备等知识。

（4）申请复审的，考核发证机关应当在收到申请之日起20个工作日内完成复审工作。复审合格的，由考核发证机关签章、登记，予以确认；不合格的，说明理由。

申请延期复审的，经复审合格后，由考核发证机关重新颁发特种作业操作证。

(5) 特种作业人员有下列情形之一的，复审或者延期复审不予通过：

1) 健康体检不合格的。

2) 违章操作造成严重后果或者有 2 次以上违章行为，并经查证确实的。

3) 有安全生产违法行为，并给予行政处罚的。

4) 拒绝、阻碍安全生产监管监察部门监督检查的。

5) 未按规定参加安全培训，或者考试不合格的。

符合上述第（2）项、第（3）项、第（4）项、第（5）项情形的，按照规定经重新安全培训考试合格后，再办理复审或者延期复审手续。

再复审、延期复审仍不合格，或者未按期复审的，特种作业操作证失效。

(6) 有下列情形之一的，考核发证机关应当撤销特种作业操作证：

1) 超过特种作业操作证有效期未延期复审的。

2) 特种作业人员的身体条件已不适合继续从事特种作业的。

3) 对发生生产安全事故负有责任的。

4) 特种作业操作证记载虚假信息的。

5) 以欺骗、贿赂等不正当手段取得特种作业操作证的。

特种作业人员违反上述第（4）项、第（5）项规定的，3 年内不得再次申请特种作业操作证。

(7) 有下列情形之一的，考核发证机关应当注销特种作业操作证：

1) 特种作业人员死亡的。

2) 特种作业人员提出注销申请的。

3) 特种作业操作证被依法撤销的。

(8) 离开特种作业岗位 6 个月以上的特种作业人员，应当重新进行实际操作考试，经确认合格后方可上岗作业。

(三) 建筑施工特种作业人员

1. 建筑施工特种作业人员概念及范围

根据《建筑施工特种作业人员管理规定》（建质〔2008〕75号），建筑施工特种作业人员是指在房屋建筑和市政工程施工活动中，从事可能对本人、他人及周围设备设施的安全造成重大危害作业的人员。

建筑施工特种作业包括：

（1）建筑电工。

（2）建筑架子工。

（3）建筑起重信号司索工。

（4）建筑起重机械司机。

（5）建筑起重机械安装拆卸工。

（6）高处作业吊篮安装拆卸工。

（7）经省级以上人民政府建设主管部门认定的其他特种作业。

2. 建筑施工特种作业人员培训考核

建筑施工特种作业人员必须经建设主管部门考核合格，取得建筑施工特种作业人员操作资格证书，方可上岗从事相应作业。

建筑施工特种作业人员的考核发证工作，由省、自治区、直辖市人民政府建设主管部门或其委托的考核发证机构负责组织实施。考核发证机关应当在办公场所公布建筑施工特种作业人员申请条件、申请程序、工作时限、收费依据和标准等事项。考核发证机关应当在考核前在机关网站或新闻媒体上公布考核科目、考核地点、考核时间和监督电话等事项。

建筑施工特种作业人员考核分理论和操作技能考核。安全技术理论考核，采用闭卷笔试方式。考核时间为2小时，实行百分制，60分为合格。其中，安全生产基本知识占25%、专业基础知识占25%、专业技术理论占50%。安全操作技能考核，采用实际操作（或模拟操作）、口试等方式。考核实行百分制，70分为合格。安全技术理论考核不合格的，不得参加安全操作技能考核。安全技术理论考试和实际操作技能考核均合格的,为考核合格。

申请从事建筑施工特种作业的人员,应当具备下列基本条件:

(1) 年满18周岁且符合相关工种规定的年龄要求。

(2) 经医院体检合格且无妨碍从事相应特种作业的疾病和生理缺陷。

(3) 初中及以上学历。

(4) 符合相应特种作业需要的其他条件。

3. 取证与持证上岗

符合规定的人员应当向本人户籍所在地或者从业所在地考核发证机关提出申请,并提交相关证明材料。建筑施工特种作业人员的考核内容应当包括安全技术理论和实际操作。考核大纲由国务院建设主管部门制定。资格证书应当采用国务院建设主管部门规定的统一样式,由考核发证机关编号后签发。资格证书在全国通用。

持有资格证书的人员,应当受聘于建筑施工企业或者建筑起重机械出租单位(用人单位),方可从事相应的特种作业。用人单位对于首次取得资格证书的人员,应当在其正式上岗前安排不少于3个月的实习操作。

建筑施工特种作业人员应当严格按照安全技术标准、规范和规程进行作业,正确佩戴和使用安全防护用品,并按规定对作业工具和设备进行维护保养。建筑施工特种作业人员应当参加年度安全教育培训或者继续教育,每年不得少于24小时。在施工中发生危及人身安全的紧急情况时,建筑施工特种作业人员有权立即停止作业或者撤离危险区域,并向施工现场专职安全生产管理人员和项目负责人报告。

4. 证书复核

资格证书有效期为2年。有效期满需要延期的,建筑施工特种作业人员应当于期满前3个月内向原考核发证机关申请办理延期复核手续。延期复核合格的,资格证书有效期延期2年。

(1) 建筑施工特种作业人员申请延期复核，应当提交下列材料：

1) 身份证（原件和复印件）。

2) 体检合格证明。

3) 年度安全教育培训证明或者继续教育证明。

4) 用人单位出具的特种作业人员管理档案记录。

5) 考核发证机关规定提交的其他资料。

(2) 建筑施工特种作业人员在资格证书有效期内，有下列情形之一的，延期复核结果为不合格：

1) 超过相关工种规定年龄要求的。

2) 身体健康状况不再适应相应特种作业岗位的。

3) 对生产安全事故负有责任的。

4) 2年内违章操作记录达3次（含3次）以上的。

5) 未按规定参加年度安全教育培训或者继续教育的。

6) 考核发证机关规定的其他情形。

五、劳动防护用品配置与管理

(一) 劳动防护用品的分类

1. 按人体保护部位分类

《劳动防护用品分类与代码》（LD/T 75-1995）实行以人体保护部位划分的分类标准，将劳动防护用品分为头部防护用品、呼吸器官防护用品、眼面部防护用品、听觉器官防护用品、手部防护用品、足部防护用品、躯干防护用品、护肤用品、防坠落用品九大类：

(1) 头部防护用品包括一般防护服、安全帽、防尘帽、防静电帽等。

(2) 呼吸器官防护用品包括防尘口罩和防毒面罩等。

(3) 眼部防护用品包括防护眼镜和防护面罩等。

（4）听觉器官防护用品包括耳塞、耳罩和防噪声头盔等。

（5）手部防护用品包括一般防护手套、防水手套、防寒手套、防毒手套、防静电手套、防高温手套、防X射线手套、防酸（碱）手套、防振手套、防切割手套、绝缘手套等。

（6）足部防护用品包括防尘鞋、防水鞋、防寒鞋、防静电鞋、防酸（碱）鞋、防油鞋、防烫脚鞋、防滑鞋、防刺穿鞋、电绝缘鞋、防振鞋等。

（7）躯干防护用品包括一般防护服、防水服、防寒服、防砸背心、防毒服、阻燃服、防静电服、防高温服、防电磁辐射服、耐酸（碱）服、防油服、水上救生衣、防昆虫服、防风沙服等。

（8）防坠落用品包括安全带和安全网等。

（9）护肤用品可分为防毒护肤用品、防腐护肤用品、防射线护肤用品、防油漆护肤用品等。

2. 按防御的职业病危害因素和危害的人体部位分类

根据《用人单位劳动防护用品管理规范》（安监总厅安健〔2015〕124号），劳动防护用品分为以下十大类：

（1）防御物理、化学和生物危险、有害因素对头部伤害的头部防护用品。

（2）防御缺氧空气和空气污染物进入呼吸道的呼吸防护用品。

（3）防御物理和化学危险、有害因素对眼面部伤害的眼面部防护用品。

（4）防噪声危害及防水、防寒等的听力防护用品。

（5）防御物理、化学和生物危险、有害因素对手部伤害的手部防护用品。

（6）防御物理和化学危险、有害因素对足部伤害的足部防护用品。

（7）防御物理、化学和生物危险、有害因素对躯干伤害的躯干防护用品。

（8）防御物理、化学和生物危险、有害因素损伤皮肤或引起皮肤疾病的护肤用品。

（9）防止高处作业劳动者坠落或者高处落物伤害的坠落防护用品。

（10）其他防御危险、有害因素的劳动防护用品。

（二）劳动防护用品管理

依据《用人单位劳动防护用品管理规范》和其他法律法规的规定，用人单位应当依法为劳动者提供劳动防护用品，保障劳动者安全与健康的辅助性、预防性措施，不得以劳动防护用品替代工程防护设施和其他技术、管理措施。

1. 劳动防护用品管理要求

（1）用人单位应当建立健全管理制度，加强劳动防护用品配备、发放、使用等管理工作。

（2）用人单位应当安排专项经费用于配备劳动防护用品，不得以货币或者其他物品替代。该项经费计入生产成本，据实列支。

（3）用人单位应当为劳动者提供符合国家标准或者行业标准的劳动防护用品。使用进口的劳动防护用品，其防护性能不得低于我国相关标准。用人单位应尽可能地购买、使用获得安全标志的劳动防护用品。

（4）劳动者在作业过程中，应当按照规章制度和劳动防护用品使用规则，正确佩戴和使用劳动防护用品。

（5）用人单位使用的劳务派遣工、接纳的实习学生应当纳入本单位人员统一管理，并配备相应的劳动防护用品。对处于作业地点的其他外来人员，必须按照与进行作业的劳动者相同的标准，正确佩戴和使用劳动防护用品。

2. 劳动防护用品的选用

（1）用人单位劳动防护用品选择程序和依据。用人单位应按照识别、评价、选择的程序（见图2—1），结合劳动者作业方式和工作条件，并考虑其个人特点及劳动强度，选择防护功能和效果适用的劳动防护用品。

（2）接触粉尘、有毒、有害物质的劳动者应当根据不同粉尘种类、粉尘浓度及游离二氧化硅含量和毒物的种类及浓度配备相应的呼吸器（详见表2—3）、防护服、防护手套和防护鞋等。具体可参照《呼吸防护用品——自

第二章 工伤预防管理

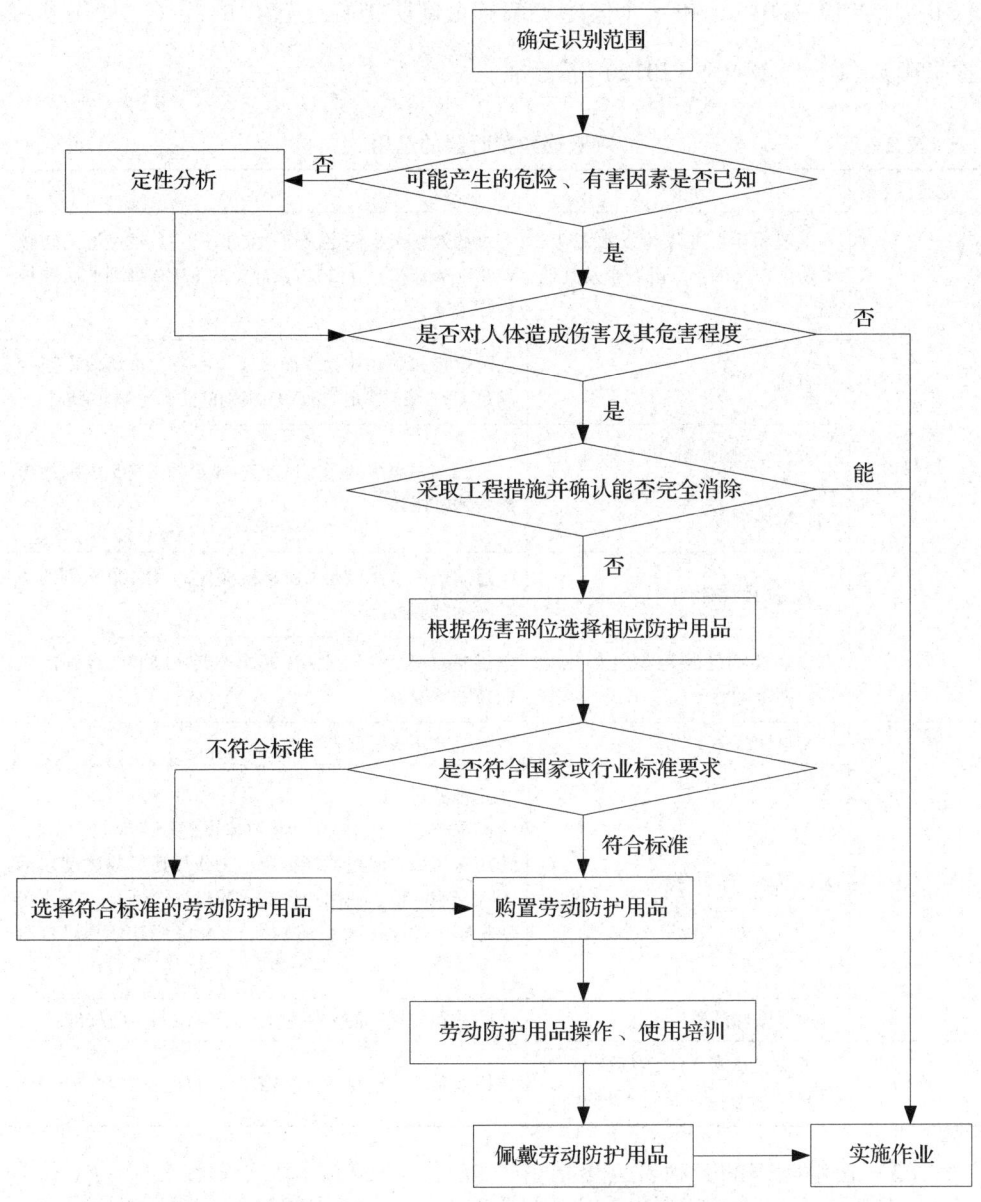

图2—1 劳动防护用品选择程序

吸过滤式防颗粒物呼吸器》(GB 2626—2006)、《呼吸防护用品的选择、使用及维护》(GB/T 18664—2002)、《防护服装 化学防护服的选择、使用和维护》(GB/T 24536—2009)、《手部防护 防护手套的选择、使用和维护指南》

（GB/T 29512—2013）和《个体防护装备足部防护鞋（靴）的选择、使用和维护指南》（GB/T 28409—2012）等标准。

表2—3　　　　　　　　　呼吸器和护听器的选用

危害因素	分类	要求
颗粒物	一般粉尘，如煤尘、水泥尘、木粉尘、云母尘、滑石尘及其他粉尘	过滤效率至少满足《呼吸防护用品自吸过滤式防颗粒物呼吸器》（GB 2626）规定的KN90级别的防颗粒物呼吸器
	石棉	可更换式防颗粒物半面罩或全面罩，过滤效率至少满足GB 2626规定的KN95级别的防颗粒物呼吸器
	矽尘、金属粉尘（如铅尘、镉尘等）、砷尘、烟（如焊接烟、铸造烟）	过滤效率至少满足GB 2626规定的KN95级别的防颗粒物呼吸器
	放射性颗粒物	过滤效率至少满足GB 2626规定的KN100级别的防颗粒物呼吸器
	致癌性油性颗粒物（如焦炉烟、沥青烟等）	过滤效率至少满足GB 2626规定的KP95级别的防颗粒物呼吸器
化学物质	窒息性气体	隔绝式正压呼吸器
	无机气体、有机蒸气	防毒面具 面罩类型：工作场所毒物浓度超标不大于10倍，使用送风或自吸过滤半面罩；工作场所毒物浓度超标不大于100倍，使用送风或自吸过滤全面罩；工作场所毒物浓度超标大于100倍，使用隔绝式或送风过滤式全面罩
	酸、碱性溶液、蒸气	防酸碱面罩、防酸碱手套、防酸碱服、防酸碱鞋
噪声	劳动者暴露于工作场所80分贝≤$L_{8小时等效噪声}$<85分贝的	用人单位应根据劳动者需求为其配备适用的护听器

（3）接触噪声的劳动者，当暴露于80分贝≤$L_{8小时等效噪声}$<85分贝的工作场所时，用人单位应当根据劳动者需求为其配备适用的护听器；当暴露于$L_{8小时等效噪声}$≥85分贝的工作场所时，用人单位必须为劳动者配备适用的护听器，并指导劳动者正确佩戴和使用。具体可参照《护听器的选择指南》（GB/T 23466—2009）。

（4）工作场所中存在电离辐射危害的，经危害评价确认劳动者需佩戴劳动防护用品的，用人单位可参照电离辐射的相关标准及《个体防护装备配备基本要求》（GB/T 29510—2013）为劳动者配备劳动防护用品，并指导劳动者正确佩戴和使用。

（5）从事存在物体坠落、碎屑飞溅、转动机械和锋利器具等作业的劳动者，用人单位还可参照《个体防护装备选用规范》（GB/T 11651—2008）、《头部防护 安全帽选用规范》（GB/T 30041—2013）和《坠落防护装备安全使用规范》（GB/T 23468—2009）等标准，为劳动者配备适用的劳动防护用品。

3. 劳动防护用品选择的其他要求

（1）同一工作地点存在不同种类的危险、有害因素的，应当为劳动者同时提供防御各类危害的劳动防护用品。需要同时配备的劳动防护用品，还应考虑其可兼容性。

（2）劳动者在不同地点工作，并接触不同的危险、有害因素，或接触不同的危害程度的有害因素的，为其选配的劳动防护用品应满足不同工作地点的防护需求。

（3）劳动防护用品的选择还应当考虑其佩戴的合适性和基本舒适性，根据个人特点和需求选择适合号型、式样。

（4）用人单位应当在可能发生急性职业损伤的有毒、有害工作场所配备应急劳动防护用品，放置于现场临近位置并有醒目标识。

（5）用人单位应当为巡检等流动性作业的劳动者配备随身携带的个人应急防护用品。

4. 劳动防护用品的采购、发放、培训及使用

（1）用人单位应当根据劳动者工作场所中存在的危险、有害因素种类及危害程度、劳动环境条件、劳动防护用品有效使用时间制定适合本单位的劳动防护用品配备标准，见表2—4。

表2—4　　　　　　用人单位劳动防护用品配备标准

岗位/工种	作业者数量	危险、有害因素类别	危险、有害因素浓度/强度	配备的劳动防护用品种类	劳动防护用品型号/级别	劳动防护用品发放周期	呼吸器过滤元件更换周期

（2）用人单位应当根据劳动防护用品配备标准制订采购计划，购买符合标准的合格产品。

（3）用人单位应当查验并保存劳动防护用品检验报告等质量证明文件的原件或复印件。

（4）用人单位应当确保已采购劳动防护用品的存储条件，并保证其在有效期内。

（5）用人单位应当按照本单位制定的配备标准发放劳动防护用品，并做好登记，见表2—5。

表2—5　　　　　　劳动防护用品发放登记表

单位/车间：

序号	岗位/工种	员工姓名	劳动防护用品名称	型号	数量	领用人签字	备注

发放人：　　　　　　　　　　　　　　　　　　　　　日期：　年　月　日

（6）用人单位应当对劳动者进行劳动防护用品的使用、维护等专业知识的培训。

（7）用人单位应当督促劳动者在使用劳动防护用品前，对劳动防护用品进行检查，确保外观完好、部件齐全、功能正常。

（8）用人单位应当定期对劳动防护用品的使用情况进行检查，确保劳动者正确使用。

5. 劳动防护用品维护、更换及报废

（1）劳动防护用品应当按照要求妥善保存，及时更换，保证其在有效期内。公用的劳动防护用品应当由车间或班组统一保管，定期维护。

（2）用人单位应当对应急劳动防护用品进行经常性的维护、检修，定期检测劳动防护用品的性能和效果，保证其完好有效。

（3）用人单位应当按照劳动防护用品发放周期定期发放，对工作过程中损坏的，用人单位应及时更换。

（4）安全帽、呼吸器、绝缘手套等安全性能要求高、易损耗的劳动防护用品，应当按照有效防护功能最低指标和有效使用期，到期强制报废。

(三) 常见劳动防护用品的正确使用

1. 防护眼镜和面罩

（1）防护眼镜和面罩的作用：

1）防止异物进入眼睛。在生产作业过程中，如从事金属切削作业，使用手提电动工具、气动工具进行打磨作业、冲刷作业等，一些异物容易进入眼内对眼睛造成伤害。有的固体异物高速飞出（如金属碎片）时若击中眼球，可能会使眼球破裂或发生穿透性损伤。使用防护眼镜可防止此类伤害事故发生。

2）防止化学性物品的伤害。生产作业过程中的酸（碱）液体、腐蚀性烟雾进入眼中，可引起角膜的烧伤。使用防护眼镜则可防止此类伤害。

3）防止强光、紫外线和红外线的伤害。在电气焊接、切割等场所，热源产生强光、紫外线和红外线，可引起眼结膜炎，出现怕光、疼痛、流泪等症状。使用防护眼镜可避免这些伤害。

4）防止微波、激光和电离辐射的伤害。

（2）防护眼镜和面罩使用注意事项：

1）护目镜要选用经产品检验机构检验合格的产品。

2）护目镜的宽窄和大小要适合使用者的脸型。

3）镜片磨损、镜架损坏会影响操作人员的视力，应及时调换。

4）护目镜要专人使用，防止传染眼病。

5）焊接护目镜的滤光片和保护片要按作业需要选用和更换。

6）防止重摔、重压，防止坚硬的物体摩擦镜片和面罩。

2. 防尘防毒用品

（1）防尘防毒用品的作用：

1）防止生产性粉尘的危害。在铸造、打磨作业中，会产生大量粉尘，长期接触会产生尘肺病。使用防尘防毒用品可防止、减少尘肺病的发生。

2）防止生产过程中有害化学物质的伤害。生产过程中的有毒物质，如一氧化碳、苯等侵入人体会引起职业性中毒。使用防尘防毒用品可防止、减少职业性中毒的发生。

（2）自吸过滤式防尘口罩使用注意事项：

1）选用产品的材质不应对人体有害，不应对皮肤产生刺激和过敏影响。

2）佩戴方便，与使用者脸部吻合。

3）防尘用具应专人专用，使用后及时装入塑料袋内，避免挤压、损坏。

（3）自吸过滤式防毒呼吸用品使用注意事项：

1）使用前必须弄清作业环境中有毒物质的性质、浓度和空气中的氧气含量，在未弄清楚作业环境以前，绝对禁止使用。当毒气浓度大于规定使用范围或空气中的氧含量低于18%时，不能使用自吸过滤式防毒面具（或防毒口罩）。

2）使用前应检查部件和结合部的气密性，若发生漏气应查明原因。例如，面罩选择不合适或佩戴不正确、橡胶主体有破损、呼吸阀的橡胶老化变形、滤毒罐（盒）破裂、面罩的部件连接松动等。面罩只有在保持良好的气密状态时才能使用。

3）检查各部件是否完好，导气管有无堵塞或破损，金属部件有无生锈、变形，橡胶是否老化，螺纹接头有无生锈、变形，连接是否紧密。

4）检查滤毒罐表面有无破裂、压伤，螺纹是否完好，罐盖、罐底活塞是否齐全，罐盖内有无垫片，用力摇动时有无响声。检查面具袋内紧固滤毒罐的带、扣是否齐全和完好。

5）整套防毒面具连接后的气密性检查。在检查完各部件以后，应对整体防毒面具气密性进行检查。简单的检查方法是：打开橡胶底塞吸气，此时如没有空气进入，则证明连接正确，如有漏气，则应检查各部位连接是否正确。

正确选用面罩的规格。在使用时，应使罩体边缘与脸部紧贴，眼窗中心位置应选在眼睛正前方下 1 厘米左右。

6）根据劳动强度和作业环境空气中有害物质的浓度选用不同类型的防毒面具，如低浓度的作业环境可选用小型滤毒罐的防毒面具。

7）严格遵守滤毒罐对有效使用时间的规定。在使用过程中必须记录滤毒罐已使用的时间、毒物性质、浓度等。若记录卡片上的累计使用时间达到了滤毒罐规定的时间，应立即停止使用。

8）在使用过程中，严禁随意拧开滤毒罐（盒）的盖子，并防止水或其他液体进入罐（盒）中。

9）防毒呼吸面具的眼窗镜片，应防止被摩擦产生划痕，以保持视物清晰。

10）防毒呼吸用品应专人使用和保管，使用后应清洗、消毒。在清洗和消毒时，应注意温度，不可使橡胶等部件因受温度影响而发生质变受损。

（4）供气式防毒呼吸用品使用注意事项：

1）使用前应检查各部件是否齐全和完好，有无破损、生锈，连接部位是否漏气等。

2）空气呼吸器使用的压缩空气钢瓶，绝对不允许用于充氧气。所用气瓶应按压力容器的规定定期进行耐压试验，凡已超过有效期的气瓶，在使用前必须经耐压试验合格才能充气。

3）橡胶制品经过一段时间会自然老化而失去弹性，从而影响防毒面具的气密性。一般来说，面罩和导气管应每年更新，呼气阀每6个月应更换一次。若不经常使用而且保管妥善，面罩和吸气管可3年更换一次，呼气阀每年更换一次。

呼吸器不用时应装入箱内，避免阳光照射，存放环境温度应不高于40℃。存放位置固定，方便紧急情况时取用。

4）使用的呼吸器除日常现场检查外，应每3个月（使用频繁时，可少于3个月）检查一次。

3. 耳塞、耳罩

（1）耳塞、耳罩的作用：

1）防止机械噪声的危害，如由机械的撞击、摩擦、固体的振动和转动而产生的噪声。

2）防止空气动力噪声的危害，如通风机等产生的噪声。

3）防止电磁噪声的危害，如发电机、变压器发出的噪声。

（2）耳塞使用注意事项：

1）各种耳塞在佩戴时，要先将耳郭向上提拉，使耳甲腔呈平直状态，然后手持耳塞柄，将耳塞帽体部分轻轻推入外耳道内，并尽可能地使耳塞体与耳甲腔相贴合。但不要用力过猛、过急或塞得太深，以自我感觉适度为宜。

2）戴后感到隔声效果不好时，可将耳塞稍微缓慢转动，调整到隔声效果最佳的位置为止。如果经反复调整仍然效果不佳，应考虑改用其他型号的耳塞。

3）反复试用各种不同规格的耳塞，以选择最佳者。

4）佩戴泡沫塑料耳塞时，应将圆柱体搓成锥体后再塞入耳道，让塞体自行回弹，充满耳道。

5）佩戴硅橡胶自行成型的耳塞时，应分清左、右塞，不能弄错；塞入耳道时，要稍微转动放正位置，使之紧贴耳甲腔。

（3）耳罩使用注意事项：

1）使用耳罩时，应先检查罩壳有无裂纹和漏气现象，佩戴时应注意罩壳的方向，顺着耳郭的形状戴好。

2）将连接弓架放在头顶适当的位置，尽量使耳罩软垫圈与周围皮肤相互贴合。如不合适，应稍微移动耳罩或弓架，将其调整到合适的位置。

无论佩戴耳罩还是耳塞，均应在进入有噪声的车间前戴好，工作中不得随意摘下，以免伤害鼓膜。如确需摘下，最好在休息时或离开车间以后，到安静处所再摘掉耳罩或耳塞。

耳塞或耳罩软垫用后需用肥皂、清水清洗干净，晾干后收藏备用。橡胶制品应防热变形，同时撒上滑石粉储存。

4. 防护手套

（1）防护手套的作用：

1）防止火与高温、低温的伤害。

2）防止电磁与电离辐射的伤害。

3）防止电、化学物质的伤害。

4）防止撞击、切割、擦伤、微生物侵害以及感染。

（2）防护手套使用注意事项：

1）防护手套的品种很多，使用中应根据其防护功能选用。首先应明确防护对象，然后再仔细选用，如耐酸（碱）手套有耐强酸（碱）的、有耐低浓度酸（碱）的，而耐低浓度酸（碱）的手套不能用于接触高浓度酸（碱）。切忌误用，以免发生意外。

2）防水、耐酸（碱）手套使用前应仔细检查，观察表面是否破损，简易的检查办法是向手套内吹口气，用手捏紧套口，观察是否漏气。漏气则不能使用。

绝缘手套应定期检验电绝缘性能，不符合规定的不能使用。

3）橡胶、塑料等类防护手套用后应冲洗干净、晾干，保存时避免高温，并在手套上撒上滑石粉以防粘连。

4）操作旋转机床时禁止戴手套作业。

5. 防护鞋

（1）防护鞋的作用：

1）防止物体砸伤或刺割伤害。如高处坠落物品及铁钉、锐利的物品散落在地面，就可能引起砸伤或刺伤。

2）防止高、低温伤害。在冶金等行业，不仅作业环境温度高，而且有强辐射热灼烤足部，灼热的物料也可能会喷溅到足面或掉入鞋内导致烧伤。冬季在室外施工作业，足部可能被冻伤。

3）防止酸、碱性化学品伤害。在作业过程中接触到酸、碱性化学品，可能发生足部被酸、碱灼伤的事故。

4）防止触电伤害。在作业过程中接触到带电体容易造成触电伤害。

5）防止静电伤害。静电对人体的伤害主要是引起心理障碍，使人产生恐惧心理，或者发生从高处坠落等二次事故。

（2）防砸鞋使用注意事项：

1）凡对脚部易发生外砸伤的工种，如搬运、林业采伐等工种人员都应使用防砸鞋和护腿，不能用其他类型的鞋代替。

2）重型作业不能穿轻型防砸鞋，热加工作业时穿用的防砸鞋应具有阻燃和耐热性。

3）穿用过程中，应避免水浸泡，以延长其使用寿命。

(3) 绝缘鞋（靴）使用注意事项：

1）应根据作业场所电压的高低，正确选用绝缘鞋（靴），低压绝缘鞋（靴）禁止在高压电气设备上作为安全辅助用具使用，高压绝缘鞋（靴）可以作为高压和低压电气设备上的辅助安全用具使用。无论是穿低压或高压绝缘鞋（靴）均不得直接用手接触电气设备。

2）布面绝缘鞋只能在干燥环境中使用，避免布面潮湿。

3）穿用绝缘靴时，应将裤管放入靴筒内。穿用绝缘鞋时，裤管不宜长及鞋底外沿条高度，更不能长及地面，并要保持布帮干燥。

4）非耐酸、碱、油的橡胶底，不可与酸、碱、油类物质接触，并应防止被尖锐物刺伤。低压绝缘鞋若底面花纹磨光，露出内部颜色时则不能作为绝缘鞋使用。

5）在购买绝缘鞋（靴）时，应查验鞋上是否有绝缘永久标记，如红色闪电符号、鞋底是否有耐电压值标记，鞋内是否有合格证、安全鉴定证、生产许可证编号等。

(4) 耐酸（碱）鞋（靴）使用注意事项：

1）耐酸（碱）皮鞋一般只能使用于浓度较低的酸（碱）作业场所，不能浸泡在酸（碱）液中进行较长时间的作业，以防酸（碱）溶液渗入皮鞋内腐蚀足部造成伤害。

2）耐酸（碱）塑料靴和胶靴，应避免接触高温，并避免锐器损伤靴面或靴底，否则将引起渗漏，影响防护功能。

3）耐酸（碱）塑料靴和胶靴穿用后，应用清水冲洗靴上的酸（碱）液体，然后晾干，避免日光直接照射，以防塑料和橡胶老化脆变，影响使用寿命。

(5) 防静电鞋、导电鞋使用注意事项：

1）在使用时，不应同时穿绝缘的毛料厚袜及绝缘的鞋垫。

2）使用防静电鞋的场所应是防静电的地面，使用导电鞋的场所应是能导电的地面。

3）禁止将防静电鞋当作绝缘鞋使用。

4）防静电鞋应与防静电服配套使用。

5）穿用过程中，要按规定进行电阻测试，符合规定才可使用。

6. 安全帽

（1）安全帽的防护作用：

1）防止物体打击伤害。在生产中容易发生由于物体、工具等从高处坠落或抛出击中人员头部造成伤害等事故，佩戴安全帽可以防止物体打击等伤害事故的发生。

2）防止高处坠落伤害头部。在生产中，进行安装、维修、攀登等作业时可能会发生坠落事故，从而伤及头部导致死亡，使用安全帽保护头部可有效减轻伤害。

3）防止机械性损伤。可以防止旋转的机床、叶轮、带运输设备将操作人员的头发卷入其中。

4）防止污染毛发。在油漆、粉尘等作业环境中，存在化学腐蚀性物质，可能污染头发和皮肤，使用安全帽可有效防止这种伤害。

（2）安全帽使用注意事项：

1）作业人员所戴的安全帽，要有下颌带和后帽箍并拴系牢固，以防帽子滑落或碰掉。

2）热塑性安全帽可用清水冲洗，不得用热水浸泡，不能放在暖气片、火炉上烘烤，以防帽体变形。

3）安全帽使用年限超过规定限值，或者受到较严重的冲击以后，虽然肉眼看不到帽体的裂纹，也应予以更换。一般塑料安全帽的使用期限为3年。

4）佩戴安全帽前，应检查各配件有无损坏，装配是否牢固，帽衬调节部分是否卡紧，绳带是否系紧等，确认各部件完好后方可使用。

7. 安全带

（1）安全带的作用。安全带的作用是预防作业人员从高处坠落。

（2）安全带使用注意事项：

1）在使用安全带时，应检查安全带的部件是否完整、有无损伤，金属配件的各种环卡不得是焊接件，边缘应光滑，产品上应有安全鉴定证。

2）使用围杆安全带时，围杆绳上要有保护套，不允许在地面上随意拖拽，以免损伤绳套，影响主绳。

3）悬挂安全带不得低挂高用，因为低挂高用在坠落时受到的冲击力大，对人体伤害也大。

4）架子工单腰带一般使用短绳较安全，如需用长绳，以选用双背带式安全带为宜。

5）使用安全绳时，不允许打结，以免发生坠落受冲击时将绳从打结处切断。

使用3米以上长绳时，应考虑补充措施，如在绳上加缓冲器、自锁钩或速差式自控器等。

6）缓冲器、自锁钩和速差式自控器可以单独使用，也可联合使用。

7）安全带使用2年后，应做一次试验，若不断裂则可继续使用。安全带使用期限一般为3~5年，发现异常应提前报废。

8. 护肤用品

（1）护肤用品的作用。护肤用品用于保护皮肤免受化学、物理等因素的危害。

（2）护肤用品使用注意事项：

1）皮肤防护剂应在工作开始前施用，下班后将涂在皮肤上的皮肤防护剂洗去。

2）在施用前，应清洁皮肤并保持干燥。工作结束后，应使用对皮肤有调理作用的制剂，可有效减轻各种脱脂物质所引起的皮肤脱脂和干燥。

3）皮肤防护剂的应用，仅仅是许多预防职业皮肤病的措施之一，不能作为唯一的办法而忽视其他预防措施，否则必将导致职业皮肤病防治工作的失败。

六、安全标志使用

（一）安全色

1. 安全色的概念

安全色是指特定的表达安全信息的颜色，以形象而醒目的色彩向人们提供禁止、警告、指令、提示等安全信息。

我国安全色标准规定红色、黄色、蓝色、绿色 4 种颜色为安全色。

2. 安全色的含义及用途

（1）红色表示禁止、停止的意思。禁止使用、停止使用和有危险的器件设备或环境涂以红色的标记，如禁止标志、交通禁令标志、消防设备。

（2）黄色表示注意、警告的意思。需警告人们注意的器件、设备或环境涂以黄色标记，如警告标志、交通警告标志。

（3）蓝色表示指令、必须遵守的意思。如指令必须佩戴个人防护用具标志、交通指示标志等。

（4）绿色表示通行、安全和提供信息的意思。可以通行或安全情况涂以绿色标记，如表示通行、机器启动按钮、安全信号旗等。

3. 对比色

对比色是为了使安全色更加醒目而用的反衬色。

对比色有黑白两种颜色，黄色安全色的对比色为黑色，红、蓝、绿安全色的对比色均为白色，而黑、白两色互为对比色。

（1）黑色用于安全标志的文字、图形符号，警告标志的几何图形和公共信息标志。

（2）白色则作为安全标志中红、蓝、绿安全色的背景色，也可用于安全标志的文字和图形符号，以及安全通道、交通的标线、铁路站台上的安全线等。

（3）红色与白色相间的条纹比单独使用红色更加醒目，表示禁止通行、禁止跨越等，用于公路交通等方面的防护栏杆及隔离墩。

（4）黄色与黑色相间的条纹比单独使用黄色更为醒目，表示要特别注意。用于起重吊钩、剪板机压紧装置、冲床滑块等。

（5）蓝色与白色相间的条纹比单独使用蓝色醒目，用于指示方向，多为交通指导性导向标。

4. 安全线

安全线是指工矿企业中用以划分安全区域与危险区域的分界线。厂房内安全通道的标示线、铁路站台上的安全线都是常见的安全线。根据国家有关规定，安全线用白色标记，宽度不小于60毫米。在生产过程中，有了安全线的标示，人们就能区分安全区域和危险区域，有利于人们对危险区域的认识和判断。

5. 安全标志

安全标志由安全色、几何图形和图形符号构成，用以表达特定的安全信息。使用安全标志的目的是提醒人们注意不安全因素，防止事故发生，起到保障安全的作用。当然，安全标志本身并不能消除任何危险，也不能取代预防事故的相应设施。

（1）安全标志的类型。安全标志分为禁止标志、警告标志、指令标志和提示标志四大类型。

（2）安全标志的含义：

1）禁止标志是禁止人们不安全行为的图形标志。其基本形式为带斜杠的圆形框。圆环和斜杠为红色，图形符号为黑色，衬底为白色。禁止标志如图

2—2所示。

图2—2 禁止标志

2）警告标志是提醒人们对周围环境引起注意，以避免可能发生危险的图形标志。其基本形式是正三角形边框。三角形边框及图形为黑色，衬底为黄色。警告标志如图2—3所示。

图2—3 警告标志

3）指令标志是强制人们必须做出某种动作或采用防范措施的图形标志。其基本形式是圆形边框。图形符号为白色，衬底为蓝色。指令标志如图2—4所示。

4）提示标志是向人们提供某种信息的图形标志。其基本形式是正方形边框。图形符号为白色，衬底为绿色。提示标志如图2—5所示。

（3）使用安全标志的相关规定。安全标志在安全管理中的作用非常重要，

第二章 工伤预防管理

图2—4 指令标志

 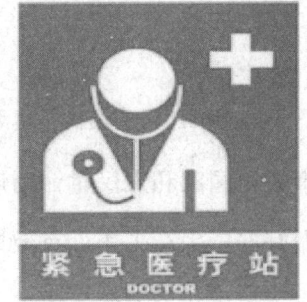

图2—5 提示标志

作业场所或者有关设备、设施存在的较大危险因素，员工可能不清楚，或者常常忽视，如果不采取一定的措施加以提醒，这看似不大的问题，也可能造成严重的后果。因此，在有较大危险因素的生产、经营场所或者有关设施、设备上，设置明显的安全警示标志，以提醒、警告员工，使他们能时刻清醒地认识到所处环境的危险，提高注意力，加强自身安全保护，这对避免事故发生将会起到积极的作用。

在设置安全标志方面，相关法律法规已有诸多规定。如《安全生产法》规定，生产经营单位应当在有较大危险因素的生产经营场所和有关设施、设备上，设置明显的安全警示标志。安全警示标志必须符合国家标准。设置的安全标志，未经有关部门批准，不准移动和拆除。

第三章　工伤事故预防

在我国，工伤事故虽然得到有效控制，但是形势依然严峻，每年由于工伤事故给国家和人民生命财产造成了不小的损失。做好工伤预防工作的前提就是做好安全生产工作，有效地预防各类工伤和安全生产事故的发生。可以说，工伤事故预防、安全生产关乎每一位职工的生命财产安全，是企业生存的最起码条件。

本章首先介绍了工伤危险因素分类及其辨识方法，之后分别介绍了典型作业过程和典型行业工伤事故预防的管理和技术措施，帮助读者了解工伤事故，熟悉工伤事故的分类及其危险因素的辨识方法，进而掌握预防工伤事故的管理和技术手段。

第一节　工伤危险因素分类与辨识

一、工伤危险因素分类

参照《企业职工伤亡事故分类》（GB 6441-1986），综合考虑起因物、引起事故的诱导性原因、致害物、伤害方式等，将工伤危险因素分为20类。

1. 物体打击

物体打击是指失控物体的惯性力造成的人身伤害事故。如落物、滚石、锤击、碎裂、崩块、砸伤等造成的伤害，不包括爆炸而引起的物体打击。

2. 车辆伤害

车辆伤害是指本企业由于机动车辆引起的机械伤害事故。如机动车辆在行驶中的挤、压、撞车或倾覆等事故，在行驶中上下车、搭乘矿车或"放飞车"所引起的事故，以及车辆运输挂钩、跑车事故等。

3. 机械伤害

机械伤害是指机械设备与工具引起的绞、碾、碰、割、戳、切等伤害。如工件或刀具飞出伤人，切屑伤人，手或身体被卷入，手或其他部位被刀具碰伤或被转动的机构缠压住等。但属于车辆、起重设备的情况除外。

4. 起重伤害

起重伤害是指从事起重作业时引起的机械伤害事故。包括各种起重作业引起的机械伤害等，但不包括触电、检修时制动失灵引起的伤害以及上下驾驶室时引起的坠落或跌倒等事故。

5. 触电

触电是指电流流经人体，造成生理伤害的事故，适用于触电、雷击伤害。

如人体接触带电的设备金属外壳或裸露的临时线、漏电的手持电动工具，起重设备误触高压线或感应带电，雷击伤害，触电坠落等事故。

6. 淹溺

淹溺是指因大量水经口、鼻进入肺内，造成呼吸道阻塞，发生急性缺氧而窒息死亡的事故。包括船舶、排筏、设施在航行、停泊、作业时发生的人员落水等事故。

7. 灼烫

灼烫是指强酸、强碱溅到身体引起的灼伤，或因火焰引起的烧伤，高温物体引起的烫伤，放射线引起的皮肤损伤等事故。包括烧伤、烫伤、化学灼伤、放射性皮肤损伤等伤害，但不包括电烧伤以及火灾事故引起的烧伤。

8. 火灾

火灾是指造成人身伤亡的企业火灾事故。不包括非企业原因造成的火灾，比如居民火灾蔓延到企业，此类事故属于消防部门统计的事故。

9. 高处坠落

高处坠落是指由于危险重力势能差引起的伤害事故。包括脚手架、平台、陡壁施工等高于地面的坠落，也包括从地面踏空失足坠入洞、坑、沟、升降口、漏斗等情况。但排除以其他类别为诱发条件的坠落，如高处作业时，因触电失足坠落应定为触电事故，不能按高处坠落划分。

10. 坍塌

坍塌是指建筑物、构筑物、堆置物等倒塌以及土石塌方引起的事故。包括因设计或施工不合理而造成的倒塌，以及土方、岩石发生的塌陷事故，如建筑物倒塌，脚手架倒塌，挖掘沟、坑、洞时土石的塌方等情况。不包括矿山冒顶片帮事故，或因爆炸、爆破引起的坍塌事故。

11. 冒顶片帮

冒顶片帮是指矿井工作面、巷道侧壁由于支护不当、压力过大造成的坍塌，被称为片帮，顶板垮落则被称为冒顶。两者常同时发生，简称为冒顶片帮。包括矿山、地下开采、掘进及其他坑道作业发生的坍塌事故。

12. 透水

透水是指矿山、地下开采或其他坑道作业时，意外水源带来的伤亡事故，包括井巷与含水岩层、地下含水带、溶洞或与被淹巷道、地面水域相通时，涌水成灾的事故。不包括地面水害事故。

13. 放炮

放炮是指施工时，放炮作业造成的伤亡事故，包括各种爆破作业。如采石、采矿、采煤、开山、修路、拆除建筑物等工程进行的放炮作业引起的伤亡事故。

14. 瓦斯爆炸

瓦斯爆炸是指可燃性气体瓦斯、煤尘与空气混合形成了达到燃烧极限的混合物，接触火源时引起的化学性爆炸事故。这类爆炸主要适用于煤矿，同时也适用于空气不流通，瓦斯、煤尘积聚的场合。

15. 火药爆炸

火药爆炸是指火药与炸药在生产、运输、储藏的过程中发生的爆炸事故。包括火药与炸药生产在配料、运输、储藏、加工过程中，由于振动、明火、摩擦、静电作用，或因炸药的热分解作用，储藏时间过长或因存药过多发生的化学性爆炸事故，以及熔炼金属时，废料处理不净，残存火药或炸药引起的爆炸事故。

16. 锅炉爆炸

锅炉爆炸是指锅炉发生的物理性爆炸事故。适用于使用工作压力大于0.7兆帕，以水为介质的蒸汽锅炉，但不适用于铁路机车、船舶上的锅炉以及列车电站和船舶电站的锅炉。

17. 容器爆炸

容器（压力容器的简称）是指比较容易发生事故，且事故危害性较大的承受压力载荷的密闭装置。容器爆炸是压力容器破裂引起的气体爆炸，即物理性爆炸，包括容器内盛装的可燃性液化气在容器破裂后，立即蒸发，与周围的空气混合形成爆炸性气体混合物，遇到火源时产生的化学爆炸，也称容器的二次爆炸。

18. 其他爆炸

凡不属于上述爆炸的事故均列为其他爆炸事故，例如，可燃性气体（如煤气、乙炔等）与空气混合形成的爆炸；可燃蒸气与空气混合形成的爆炸性气体混合物（如汽油挥发气）引起的爆炸；可燃性粉尘以及可燃性纤维与空气混合形成的爆炸性气体混合物引起的爆炸；间接形成的可燃气体与空气相混合，或者可燃蒸气与空气相混合（如可燃固体、自燃物品受热、水、氧化剂的作用会迅速反应，分解出可燃气体或蒸气与空气混合形成爆炸性气体），遇火源爆炸的事故。炉膛爆炸、钢水包爆炸、亚麻粉尘爆炸等，都属于其他爆炸。

19. 中毒和窒息

中毒和窒息是指人接触有毒物质，如误吃有毒食物或呼吸有毒气体引起的人体急性中毒事故，或在废弃的坑道、暗井、涵洞、地下管道等不通风的地方工作，因为氧气缺乏，有时会发生人突然晕倒，甚至死亡的事故称为窒息。两种现象合为一体，称为中毒和窒息事故。不包括病理变化导致的中毒和窒息的事故，也不包括慢性中毒的职业病导致的死亡。

20. 其他伤害

凡不属于上述伤害的事故均称为其他伤害，如扭伤、跌伤、冻伤、野兽咬伤、钉子扎伤等。

二、工伤危险因素辨识

（一）系统安全分析方法

系统安全分析方法是从安全角度对系统中的危险因素进行分析，主要分析导致系统故障或事故的各种因素及其相关关系，通常包括如下内容：

（1）对可能出现的初始的、诱发的及直接引起事故的各种危险因素及其相互关系进行调查和分析。

（2）对与系统有关的环境条件、设备、人员及其他有关因素进行调查和分析。

（3）对能够利用适当的设备、规程、工艺或材料控制或根除某种特殊危险因素的措施进行分析。

（4）对可能出现的危险因素的控制措施及实施这些措施的最好方法进行调查和分析。

（5）对不能根除的危险因素失去控制或减少控制可能出现的后果进行调查和分析。

（6）对危险因素一旦失去控制，为防止伤害和损害的安全防护措施进行调查和分析。

（二）直观经验分析方法

适用于有可供参考先例、有以往经验可以借鉴的危险因素辨识过程，不能应用在没有可供参考先例的新系统中。

1. 对照、经验法

对照、经验法是指对照有关标准、法规、检查表或依靠分析人员的观察分析能力，借助于经验和判断能力，直观地评价对象危险性的方法。经验法是辨识中常用的方法，其优点是简便、易行，其缺点是受辨识人员知识、经验和占有资料的限制，可能出现遗漏。为弥补个人判断的不足，常常采取头脑风暴法，即由专家相互启发、交换意见，使危险因素的辨识更加细致、具体。

2. 类比法

类比法是指利用相同或相似系统或作业条件的经验和职业安全健康的统计资料来类推、分析评价对象的危险因素，多用于作业条件危险因素的辨识过程。类比法常用于在企业内部建立数据统计库，将各种检查、事故、事件的资料进行统计分析，找出企业安全管理不足的部分，制定相对应的措施和预案。

第二节 典型作业过程工伤事故预防

一、电气事故预防

（一）电气事故的种类

电气事故是指由失去控制的电能作用于人体或电气系统内能量传递发生故障而导致的人身和设备的损坏。电气事故可分为触电事故、静电事故、雷电灾害、射频辐射危害和电路故障五大类。

1. 触电事故

触电事故是由电流的能量造成的，是电流对人体的伤害。电流对人体的伤害可以分为电击和电伤。

（1）电击。按照发生电击时电气设备的状态，电击分为直接接触电击和间接接触电击。直接接触电击是触及正常状态下带电的带电体（如误触接线端子）发生的电击，也称为正常状态下的电击；间接接触电击是触及正常状态下不带电，而在故障状态下意外带电的带电体（如触及漏电设备的外壳）发生的电击，也称为故障状态下的电击。

按照人体触及带电体的方式和电流流过人体的途径,电击可分为单线电击、两线电击和跨步电压电击:单线电击是人体站在导电性地面或接地导体上,人体某一部位触及一相导体时由接触电压造成的电击;两线电击是不接地状态的人体某两个部位同时触及两相导体时由接触电压造成的电击;跨步电压电击是人体进入地面带电的区域时,两脚之间形成跨步电压差后电流流经人体造成的电击。

(2)电伤。按照电流转换成作用于人体的能量的不同形式,电伤分为电弧烧伤、电流灼伤、皮肤金属化、电烙印、机械性损伤、电光眼等伤害。

电弧烧伤是由弧光放电造成的烧伤,是最危险的电伤。电弧烧伤分为直接电弧烧伤和间接电弧烧伤。前者是带电体与人体之间发生电弧,有电流流过人体的烧伤;后者是电弧发生在人体附近对人体的烧伤,包含熔化了的炽热金属溅出造成的烫伤。电弧温度高达8000℃,可对人体造成大面积、大深度的烧伤,甚至烧焦、烧毁四肢及其他部位。高压电弧和低压电弧都能造成严重烧伤,其中高压电弧的烧伤更为严重。

2. 静电事故

静电指生产工艺过程中或工作人员操作过程中,由于某些材料的相对运动、接触与分离等原因而积累起来的相对静止的正电荷和负电荷。这些电荷周围的场中储存的能量不大,不会直接使人致命。但是,静电电压可能高达数万乃至数十万伏,可能在现场发生放电,产生静电火花。在火灾和爆炸危险场所,静电火花会形成一种十分危险的点火源。

3. 雷电灾害

雷电是大气放电,是由大自然的力量分离和积累的电荷,也是在局部范围内暂时失去平衡的正电荷和负电荷。雷电放电具有电流大、电压高等特点,其能量释放出来可能产生极大的破坏力。雷击既可能毁坏设施和设备,也可能直接伤及人、畜,还可能引起火灾和爆炸。

4. 射频辐射危害

射频辐射危害即电磁场伤害。人体在高频电磁场作用下吸收辐射能量，使人的中枢神经系统、心血管系统等组织受到不同程度的伤害。射频辐射危害还表现为感应放电。

5. 电路故障

电路故障是由电能传递、分配、转换失去控制造成的。断线、短路、接地、漏电、误合闸、误掉闸、电气设备或电气元件损坏等都属于电路故障。电气线路或电气故障可能影响到人身安全。

（二）触电事故的发生规律

1. 错误操作和违章作业造成的触电事故多

发生该类事故的主要原因是由于安全教育不够、安全制度不严和安全措施不完善，一些人缺乏足够的安全意识。

2. 中青年工人、非专业电工触电事故多

发生该类事故的原因是中青年工人、非专业电工是主要操作者，经常接触电气设备。而且，这些人经验不足，比较缺乏用电安全知识，其中有的人责任心还不够强，以致触电事故多。

3. 低压设备触电事故多

发生该类事故的主要原因是低压设备在数量上远远多于高压设备，与之接触的人比与高压设备接触的人多得多，而且多数是比较缺乏电气安全知识的非电气专业人员。

4. 移动式设备和临时性设备触电事故多

发生该类事故的主要原因是这些设备与人有较多的接触机会，同时，这些设备需要经常移动，工作条件差，设备和电源线都容易发生故障或损坏。

5. 电气连接部位触电事故多

很多触电事故发生在接线端子、缠接接头、压接接头、焊接接头、电缆头、灯座、插头、插座等电气连接部位，主要是由于这些连接部位机械牢固性较差、接触电阻较大、绝缘强度较低，容易出现故障。

6. 6—9月触电事故多

6—9月触电事故多发的主要原因是这段时间天气炎热、人体衣单而多汗，触电危险性较大。而且，这段时间多雨、潮湿，地面导电性增强，电气设备的绝缘电阻降低，容易构成电流回路。另外，这段时间农村是农忙季节，农村用电量增加，触电事故增多。

7. 具有环境特点

腐蚀、潮湿、高温、粉尘浓度大、物体堆放混乱、移动式设备多、金属设备多等环境下及露天分散作业环境中的触电事故多。例如，化工、冶金、矿山、建筑、机械等行业容易存在这些不安全因素，乃至触电事故较多。

(三) 触电事故预防

1. 防止接触带电部件

防止人体与带电部件的直接接触，从而防止电击。采用绝缘、屏护和安全间距是最为常见的安全措施。

(1) 绝缘。即用不导电的绝缘材料把带电体封闭起来，这是防止直接触电的基本保护措施。但要注意绝缘材料的绝缘性能与设备的电压、载流量、周围环境、运行条件应相符合。

(2) 屏护。即采用遮拦、栅栏、护罩、护盖、箱闸等把带电体同外界隔离开来。此种屏护用于电气设备不便于绝缘或绝缘不足以保证安全的场合，是防止人体接触带电体的重要措施。

(3) 安全间距。为防止人体触及或接近带电体，防止车辆等物体碰撞或过分接近带电体，在带电体与带电体、带电体与地面、带电体与其他设备和设施之间，皆应保持一定的安全距离。安全间距的大小与电压高低、设备类型、安装方式等因素有关。

2. 防止电气设备漏电伤人

保护接地和保护接零是防止间接触电的基本技术措施。

(1) 保护接地。即将正常运行的电气设备不带电的金属部分和大地紧密连接起来。其原理是通过接地把漏电设备的对地电压限制在安全范围内，以防止触电事故。中性点不接地的电网中，电压高于1千伏的高压电网中的电气装置外壳，都应采取保护接地。

(2) 保护接零。在380/220伏三相四线制供电系统中，把用电设备在正常情况下不带电的金属外壳与电网中的零线紧密连接起来。其原理是在设备漏电时，电流经过设备的外壳和零线形成单相短路，短路电流烧断熔丝或使低压断路器跳闸，从而切断电源，消除触电危险，适用于电网中性点接地的低压系统中。

3. 采用安全电压

根据生产和作业场所的特点，采用相应等级的安全电压，是防止发生触电伤亡事故的根本性措施。《特低电压（ELV）限值》（GB/T 3805-2008）规定，我国安全电压额定值的等级为42伏、36伏、24伏、12伏和6伏，应根据作业场所、操作员条件、使用方式、供电方式、线路状况等因素选用。安全电压适用于小型电气设备，如手持电动工具等。

4. 漏电保护装置

漏电保护装置又称触电保护器，在低压电网中发生电气设备及线路漏电或触电时，它可以立即发出报警信号并迅速自动切断电源，从而保护人身安全。漏电保护装置按动作原理可分为电压型、零序电流型、泄漏电流型和中性点型四大类，其中电压型和零序电流型应用较为广泛。

5. 合理使用防护用具

在电气作业中，合理匹配和使用绝缘防护用具，对防止触电事故、保障操作人员在生产过程中的安全具有重要意义。绝缘防护用具可分为两类：一类是基本安全防护用具,如绝缘棒、绝缘钳、高压验电笔等;另一类是辅助安全防护用具,如绝缘手套、绝缘(靴)鞋、橡皮垫、绝缘台等。

6. 安全用电组织措施

防止触电事故,技术措施十分重要,组织管理措施也必不可少。组织管理措施包括制订安全用电措施计划和规章制度,进行安全用电检查、教育和培训,组织事故分析,建立安全资料档案等。

(四) 手持电动工具安全使用常识

(1) 辨认铭牌,检查工具或设备的性能是否与使用条件相适应。

(2) 检查其防护罩、防护盖、手柄防护装置等有无损伤、变形或松动,不得任意拆除机械防护装置。

(3) 检查电源开关是否失灵、是否破损、是否牢固,接线有无松动。

(4) 检查设备的转动部分是否灵活。

(5) 电源线应采用橡皮绝缘软电缆:单相用三芯电缆、三相用四芯电缆;电缆不得有破损或龟裂,中间不得有接头;电源线与设备之间的防止拉脱的紧固装置应保持完好。设备的软电缆及其插头不得任意接长、拆除或调换。

(6) Ⅰ类设备应有良好的接零(或接地)措施。使用Ⅰ类手持电动工具应配用绝缘用具或采取电气隔离及其他安全措施。

(7) 绝缘电阻合格,带电部分与可触及导体之间的绝缘电阻Ⅰ类设备不低于2兆欧、Ⅱ类设备不低于7兆欧。长期未使用的设备,在使用前必须测量绝缘电阻。

(8) 根据需要装设漏电保护装置或采取电气隔离措施。

(9) 非专职人员不得擅自拆卸和修理手持电动工具。Ⅱ类和Ⅲ类手持电动工具修理后不得降低原设计确定的安全技术指标。

(10) 手持电动工具用毕及时切断电源,并妥善保管。

(11) 作业人员使用手持电动工具时,应穿绝缘鞋、戴绝缘手套,操作时握其手柄，不得利用电缆提拉。

（12）手持电动工具应配备装有专用的电源开关和漏电保护器的开关箱，严禁一台开关接两台及以上的设备，其电源开关应采用双刀控制。

（五）安全用电常识

总结安全用电经验和以往事故教训，从业人员必须掌握必要的安全用电常识。

（1）电气操作属特种作业，操作人员必须经培训合格，持证上岗。

（2）不得随便动车间内的电气设备。如电气设备出了故障，应请专业电工修理，不得擅自修理，更不得带故障运行。

（3）经常接触和使用的配电箱、配电板、刀开关、按钮、插座、插销以及导线等，必须保持完好、安全，不得有破损或使带电部分裸露。

（4）在操作刀开关、电磁启动器时，必须将盖盖好。

（5）电气设备的外壳应按有关安全规程进行防护性接地或接零。

（6）使用手电钻、电砂轮等手提电动工具时，必须安设漏电保护器，同时工具的金属外壳应防护接地或接零；操作时应戴好绝缘手套并站在绝缘板上；不得将重物压在导线上，以防止轧破导线发生漏电。

（7）使用的行灯要有良好的绝缘手柄和金属护罩。

（8）在进行电气作业时，要严格遵守安全操作规程，遇到不清楚或不懂的事情，切不可不懂装懂，盲目乱动。

（9）一般来说，应禁止使用临时线，必须使用时，应经过安全技术管理部门批准，并采取安全防范措施，要按规定时间拆除。

（10）进行容易产生静电火灾、爆炸事故的操作时（如使用汽油洗涤零件、擦拭金属板材等）必须有良好的接地装置，及时消除聚集的静电。

（11）移动某些非固定安装的电气设备，如电风扇、照明灯、电焊机等，必须先切断电源。

（12）雷雨天气时，不可走进高压电线杆、铁塔、避雷针的接地导线 20 米以内，以免发生跨步电压触电。

（13）发生电气火灾时，应立即切断电源，用黄沙或二氧化碳等灭火器材灭火。切不可用水或泡沫灭火器灭火，因为它们有导电的危险。

【案例】

* 事故经过

2017 年 9 月 29 日，东莞市某包装公司物流仓内进行导轨改造施工，贾某、谢某和兰某在进行导轨敷设施工过程中，先使用切割机在地面切出两条导轨的边线，然后再使用风炮机把边线内的水泥地面凿开。14 时 40 分，贾某使用风炮机凿完一边后，转到另一边继续凿，风炮机刚接触地面，他就突然倒下。在贾某身后的谢某以为他摔倒，跑过去想拉他起来，他的手刚碰到贾某，感觉有电流，判断他触电了，就向现场人员大喊"触电了，触电了！"并迅速跑到临时电箱处，把电源关掉。仓库管理员林某听到谢某喊声后，跑到保安室通知保安何某，何某拨打"120"和"110"，并向公司领导汇报情况。20 分钟后，医院救护车到达现场，贾某经抢救无效死亡。

* 事故直接原因

贾某从车间二级开关接出施工用电，经临时电箱接空压机，空压机通过风管向风炮机提供动力。空压机在运转过程中，电动机三相绕组被击穿，使空压机金属外壳带电（漏电），因施工现场及风炮机风管带水湿润，漏电流通过湿润的地面、风管导到贾某身体，发生电击事故。因空压机未连接 PE 线，漏电流未达到车间二级漏电开关 200 毫安的动作电流，故未使开关跳闸，从而导致贾某电击身亡。

＊**事故间接原因**

贾某公司在现场使用的电气设备不符合国家和行业标准，临时电箱未接入PE线，无PE线端子板，未安装剩余电量保护装置，空压机未接PE线，绝缘电阻值不符合国家标准；贾某在未按规定经专门的安全作业培训并取得特种作业操作资格证书的情况下便从事电工作业，自行从施工车间二级开关接出施工用电；贾某所在公司未建立健全生产安全事故隐患排查治理制度，未采取技术、管理措施，没有及时发现并消除事故隐患。

二、焊接切割事故预防

（一）焊接切割事故种类

1. 火灾、爆炸

（1）气焊、气割所使用的乙炔是易燃易爆气体，一些使用的设备、器具（如乙炔发生器等）本身受高压时就有较大危险，另有一些高温焊渣飞溅，容器内残留汽油，在焊接工地存放的可燃、易燃物品，种种原因都造成了易发生火灾的重大危险源。

（2）电石遇水、遇撞击或遇抵触性物质都易发生化学反应或爆炸，如果电石桶包装不严、电石中混有有害杂质、积存的电石粉没有及时清扫和处理、仓库通风不良等，都有可能引起火灾或爆炸。

（3）在焊、割过程中经常会遇到回火，回火也能造成乙炔发生器发生强烈爆炸，存在很大的火灾危险性。

（4）电焊时会产生电弧，电弧的热传导、热扩散也具有火灾危险性。

（5）在焊接中，如不了解内部结构，盲目焊接，易发生意外事故。例如对大型油罐、煤气柜等进行焊、割时处理不当，就会引起燃烧和爆炸。对于临时进行焊接、切割的现场没有进行认真清理，也可能引起火灾。另外，在稻草、软木等易燃物旁，一些焊接电路乱接或者是焊接后的火种没熄灭，都潜伏着极大的火灾风险。

2. 触电

在焊接过程中，电焊机的软线被长期在地上拖拉，致使绝缘层可能损坏破裂，容易发生漏电、触电事故，甚至导致高处坠落等二次事故。

3. 烫伤

焊接过程中，火花四溅，如果劳动防护用品穿戴不当，则会发生烫伤事故。

4. 弧光导致的眼病

在焊接过程中，如果未戴焊接眼镜、面罩或其佩戴不当，焊接弧光的紫外线、红外线、可见光过度照射会导致眼睛患急性角膜炎，称为电光性眼炎，严重时能导致失明。

5. 粉尘

在焊接过程中会产生粉尘和有毒有害气体，直接影响着焊工的身体健康，引起尘肺病、血液疾病、慢性中毒、皮肤病等职业病。

(二) 焊割工艺安全

1. 焊炬和割炬的安全操作事项

(1) 按照工件厚薄，选用一定大小的焊、割炬。然后按焊、割炬的喷嘴大小，确定氧气和乙炔的压力和气流量。

(2) 喷嘴与金属板不能相碰。

(3) 喷嘴堵塞时，应将喷嘴拆下，用捅针从内向外捅开。

(4) 注意垫圈和各环节的阀门等是否漏气。

(5) 使用前应将皮管内的空气排除，然后分别开启氧气和乙炔阀门，畅通后才能点火试焊。

(6) 焊、割炬的各部分不得被油脂粘污。

(7) 如焊、割炬喷嘴的温度超过400℃，应用水冷却。

（8）点火时应先开启乙炔阀门，点着后再开启氧气阀门。这样做的目的是放出乙炔—空气的混合气体，便于点火和检查乙炔是否畅通。

（9）乙炔阀门和氧气阀门如有漏气现象，应及时修理。

（10）使用前，在乙炔管道上应装回火防止器。

（11）离开工作岗位时，禁止把燃着的焊炬放在操作台上。

（12）交接班或停止焊接时，应关闭氧气和回火防止器阀门。

（13）皮管要专用，乙炔管和氧气管不能对调使用。皮管要有标记以便区别，乙炔皮管为绿色，氧气皮管耐压强度高，一般都是红色的。

（14）发现皮管冻结时，应用温水或蒸汽解冻，禁止用火烤，更不允许用氧气吹乙炔管道。

（15）氧气、乙炔用的皮管不要随便乱放，管口不要贴在地面，以免进入泥土和杂质发生堵塞。

2. 焊割作业中回火现象的防范措施

所谓回火，是指可燃混合气体在焊炬、割炬内燃烧，并以很快的燃烧速度向可燃气体导管里蔓延扩散的一种现象，其结果可以引起气焊和气割设备燃烧、爆炸。

为防止回火，在操作过程中应做到：焊（割）炬不要过分接近熔融金属，焊（割）嘴不能过热，焊（割）嘴不能被金属熔渣等杂物堵塞，焊（割）炬阀门必须严密，以防氧气倒回乙炔管道，乙炔发生器阀门不能开得太小。如果发生回火，要立即关闭乙炔发生器和氧气阀门，并将胶管从乙炔发生器或乙炔气瓶上拔下。如乙炔气瓶内部已燃烧（瓶外白漆皮变黄、起泡），要用自来水冲浇，以降温灭火。

（三）特殊焊接作业安全事项

1. 焊补旧容器的安全事项

焊补储存过汽油、煤油、松香、烧碱、硫黄、甲苯、香蕉水、酒精等物质

的容器,以及冻结或封闭的管段或停用很久的乙炔发生器桶体等,必须根据具体情况,严格注意下列安全事项:

(1) 被焊物必须经过反复多次清洗。

(2) 将被焊物所有的孔盖打开。

(3) 乙炔管道、回火防止器如果是安装在坑道里面、加盖的明沟下或者地坑的井沟内,由于这些部位都有滞留乙炔—空气混合气的可能性,所以在动火作业前,一定要切断气源,探明有无易燃易爆混合气存在。

(4) 作业中还必须考虑到操作工人的行动有无障碍,必须有人监护。

(5) 当班动火未能完工,下一班或次日再动火时,必须从头重新确认上述情况,并采取安全措施。

(6) 探查有无易燃易爆混合气体存在时,探查人员应有所警惕和隐蔽,确定无危险时,再开始焊补。

(7) 操作人员严禁站在动火容器的两端。

(8) 焊补完毕,在很热的情况下,也不能马虎大意。如果急着把易燃物装进去,就有着火爆炸的危险。

(9) 为了保证安全,可以把被焊容器灌满水或充满氮气后再点火焊补。

2. 高处或室内焊接、切割作业安全事项

(1) 高处焊、割的安全要求

高处焊、割时除必须严格遵守高处作业安全操作规程和注意人身安全外,还必须防止火花落下或飞溅,风力很大时应停止高处作业。如果高处焊、割作业下方有易燃、可燃物时,应移开或者用水喷淋。如有可燃气体管道,应用湿麻袋、石棉板等隔热材料覆盖。禁止用盛装过易燃易爆物质的容器作为登高垫脚物。焊接设备应远离动火点,并由专人看管。如在楼上作业,应防止火星沿一些孔洞和裂缝落到下面,落下的熔热金属要妥善处理。

电焊机与高处焊补作业点的距离要大于 10 米,电焊机应有专人看管,以备紧急时立即拉闸断电。

（2）室内焊、割的安全要求

在密室内作业时，必须将作业场所的内外情况调查清楚，乙炔发生器、氧气瓶、电焊机均不准放在动火焊、割的室内。进行焊、割作业时，作业场所必须干燥，要严格检查绝缘防护装备是否符合安全要求，并禁止把氧气通入室内用于调节作业场所的空气。凡在易燃易爆车间动火焊补，或者采用带压不置换动火法，或在容器管道裂缝大、气体泄漏量大的室内焊补时，必须分析动火点周围不同部位滞留的可燃物含量，确保安全可靠时才能施焊。

在焊接时，应打开门窗自然通风，必要时采用机械通风，以降低可燃气体的浓度，防止形成可燃性混合气体。

（四）气焊与电焊安全事项

1. 气焊过程中发生事故的应急措施

气焊过程中发生事故时应采取如下紧急措施：

（1）当焊、割炬的混合室内发出"嗡嗡"声时，应立即关闭焊、割炬上的乙炔—氧气阀门，稍停后，开启氧气阀门，将混合室（枪内）的烟灰吹掉，恢复正常后再使用。

（2）乙炔皮管发生爆炸燃烧时，应立即关闭乙炔气瓶或乙炔发生器的总阀门或回火防止器上的输出阀门，切断乙炔的供给。

（3）乙炔气瓶的减压器发生爆炸燃烧时，应立即关闭乙炔气瓶的总阀门。

（4）氧气皮管燃烧爆炸时，应立即关紧氧气瓶总阀门，同时，把氧气皮管从氧气减压器上取下。

（5）换电石时，发气室若发生着火爆炸事故，应采取如下处理方法：

中压乙炔发生器的发气室着火，应立即用二氧化碳灭火器灭火，或者将加料口盖紧以隔绝空气，这样火焰就会熄灭。

横向加料式乙炔发生器的发气室着火爆炸且把加料口对面或上方的卸压膜

冲破时，最好用二氧化碳灭火器灭火。如不具备这种条件，则要尽量使电石与水脱离接触，以停止产气或把电石篮取出，使电石尽快脱离发气室，这样火焰很快就能熄灭。

（6）加料时在发气室中发生的着火爆炸事故，常常是由于电石含磷过多遇水着火或者因电石篮碰撞等产生的火花引起的。

事故发生后，应立即使电石与水脱离接触以停止产气。如果发气室已与大气连通，最好用二氧化碳灭火器灭火，然后再打开加料口压盖，取出电石篮。无此类灭火器材又无法隔绝空气时，要等火熄灭或者火苗很小时，操作人员站在加料口的侧面慢慢地松动加料口压盖螺钉，随后再设法把电石篮取出。

（7）当发现发气室的温度过高时，应立即使电石与水脱离接触以停止产气，并采取必要的措施使温度降下来，等温度降下来后才能打开加料口压盖，否则，空气从加料口进入遇高温就会发生燃烧爆炸事故。

（8）如枪嘴堵塞又忘记关闭乙炔—氧气阀门，或因其他缘故使氧气回流进乙炔皮管和发生器内时，都应立即关闭氧气阀门，并设法把乙炔皮管和乙炔发生器内的乙炔—氧气混合气体放净，然后才能点火，否则，会发生爆炸事故。

（9）浮桶式乙炔发生器，如因浮桶漏气等原因在漏气处着火时，严禁拔浮桶，也不要堵漏气处，一般的处理办法是将浮桶踢倒。

2. 乙炔发生器的使用安全事项

（1）操作人员必须经过培训，熟练地掌握乙炔发生器设备的操作规程、安全技术规程和防火知识，并经考试合格，取得安全操作合格证后，方可独立操作。

（2）禁止在超负荷或超过最高工作压力和供水不足的条件下使用乙炔发生器。

（3）乙炔发生器的安放位置与明火、散发火花点以及高压电源线的距离应保持在 5 米以上。

（4）乙炔发生器和回火防止器在冬季使用时如发生冻结，只允许用热水或蒸汽加热解冻，禁止用明火或者烧红的烙铁加热，更不准用容易产生火花的金属物体敲击。

（5）乙炔着火，宜采用干黄沙、二氧化碳灭火器或干粉灭火器灭火，禁止用水、泡沫灭火器或四氯化碳灭火剂灭火。

（6）接于乙炔管路的焊（割）枪或一台乙炔发生器要配制两把以上焊（割）枪使用时，每把焊（割）枪都必须配置一个岗位回火防止器，禁止共同使用。使用时要检查各部位，保证安全可靠。

（7）使用乙炔气时，当管路中压力下降过低时，应及时关闭焊（割）炬，严禁用氧气抽吸乙炔气，以免产生负压导致乙炔发生器发生爆炸事故。

（8）乙炔发生器所使用的电石尺寸应符合标准，严禁将尺寸小于2毫米及大于80毫米的电石装入料斗。排水式（移动式）乙炔发生器使用电石尺寸应为25~80毫米；滴水式乙炔发生器和大型投入式乙炔发生器使用的电石尺寸应为8~80毫米。

（9）乙炔发生器每次装电石后，使用前应将发生器内留存的混合气体（乙炔与空气）排出，使用时，装足规定的水量，及时排出发气室积存的灰渣。

3. 乙炔气瓶在使用、运输和储存过程中的安全事项

（1）乙炔气瓶在使用时应防止瓶内的活性炭下沉，禁止敲击、碰撞和剧烈振动。另外，要防止受高温影响，防止漏气，防止丙酮渗漏，防止接触有害杂质等。

（2）乙炔气瓶在运输时应严禁拖动、滚动，用小车运送时，要做到轻装轻卸。乙炔气瓶必须直放装车，严禁横向装运，并严禁暴晒、遇明火，禁止和互相起化学反应的物质混放。还要严禁与氧气瓶、氯气瓶以及可燃、易燃物品同车运输。

（3）乙炔气瓶不准储存在地下室或半地下室等比较密闭的场所，不准与氧

气瓶、氯气瓶等同库储存。储存量不得超过 5 瓶，超过 5 瓶时，应采用不燃材料或难燃材料将其隔成单独的储存间；超过 20 瓶时，应建造乙炔气瓶仓库，在仓库的醒目地方应设置警示标识。

4. 氧气瓶使用的安全事项

（1）不得与其他气瓶混放，不准将氧气瓶内的气体全部用光。在高温天气要防止暴晒，防止用明火烘烤。氧气瓶与焊枪、割枪、炉子等之间的距离不应小于 5 米，与暖气管、暖气片应保持不小于 1 米的安全距离。氧气瓶不准被油脂污染，在使用时可垂直或卧放，但均要扣牢。氧气瓶使用后要关紧阀门，拆下氧气减压表，严防氧气用完后因既没有关闭阀门又未拆下减压表而造成乙炔倒灌进入氧气瓶内。

（2）氧气瓶的阀门严禁加润滑油，严禁用户私自调换防爆片，运输、储存中必须戴安全帽并定期检查。

（3）安装氧气减压器之前，要略微打开氧气瓶阀门吹除污物，氧气瓶阀喷嘴不能朝向人体方向。在开启氧气瓶阀门前，先要检查调节螺钉是否松开，对于满瓶的氧气瓶阀门不能开得太大，以防止氧气进入高压室时产生压缩热，引燃阀内的胶垫圈。减压器与氧气瓶阀门处的接头螺钉要旋合 6 牙以上，并用扳手紧固。氧气减压器外表涂蓝色，乙炔减压器外表涂白色，两种气体的减压器严禁相互换用。减压器内外均不准有油污，调节螺钉不准加润滑油。

5. 电弧焊作业安全事项

为防止电弧焊作业过程中发生伤害事故，应注意以下安全事项：

（1）为了防止发生触电事故，电弧焊所用的工具必须安全绝缘，所用设备必须有良好的接地装置，工人应穿绝缘胶鞋，戴绝缘手套。如要照明，应该使用 36 伏以下电压的安全照明灯。

（2）为了防止焊接过程中发生火灾，电弧焊作业现场附近不能有易燃易爆物品，如电弧焊和气焊在同一地点使用，则电弧焊设备和气焊设备、电缆和气焊胶管都应分开放置，相互间最好有 5 米以上的安全距离。

(3) 为了防止电弧焊作业中的辐射伤人，操作工人都必须戴防护面罩、穿防护服。

(4) 电焊机空载电压应为 60~90 伏。

(5) 电弧焊设备应使用带熔丝的电源刀闸，并应装在密闭箱中。

(6) 焊机使用前必须仔细检查其一、二次导线绝缘是否完整，接线是否良好。

(7) 焊接设备与电源接通后，人体不应接触带电部分。

(8) 在室内或露天现场施焊时，必须在周围设挡光屏，以防弧光伤害工作人员的眼睛。

(9) 焊工必须配备有合适滤光板的面罩、干燥的帆布工作服、手套、橡胶绝缘和白光焊接防护眼镜等劳动防护用品。

(10) 焊接设备的绝缘软线长度不得小于 5 米，施焊时软线不得搭在身上，地线不得踩在脚下。

(11) 严禁在起吊部件的过程中，边吊边焊。

(12) 施焊完毕应及时拉开电源刀闸。

(五) 对焊工的安全要求

1. 焊工应遵守的"十不焊、割"的规定

"十不焊、割"的规定具体如下：

(1) 焊工未经安全技术培训考试合格，未领取操作资格证，不能焊、割。

(2) 在重点要害部门和重要场所未采取措施，未经单位有关领导、车间、安全、保卫部门批准和办理动火证手续，不能焊、割。

(3) 在容器内工作，没有 12 伏低压照明、通风不良及无人在场监护，不能焊、割。

(4) 未经领导同意，在车间、部门擅自拿来的物件，在不了解其使用情况和构造的情况下，不能焊、割。

（5）盛装过易燃易爆气体（固体）的容器管道，未经用碱水等彻底清洗和处理消除火灾爆炸危险的，不能焊、割。

（6）用可燃材料充作保温层或隔热、隔声设备，未采取切实可靠的安全措施，不能焊、割。

（7）有压力的管道或密闭容器，如空气压缩机、高压气瓶、高压管道、带气锅炉等，不能焊、割。

（8）施工场所附近有易燃物品，未清除或未采取安全措施，不能焊、割。

（9）在禁火区内（防爆车间、危险品仓库附近）未采取严格隔离等安全措施，不能焊、割。

（10）在一定距离内，有与焊、割明火操作相抵触的工种（如汽油擦洗、喷漆、灌装汽油等工种，这些工种作业时会排出大量易燃气体），不能焊、割。

2. 焊接作业的个人防护措施

焊接作业的个人防护措施主要是对头、面、眼睛、耳、呼吸道、手、身躯等方面的人身防护，主要有防尘、防毒、防噪声、防高温辐射、防放射性辐射、防机械外伤和脏污等。从事焊接作业时，操作人员除应穿戴一般劳动防护用品（如工作服、手套、眼镜、口罩等）外，针对特殊作业场合，还应佩戴空气呼吸器（用于密闭容器和不易解决通风的特殊作业场所的焊接作业），防止烟尘危害。

对于剧毒场所紧急情况下的抢修焊接作业，应佩戴隔绝式氧气呼吸器，防止急性中毒事故的发生。

为保护焊工眼睛不受弧光伤害，焊接时必须使用镶有特别防护镜片的面罩，并按照焊接电流强度的不同选用不同型号的滤光镜片。同时，也要考虑焊工视力情况和焊接作业环境的亮度。

为防止焊工的皮肤受电弧的伤害，焊工宜穿浅色或白色帆布工作服。同时,工作服袖口应扎紧,扣好领口,皮肤不要外露。

对于焊接辅助工和焊接地点附近的其他工作人员,工作时要注意相互配合,辅助工要戴颜色深浅适中的滤光镜。在多人作业或交叉作业场所从事电焊作业,要采取保护措施,设防护遮板,以防止电弧光刺伤焊工及其他作业人员的眼睛。

此外,接触钍钨棒后应以流动水和肥皂洗手,并注意经常清洗工作服及手套等,戴隔声耳罩或防声耳塞,以防噪声危害。

3. 焊、割工作完成后应进行的安全工作

焊、割作业中的火灾爆炸事故,有些往往发生在工程的结尾阶段,或在焊、割作业结束后。因此,应做好焊、割后的安全工作。

(1) 坚持工程后期阶段的防火防爆措施。在焊、割作业已经结束、安全设施已经撤离后,若发现某一部位还需要进行一些微小工作量的焊、割作业时,绝不能麻痹大意,要坚持焊、割工作安全措施不落实绝不动火焊、割。

(2) 对各种设备、容器进行焊接后,要及时检查焊接质量是否达到要求,对漏焊、假焊等缺陷应立即修补好。

(3) 焊、割作业结束后,必须及时彻底清理作业现场,清除遗留下来的火种,关闭电源、气源,把焊、割炬安放在安全的地方。

(4) 焊、割作业场所往往会留下不容易被发现的火种,因此,除了作业后要进行认真检查外,下班时要主动向保卫人员或下一班人员交代,以便加强巡逻检查。

(5) 焊工所穿的衣服下班后也要彻底检查,看是否有阴燃的情况,有一些火灾往往是由于焊工将穿过的衣服挂在更衣室内,经几小时阴燃后引起的。

【案例】

* 事故经过

2011年10月28日上午7时45分,某高炉车间乙班工长唐某在接班后安排当班生产,班前会后当班班长马某在检查钻杆时发现存量较少,于是安排乙班炉前副组长杨某准备钻杆。9时30分左右,杨某在收集了上一班次使用的废钻杆拿到切割机旁后,准备将使用过的钻杆前部切除并焊接六棱钢,当作钻杆使用。所有钻杆收集齐后,杨某拉下隔热面罩后启动切割机(当时砂轮片比较新),切割机高速运转,杨某弯腰准备切割钻杆,在切割机砂轮片刚接触到钻杆开始切割时,切割片突然破碎,由于旋转速度很快冲击力较大,碎片将切割机上砂轮片护罩边缘焊接缝击裂,砂轮片飞出打在杨某佩戴的隔热面罩上将面罩打坏,有小块碎片从面罩下部穿过,造成杨某下巴右侧划伤,同事刘某骑自行车将其带到生活区后打车送往医院,经消毒处理后缝合4针并进行包扎。

* 事故原因

(1) 杨某在切割钻杆的过程中切割片爆裂,击裂切割机护罩焊缝碎片擦伤下巴是造成事故发生的直接原因。

(2) 杨某在使用切割机前没有仔细检查切割机各部位是否完好正常、有无螺丝松动、切割片有无裂纹是事故发生的主要原因。

(3) 杨某对所使用的切割机不熟悉,对砂轮片的损耗程度不清楚是造成事故发生的又一主要原因。

(4) 杨某安全意识淡薄,车间安全教育不足,对使用的工器具安全培训不到位是发生事故的次要原因。

* 预防措施

(1) 在使用工具前应对所使用的工器具进行检查,发现有损坏、破损的部位时严禁使用，特别是易损坏部位新更换的部件应进行详细检查，确保安装牢靠、规范。

（2）对经常使用的工器具要进行定期检查，工器具的安全保护装置应保持完好。

（3）不是本岗位使用的工器具，要特别注意使用前对工器具的使用规范进行学习，并有专业人员进行现场指导。

（4）结合车间内使用的工器具，对有关员工进行定期培训，制定并学习工器具的安全操作规程，做到严格遵守。

三、起重事故预防

（一）起重机械的种类

起重机械大体上分为如下4类：

1. 轻、小型起重设备

此类起重设备包括千斤顶、绞车、滑车、环链手拉葫芦等。相对轻便、操作简单、结构紧凑是此类起重设备的特点。

2. 桥式起重机

此类起重设备包括通用桥式起重机、堆垛桥式起重机、冶金桥式起重机、龙门起重机、装卸桥等。此类起重机械的特点是通过各种取物装置将重物在一定的高度内由起升机构实现垂直升降，由大、小车在一定的空间范围内实现水平移动。

3. 臂架式起重机

此类起重设备包括运行臂架式旋转起重机（塔式起重机、汽车起重机、门座起重机、履带起重机、铁路起重机、浮式起重机等）、固定臂架式起重机（悬臂起重机、桅杆起重机）、壁行起重机等。此类起重机械的特点和桥式起重机近似，只不过它的水平移动多数是通过臂架旋转实现的。

4. 升降机

此类起重设备包括电梯、升降机、升船机等。此类起重机械的特点是通过导轨实现人员或重物的升降。

(二) 起重事故的主要类型

起重事故的主要类型有以下几种：

1. 坠落事故

在作业中，人、吊具、吊载的重物从空中坠落所造成的人身伤亡或设备损坏事故。

2. 触电事故

从事起重作业或其他作业的人员，因违章操作或其他原因遭受的电气伤害事故。

3. 挤伤事故

作业人员被挤压在两个物体之间造成的挤伤、压伤、击伤等人身伤亡事故。

4. 机毁事故

起重机机体因为失去整体稳定性而发生倾覆翻倒，造成起重机机体严重损坏以及人员伤亡事故。

5. 其他事故

其他事故包括因误操作、起重机之间的相互碰撞、安全装置失效、野蛮操作、突发事件、偶然事件等引起的事故。

(三) 起重事故的主要原因

1. 挤压碰撞人

挤压碰撞人是指作业人员被运行中的起重机械挤压碰撞。它是起重机械作业中常见的伤亡事故，其危险性大，后果严重，往往会导致人员死亡。

起重机械作业中挤压碰撞人主要有以下 4 种情况：

（1）吊物（具）在起重机械运行过程中摇摆挤压碰撞人。发生此种情况的原因：一是由于司机操作不当，运行中机构速度变化过快，使吊物（具）产生较大惯性；二是由于指挥有误，吊运路线不合理，致使吊物（具）在剧烈摆动中挤压碰撞人。

（2）吊物（具）摆放不稳发生倾倒碰砸人。发生此种情况的原因：一是由于吊物（具）放置方式不当，对重大吊物（具）放置不稳或没有采取必要的安全防护措施；二是由于吊运作业现场管理不善，致使吊物（具）突然倾倒碰砸人。

（3）在指挥或检修流动式起重机作业中被挤压碰撞，即作业人员在起重机械运行机构与回转机构之间，受到运行（回转）中的起重机械的挤压碰撞。发生此种情况的原因：一是由于指挥作业人员站位不当（如站在回转臂架与机体之间）；二是由于检修作业中没有采取必要的安全防护措施，致使司机在贸然启动起重机回转机构时挤压碰撞人。

（4）在巡检或维修桥式起重机作业中被挤压碰撞，即作业人员在起重机械与建（构）筑物之间（如站在桥式起重机大车运行轨道上或站在巡检人行通道上），受到运行中的起重机械的挤压碰撞。此种情况大部分发生在桥式起重机检修作业中，发生的原因：一是由于巡检人员或维修作业人员与司机缺乏相互联系；二是由于检修作业中没有采取必要的安全防护措施（如将起重机固定在大车运行区间的锚定装置），致使在司机贸然启动起重机时挤压碰撞人。

2. 触电（电击）

触电（电击）是指起重机械作业中作业人员触及带电体而发生触电（电击）。起重机械作业大部分处在有电的作业环境，触电（电击）也是起重机械作业中常见的伤亡事故。

起重机械作业中作业人员触电（电击）主要有4种情况：

（1）司机碰触滑触线。当起重机械司机室设置在滑触线同侧，司机在上下起重机时碰触滑触线而触电。发生此种情况的原因：一是由于司机室位置设置不合理，一般不应与滑触线同侧；二是由于起重机在靠近滑触线端侧没有设置防护板（网），致使司机触电（电击）。

（2）起重机械在露天作业时触及高压输电线，即露天作业的流动式起重机在高压输电线下或塔式起重机在高压输电线旁侧，在伸臂、变幅或回转过程中触及高压输电线，使起重机械带电，致使作业人员触电（电击）。发生此种情况的原因：一是由于起重机械在高压电线下（旁侧）作业没有采取必要的安全防护措施（如加装屏护隔离）；二是由于指挥不当，操作有误，致使起重机械触电带电，导致作业人员触电（电击）。

（3）电气设施漏电。发生此种情况的原因：一是由于起重机械电气设施维修不及时，发生漏电；二是由于司机室没有设置安全防护绝缘垫板，致使司机因设施漏电而触电（电击）。

（4）起升钢丝绳碰触滑触线。即由于歪拉斜吊或吊运过程中吊物（具）剧烈摆动使起升钢丝绳碰触滑触线，致使作业人员触电（电击）。发生此种情况的原因：一是由于吊运方法不当，歪拉斜吊，违反安全规程；二是由于起重机械靠近触线端侧没有设置滑触线防护板，致使起升钢丝绳碰触滑触线而带电，导致作业人员触电（电击）。

3. 高处坠落

高处坠落是指起重机械作业人员从起重机械上坠落。高处坠落主要发生在起重机械安装、维修作业时。

起重机械作业中作业人员发生高处坠落主要有以下3种情况：

（1）检修吊笼坠落。发生此种情况的原因：一是由于检修吊笼设计结构不合理（如防护栏杆高度不够，材质选用不符合规定要求，设计强度不够等）；二是由于检修作业人员操作不当；三是由于检修作业人员没有采取必要的安全防护措施（如未系安全带），致使检修吊笼作业人员坠落。

（2）跨越起重机时坠落。发生此种情况的原因：一是由于检修作业人员没有采取必要的安全防护措施（如系安全带、挂安全绳、架安全网等）；二是由于作业人员麻痹大意、违章作业，致使发生高处坠落事故。

（3）安装或拆卸可升降塔式起重机的塔身（节）作业中，塔身（节）连同作业人员坠落。发生此种情况的原因：一是由于塔身（节）设计结构不合理（拆装固定结构存有安全事故隐患）；二是由于拆装方法不当，作业人员与指挥人员配合有误，致使塔身（节）连同作业人员一起坠落。

4. 吊物（具）坠落砸人

吊物（具）坠落砸人是指吊物或吊具从高处坠落，砸伤作业人员或其他人员。它是起重机械作业中最常见的伤亡事故，其危险性极大、后果非常严重，往往会导致人员当场死亡。

吊物（具）坠落砸人主要有4种情况：

（1）捆绑吊挂方法不当。发生此种情况的原因：一是由于捆绑钢丝绳间夹角过大，无平衡梁，造成钢丝绳被割断，致使吊物坠落砸人；二是由于吊运带棱角的吊物未加防护板，捆绑钢丝绳被割断，致使吊物坠落砸人。

（2）吊具有缺陷。发生此种情况的原因：一是由于起升机构钢丝绳折断，致使吊物（具）坠落砸人；二是由于吊钩有缺陷（如吊钩变形、吊钩材质不符合要求折断、吊钩组件松脱等），致使吊物（具）坠落砸人。

（3）超负荷。发生此种情况的原因：一是由于作业人员对吊物的质量不清楚（如吊物部分被埋在地下或被冻结在地面上、地脚螺栓未松开等），盲目起吊，超负荷拉断吊索具，致使吊具坠落（甩动）砸人；二是由于歪拉斜吊导致超负荷而拉断吊具，致使吊物（具）坠落砸人。

（4）过（超）卷扬。发生此种情况的原因：一是由于没有安装上升极限位置限制器或限制器失灵，致使吊钩继续上升直至卷（拉）断起升钢丝绳，导致吊物（具）坠落砸人；二是由于起升机构的主接触器失灵（如主触头熔接、因机构故障或电磁铁的铁心剩磁过大使主触头释放动作迟缓），不能及时切断起升机构，直至卷（拉）断起升钢丝绳，导致吊物（具）坠落砸人。

5. 机体倾翻

机体倾翻是指在起重机械作业中整台倾翻，它通常发生在从事露天作业的流动式起重机和塔式起重机作业中。

发生机体倾翻主要有以下 3 种情况：

（1）风荷作用。发生此种情况的原因：一是由于露天作业的起重机夹轨器失效；二是由于露天作业的起重机没有防风锚定装置或防风锚定装置不可靠，当大（台）风刮来时，起重机被刮倒。

（2）地面不平。发生此种情况的原因：一是由于吊运作业现场不符合要求（如地面基础松软，有斜坡、坑、沟等）；二是由于操作方法不当，指挥作业失误，致使机体倾翻。

（3）操作不当。发生此种情况的原因：一是由于支腿架设不符合要求（如支腿垫板尺寸过小、高度过大、材质腐朽等）；二是由于操作不当、超负荷，致使机体倾翻。

（四）起重伤害事故的预防

为预防起重伤害事故，必须做到以下几点：

（1）起重作业人员须经有资格的培训单位培训并考试合格，持证上岗。

（2）起重机械必须设有安全装置，如超载限制器、力矩限制器、极限位置限制器、过卷扬限制器、电气防护性接零装置、端部止挡、缓冲器、联锁装置、夹轨器和锚定装置、信号装置等。

（3）严格检验和修理起重机机件，如钢丝绳、链条、吊钩、吊环和滚筒等，达到报废期限的应立即更换。

（4）建立健全维护保养、定期检验、交接班制度和安全操作规程。

（5）起重机运行时，禁止任何人上、下，也不能在运行中检修。上、下起重机要走专用梯子。

（6）起重机的悬臂能够伸到的区域内不得站人，带电磁吸盘的起重机的工作范围内不得有人。

（7）吊运物品时，不得从有人的区域上空经过，吊物上不准站人。不能对吊挂着的物品进行加工。

（8）起吊的物品不能在空中长时间停留，特殊情况下应采取安全保护措施。

（9）起重机司机接班时，应对制动器、吊钩、钢丝绳和安全装置进行检查，发现异常时，应在操作前将故障排除。

（10）开车前必须先打铃或报警。操作中接近人时，也应给予持续铃声或报警。

（11）按指挥信号操作。对紧急停车信号，不论任何人发出，都应立即执行。

（12）确认起重机上无人时，才能闭合主电源进行操作。

（13）工作中突然断电，应将所有控制器手柄扳回零位；重新工作前，应检查起重机是否工作正常。

（14）轨道上露天作业的起重机，在工作结束时，应将起重机锚定；当风力大于 6 级时，一般应停止工作，并将起重机锚定；对于在沿海工作的门座起重机等，当风力大于 7 级时，应停止工作，并将起重机锚定好。

（15）当司机维护保养时，应切断主电源，并挂上标志牌或加锁。交班时如有未消除的故障，应通知接班的司机。

（五）起重机司机的"十不吊"

（1）信号指挥不明不准吊。

（2）斜牵斜挂不准吊。

（3）吊物重量不明或超负荷不准吊。

(4) 散物捆扎不牢或物料装放过满不准吊。

(5) 吊物上有人不准吊。

(6) 埋在地下的物体不准吊。

(7) 安全装置失灵或有问题不准吊。

(8) 现场光线阴暗看不清吊物起落点不准吊。

(9) 棱刃物与钢丝绳直接接触却无保护措施不准吊。

(10) 6级以上强风不准吊。

 【案例】

* 事故经过

2018年3月24日,四川某铝厂产品库房的起重电动葫芦检修之后,检修工在辊筒上缠绕钢丝绳。检修工用左手(戴着线手套)拉紧松散的钢丝绳,用右手(也戴着线手套)拿着按钮盘操作电动按钮,想把钢丝绳缠紧在辊筒上。但是,辊筒转动后操作按钮停不了电,以致检修工的左手离辊筒很近时未能及时将手脱开而被绞进辊筒上的钢丝绳间,造成4个指头被压断,直到别人将电源闸刀拉下并反转辊筒,他才将受伤的手取了出来。

* 事故原因

检修工一心二用,操作失当。该职工一个人用左手缠绕钢丝绳,另一只手既要抓住按钮盘又要操作该盘上的电动按钮,用力方向不准确,使按钮歪斜卡住、停不了车,心里一慌乱,顾此失彼,忘记将左手脱开,是造成左手断指事故的主要原因。错误地戴手套操作,导致右手点动按钮失衡,左手触感迟钝,即使感触到了,手又难以及时抽出。该检修工是老职工,但风险意识差,多次习惯性地错误操作,无人制止、教育。该单位检修操作规程没有相关的明确规定。

*预防措施

（1）对电动葫芦按钮盘必须一人双手操作，即一手持盘，一手点按钮，不得戴手套。

（2）检修中缠紧钢丝绳的操作必须由两人共同进行，一人缠绕钢丝绳，另一人操作按钮，而且要分工明确，配合默契、协调，两人都不得戴手套。在电源刀闸开关处还要有人值班，以防万一按钮失灵时能及时拉下刀闸开关。

（3）在操作规程中须明确补充上述内容，使工人有章可循。

（4）加强对职工安全教育，增强风险意识。对老职工也要"一视同仁"，而且尤其要在他们中间开展反习惯性违章的教育。在生产实践中，老职工容易犯习惯性违章的错误，需要反复强调违章与事故的关系，提高他们的安全操作水平，消除侥幸心理，遵章守纪。

四、厂内运输事故预防

（一）厂内运输常见事故类型

1. 车辆伤害

车辆伤害包括撞车、翻车、挤压和轧碾等造成的人身伤害。

2. 物体打击

物体打击包括搬运、装卸和堆垛时物体的打击伤害。

3. 高处坠落

高处坠落包括人员或人员连同物品从车上掉下来造成的伤害。

4. 火灾、爆炸

由于人为的原因发生火灾并引起油箱等可燃物急剧燃烧爆炸，或装载易燃易爆物品，因运输不当发生火灾爆炸事故。

（二）厂内运输事故的原因

厂内车辆伤害事故的原因是多方面的，但主要是涉及人（驾驶员、行人、装卸工)、车(机动车与非机动车)、道路环境这 3 个综合因素。在这三者中,人是最为重要的。据有关资料分析,一般情况下,驾驶员违章操作、疏忽大意、操作技术不佳等方面的错误行为是造成事故的主要原因,负直接责任的占 70%以上。为了吸取教训、杜绝事故,现将发生厂内机动车事故的主要原因介绍如下:

1. 违章驾车

违章驾车指事故的当事人,由于思想方面的原因而导致的错误操作行为,不按有关规定行驶,扰乱正常的企业内搬运秩序,致使事故发生。如酒后驾车、疲劳驾车、非驾驶员驾车、超速行驶、争道抢行、违章超车、违章装载等原因造成的车辆伤害事故。

2. 疏忽大意

疏忽大意指当事人由于心理或生理方面的原因,没有及时、正确地观察和判断道路情况,造成失误。如情绪急躁、精神分散、心烦意乱、身体不适等,都可能造成注意力下降、反应迟钝,表现出瞭望观察不周、遇到情况采取措施不及时或不当;也有的操作人员只凭主观想象判断情况,或过高地估计自己的经验技术,引起操作失误导致事故。

3. 车况不良

车况不良是指车辆有缺陷和故障,从而在运行过程中导致伤亡事故的发生。例如车辆的刹车装置失灵,关键时候刹不住车;再如车辆的转向装置有故障,转向时冲到路外或转不了弯;还有的车辆的灯光信号不能正确地指示,向右转却指示不出来或指示为向左转等。

4. 道路环境

(1) 道路条件差,如厂区道路和厂房内、库房内通道狭窄、曲折,车辆通行困难。

(2) 视线不良,如由于厂区内建筑物较多,特别是车间、仓库之间的通道狭窄且交叉和弯道较多，致使驾驶员在驾车行驶中的视距、视野大大受限。

（3）因风、雪、雨、雾等自然环境的变化，使驾驶员视线、视距、视野以及听觉受到影响，往往造成判断情况不及时；再加上雨水、积雪、冰冻等自然条件下路面太滑，这些也是造成事故的因素。

5. 管理因素

（1）管理规章制度或操作规程不健全。

（2）车辆安全行驶制度不落实。

（3）无证驾车。

（4）交通信号、标志、设施缺陷等。

(三) 厂内机动车在运输过程中应遵守的规定

（1）驾驶员必须有经有关部门考核合格后发给的驾驶证。

（2）厂区内行车速度不得超过15千米/小时，天气恶劣时不得超过10千米/小时，倒车及出入厂区、厂房时不得超过5千米/小时，不得在平行铁路装卸线钢轨外侧2米以内行驶。

（3）不得超载，而且货物的高度、宽度和长度应符合规定。对于较大和易滚动的货物，应用绳索拴牢。对于超出车厢的货物，应备有托架。

（4）装载超过规定的不可拆解货物时，必须经过企业交通安全管理部门的批准，派专人押运，按指定的线路、时间和要求行驶。

（5）装运炽热货物及易燃易爆、剧毒等危险货物时，应遵守国家标准《工业企业厂内铁路、道路运输安全规程》（GB 4387-2008）的规定。

（6）装卸时，汽车与堆放货物之间的距离一般不得小于1米，与滚动物品的距离不得小于2米。装卸货物的同时，驾驶室内不得有人，不准将货物经过驾驶室的上方装卸。

（7）多辆车同时进行装卸时，前后车的间距应不小于2米，横向两车挡板的间距不得小于15米，车身后挡板与建筑物的间距不得小于0.5米。

(8) 倒车时，驾驶员应先查明情况，确认安全后，方可倒车。必要时，应有人在车后进行指挥。

(9) 随车人员应坐在安全可靠的指定部位。严禁坐在车厢侧板上或驾驶室顶上，也不得站在踏板上，手脚不得伸出车厢外。严禁扒车和跳车。

(四) 蓄电池车（电瓶车）运输安全要求

(1) 电瓶车司机经过体检合格后，由正式驾驶员带领辅导实习3~6个月，经过考试合格后，由安全主管部门发给合格证，才可独立驾驶。非驾驶员和无证者一律不准驾驶。

(2) 出车前必须详细检查刹车、方向盘、扬声器、轮胎等部件是否良好。

(3) 司机严禁酒后开车，行车时严禁吸烟，思想要集中，不准与他人谈笑打闹。

(4) 电瓶车驾驶室内只允许坐2人，车厢内只能乘坐随车人员1人，拖挂车上禁止乘人。

(5) 电瓶车只准在厂区及规定区域内行驶，凡需驶出规定区域时，必须经有关部门同意。

(6) 厂区行驶速度最高不得超过10千米/小时。在转弯、狭窄路、交叉口、出入车间的大门、行人拥挤等地方，行驶速度最高不超过5千米/小时。

(7) 装载物件时，宽度方向不得超过车底盘两侧各0.2米，长度方向不得超过车长0.5米，高度不得超过离地面2米。不得超载。

(8) 装载的物件必须放置平稳，必要时用绳索捆牢。危险物品要包装严密、牢固，不得与其他物品混装，并且要低速行驶，不准使用拖挂车拉运危险品。

(9) 电瓶车严禁进入易燃易爆场所。

(10) 行车前应先查看前方及周围有无行人和障碍物，鸣笛后再开车。在转弯时应减速、鸣笛、开方向灯或打手势。

（11）发生事故应立即停车、抢救伤员、保护现场，并报告有关主管部门，以便调查处理。

（12）工作完毕，应做好检查、保养工作，并将电瓶车驾驶到规定地点，挂上低速挡、拉好刹车、上锁、拔出钥匙。

（五）汽车、铲车运输安全要求

在工厂或施工现场，大量的运输工作都是由汽车来完成的。因此，厂区道路上行驶最多的车辆是汽车，发生运输事故最多的也是汽车。为此，对于汽车及机动铲车的运输，必须严格遵守以下安全事项：

（1）汽车驾驶员必须符合国家颁发的有关文件规定和技术要求，持有相应的驾驶证件，熟悉车辆性能，方可独立驾驶。

（2）驾驶车辆时必须携带驾驶证、行车证等证件，不得驾驶与证件规定不相符的车辆，不准将车辆交给不熟悉该车性能和无驾驶证的人员驾驶。

（3）驾驶新类型车辆，必须先经过专门训练，熟悉车辆各部分的结构、性能、用途，做到会驾驶、会保养、会排除简单故障。对技术难度较大的车辆，在考试合格后，方可单独驾驶。

（4）学员必须在取得交通部门的学习证后，在教练员的指导下，在指定的路线上学习驾驶。

（5）驾驶人员必须执行调度的命令，根据任务单出车，并对车辆的正确运行、安全生产、完成定额指标负有直接责任。

（6）驾驶人员必须严格遵守国家颁布的交通安全法律法规和规章制度，服从交通管理人员的指挥、监察，积极维护交通秩序，保障人员生命财产的安全。

（7）驾驶车辆时必须集中精神，不准闲谈、进食、吸烟，不准做与驾驶无关的事情。

（8）车辆不准超载运行，如遇特殊情况需超载时，应经车辆主管部门批准。

（9）车辆不准带"病"运行，在行驶中发现有异响、发热等异常情况，应停车查明原因，待故障排除后方可继续行驶。返回后，应及时报告有关部门并做好相应的记录。

（10）油料着火时不得浇水，应用灭火剂、沙土、湿麻袋等物扑救。

（11）电线着火时应立即关闭电闸，或拆除一根蓄电池连接电线，以切断电源。

（12）汽车在厂内的行驶速度，必须严格遵守下列规定：

1）在厂区道路上行驶，不得超过 20 千米/小时。

2）出入厂区大门及倒车速度，不得超过 5 千米/小时。

3）在车间内及出入车间大门的速度，不得超过 3 千米/小时。

4）在转弯处或视线不良处，应减速行驶。

（13）汽车在厂内装卸货物时，必须严格遵守下列安全要求：

1）根据本车负荷吨位装载，不允许超载。

2）装载货物的高度不允许超过 3.5 米（从地面算起）。

3）装载零散货物的高度，不要超过两侧厢板，必要时可将两侧厢板加高，以防货物掉下砸伤人员。

4）装载较大或易滚动的货物，应用绳索绑紧拴牢。

5）装载的大件、重件应放在车体中央，小件、轻件应放在两侧，以免行车转弯或急刹车时造成事故。

6）装载长大物件超过车体时，应备有托架或加挂拖车。

7）汽车在装卸货物时，特别是使用起重机械装卸货物时，不允许同时检查和修理汽车，无关人员也不得进入装卸作业区。

8）汽车装卸货物时，汽车与堆放货物之间的距离一般不得小于 2 米；与滚动货物的距离则不得小于 3 米，以保证货物坠落、滚动时人员有足够的距离退出。

（14）汽车装载货物时，如果有随车人员同行，则应坐在指定的安全地点，严禁坐在车厢侧板上或驾驶室顶上，也不得站在车门踏板上，同时严禁在行车时跳上跳下。

（15）铲车在行驶中，无论是空载还是重载，其车铲距地面不得低于 0.3 米，但也不得高于 0.5 米。

（16）铲车在铲货物时，应先将货物垫起，然后起铲。货物放置要平稳，不得偏重和偏高。起铲后，还应将货物向后倾斜 $10° \sim 15°$，以增加稳定性。

（17）铲车应根据其倾斜角度确定其载重量，不得超负荷使用。

（18）铲车在铲货物时，无关人员不得靠近。特别是当货物升起时，其下方严禁有人站立和通过，以防货物坠落砸人。

（19）严禁任何人站在车铲上或车铲的货物上随车行驶，也不得站在铲车车门上随车行驶。

（六）人力车和自行车运输安全要求

工厂内除了采用各种机动车辆运输外，有时还采用手推车、三轮车等人力车进行运输。此外，许多职工还骑自行车在厂区道路上行驶。因此，必须注意如下安全事项：

（1）手推车的结构要坚固可靠，车体下部应装有停放叉架，以使装卸时保持车体平衡，防止车辕翘起打伤人员；无支架的手推车，在装卸货物时，要有人扶住车把，保持车体平衡。

（2）三轮车的结构应牢固可靠，必须装设刹车机构和车铃；传动的链条需装设防护罩。三轮车装载货物时不得超载、超重或偏重，应放置平稳；行驶速度不得过快，更不允许与机动车辆抢道。

（3）自行车一定要有车铃、刹车、链条防护罩等安全装置。

（4）在厂区道路上骑自行车，严禁带人、双撒把或骑车速度过快，更不得尾随机动车辆或与机动车辆抢道。

（5）在厂房内严禁骑自行车。

【案例】

＊事故经过

2013年2月4日4时10分左右，唐山市某公司装卸队在完成盒板装卸作业撤离时，叉车司机高某驾驶叉车向南倒行3米左右，而后转弯掉头向南撤离作业现场。当高某驾驶叉车向南行驶至距离盒板垛30米左右时，叉车的前侧将正在离场的指挥工赵某刮倒，左侧前后轮胎从赵某身上碾过。高某察觉到叉车碾压物体后立即停车，此时叉车已从赵某被碾压位置向前行驶了7米左右，于是高某向后倒车察看，在叉车向后倒行了3米左右时，高某从驾驶室回头看到车后地面上有异物，便立即下车，发现指挥工赵某被叉车碾压倒在地上。高某立即拨打电话向有关人员报告了事故情况，该公司值班队长接到报告后，立即赶往现场并拨打了"120"急救电话。4时30分左右，"120"急救车到达事故现场，经医务人员现场确认，赵某已经死亡。

＊事故原因

1. 直接原因

高某驾驶叉车撤离作业现场时，未对行车路线进行安全确认，致使叉车左前侧将正在撤离作业现场的赵某刮倒，叉车左侧前后轮胎从赵某身上碾过，导致赵某当场死亡，这是事故发生的直接原因。

2. 间接原因

（1）安全管理不到位。该公司装卸队安全管理不到位，安全管理人员未认真履行安全监督责任，对交叉作业现场缺乏协调管理。

（2）安全教育不到位。该公司装卸队安全教育培训不到位，导致现场作业人员安全意识淡薄，在未对行车路线进行安全确认的情况下贸然驾车行驶。

＊预防措施

（1）该公司装卸队要举一反三，认真吸取事故教训，在公司开展一次安全生产大检查，全面排查安全事故隐患，对不符合安全要求的情况要立即整改，达不到整改要求的，坚决不允许作业。

（2）该公司装卸队要加强对作业现场的安全管理，认真落实安全生产责任制，提高安全管理水平，特别是要加强交叉作业现场的协调管理，杜绝各类事故发生。

（3）该公司装卸队要切实加强对职工的安全教育培训，尤其是重要岗位的操作人员，确保作业人员具有对本岗位各类安全事故隐患和风险的判断识别能力，从本质上提升作业人员的安全意识。

（4）该公司装卸队要加强装卸机具的维护及管理，要对所属叉车及厂内机动车加装声光警报装置，确保叉车及厂内机动车安全性能完备，防止类似事故再次发生。

五、火灾爆炸及危险化学品事故预防

（一）物质的燃烧

燃烧，就是平常所说的"着火"。一旦失去对燃烧的控制，就会发生火灾，造成危害。要研究防火，需先了解燃烧。所以，为了认识火灾，预防火灾，还必须先了解物质燃烧的有关知识。

1. 燃烧的定义

燃烧是可燃物与氧化剂作用发生的放热反应，通常伴有火焰、发光和（或）发烟的现象。放热、发光、生成新物质是燃烧现象的3个主要特征。

2. 燃烧必须具备的条件

任何物质的燃烧，必须具备以下3个条件：

（1）可燃物。一般来说，凡是能在空气、氧气或其他氧化剂中发生燃烧反应的物质都被称为可燃物，否则称不燃物。可燃物既可以是单质，如碳、硫、磷、氢、钠等，也可以是化合物或混合物，如乙醇、甲烷、木材、煤炭、棉花、纸、汽油等。没有可燃物，燃烧是不可能进行的。

（2）点火源。点火源是指具有一定能量、能够引起可燃物质燃烧的能源，有时也称着火源。点火源的种类很多，具体如下：

1）生产性明火，如用于气焊的乙炔火焰、电焊火花，以及加热炉、锅炉中油、煤的燃烧火焰等。

2）非生产性明火，如烟头火、油灯火、炉灶火等。

3）电火花，如短路火花、静电放电火花等电气设备运行中产生的火花。

4）冲击与摩擦火花，如砂轮、铁器摩擦产生的火花等。

5）聚集的日光。

由于可燃性物质的不同，着火时所需的温度和热量也各不相同。例如木材一般加热到350℃时就开始着火，而煤炭一般在400℃时才开始燃烧。

（3）氧化剂。凡是能和可燃物发生反应并引起燃烧的物质，都称为氧化剂（传统说法叫"助燃剂"）。如空气（氧）、氯酸钾、过氧化物等都是助燃剂。可燃物质的燃烧，必须源源不断地供给助燃剂，否则就不可能维持燃烧。

以上3个条件，是物质进行燃烧必须具备的，缺一不可的。不仅如此，它们之间还要有一定的数量比例关系，例如可燃性气体在空气中的数量不多时，燃烧就不一定发生。此外，它们之间还要相互结合、相互作用，否则也不可能发生燃烧。

3. 燃烧产物

燃烧产物的成分是由可燃物的组成及燃烧条件所决定的。

无机可燃物多数为单质，其燃烧产物的组成较为简单，主要是它的氧化物，如氧化钠（Na_2O）、氧化钙（CaO）、二氧化碳（CO_2）、二氧化硫（SO_2）

等。

有机可燃物的主要组成为碳（C）、氢（H）、硫（S）、磷（P）和氮（N）等。其中碳、氢、硫、磷在完全燃烧时生成二氧化碳（CO_2）、水（H_2O）、二氧化硫（SO_2）和五氧化二磷（P_2O_5）；氮在一般情况下不参与燃烧反应而呈游离状态（N_2）析出。在特定条件下，氮也能被氧化生成一氧化氮（NO）和二氧化氮（NO_2），或与一些燃烧中间产物生成氰化氢（HCN）等。如果因氧气不足或温度较低而发生不完全燃烧，就不仅会产生上述完全燃烧产物，同时还会生成一氧化碳（CO）、酮类、醛类、醇类、酚类、醚类等。例如木材完全燃烧时产生二氧化碳、水蒸气和灰分；而在不完全燃烧时，除上述产物以外，还有一氧化碳、甲醇、丙酮、乙醛、醋酸以及其他干馏产物。

下面介绍几种主要的燃烧产物：

（1）二氧化碳（CO_2）。二氧化碳是碳完全燃烧的产物。它是无色、无味气体，相对密度为1.52。当其在空气中的浓度为3%~4%时，对人体健康有害；在空气中浓度为7%~10%时，可使人昏迷不醒，以致窒息死亡。

（2）一氧化碳（CO）。一氧化碳是碳不完全燃烧的产物。它是无色、无味、剧毒、可燃气体，相对密度为0.97。空气中含一氧化碳12%~74%时，能形成爆炸性混合气体，遇火会发生爆炸。空气中一氧化碳浓度为0.5毫升/升时，能使人中毒；一氧化碳的毒性较大，浓度达2~3毫升/升时，可使人致死。一氧化碳能从血液的氧血红素里取代氧而与血红素结合形成一氧化碳血红素，从而使人严重缺氧。

（3）二氧化硫（SO_2）。二氧化硫是可燃物（主要来源于煤和石油）中的硫燃烧生成的产物。它无色但有刺激性气味，密度是空气的2.26倍，易溶于水，易液化。二氧化硫有毒，是大气污染中危害较大的一种气体。所谓"酸雨"，主要是由二氧化硫溶于空气里的水中形成的。二氧化硫严重伤害植物，刺激人的眼睛和呼吸道，腐蚀金属和建筑物，损害织物。在工矿企业的排出气体中，二氧化硫允许含量不得超过 0.02 毫升/升。

（4）氮的氧化物。在特定条件下，氮与氧反应生成一氧化氮（NO）和二氧化氮（NO_2）。一氧化氮为无色气体，二氧化氮为棕红色气体，具有难闻气味且有毒。

（5）烟。烟是不完全燃烧产物，由悬浮在空气中未燃尽的细炭粒及分解产物构成。烟的颜色随不同的可燃物而异。如木材燃烧的烟呈灰黑色，石油类物质燃烧的烟呈黑色等。这一点可用来判断燃烧物的类别。

（6）雾。雾是由悬浮在空气中的微小液滴形成的，包括水滴及不完全燃烧产物，如醛类、酮类等的液滴。

以上所述为一般燃料的燃烧产物。危险化学品的燃烧产物随物质种类和燃烧条件不同有很大差异。有些危险化学品燃烧时会分解出剧毒气体，扑救这类物品造成的火灾时，要遵守特殊的安全规定。

（二）物质的爆炸

在企业生产经营中，爆炸事故也是一种严重的灾害，它不仅可以破坏工厂的设施和设备，而且会带来严重的人员伤亡。特别是由于爆炸的发生不像火灾那样，根本没有初期扑灭或疏散等机会。因此，要预防爆炸，就必须了解有关爆炸的基础知识。

1. 爆炸的定义

爆炸是指大量能量（物理能量或化学能量）在瞬间迅速释放或急剧转化成机械、光、热等能量形态的现象。但爆炸的本质，则是"压力的急剧上升"。这种压力的上升，有的是由于物理因素引起的，有的则是由于化学反应或物理、化学综合反应引起的。

爆炸能产生很大的破坏作用。如果是在容器中或在管道内发生，则可以将容器或管道炸开，发出爆炸声，喷出爆炸生成的气体。如果是在建筑物内发生，则可使屋顶飞出，建筑物倒塌。另外，爆炸时，由于热膨胀产生气浪的冲击动力和很高的温度,一方面造成破坏,另一方面还有可能点燃可燃物而引起火灾。

2. 爆炸的种类

根据上述爆炸的本质和特征,爆炸可分为物理性爆炸和化学性爆炸两大类。在工厂里,物理性爆炸一般有高压气体的爆炸和锅炉的爆炸等;而化学性爆炸包括可燃性气体与空气混合物的爆炸、粉尘的爆炸、气体分解的爆炸、混合危险物品引起的爆炸、爆炸性化合物的爆炸等。现将其情况分别论述如下:

(1)可燃性气体、可燃性蒸气与空气混合物的爆炸。企业发生的爆炸事故,较为普遍的是可燃性气体、可燃性蒸气与空气相混合后遇到火源而产生的爆炸。可燃性气体主要有氢、乙炔、天然气、煤气、液化石油气等;可燃性蒸气,主要有汽油、苯、酒精、乙醚等可燃性液体挥发产生的蒸气。这些气体和蒸气与空气混合达到一定浓度后,在点火源的作用下会发生爆炸。这种可燃物质在空气中形成爆炸混合物的最低浓度叫作爆炸下限,最高浓度叫作爆炸上限。浓度在爆炸上限和爆炸下限之间,都能发生爆炸,这个浓度范围叫作该物质的爆炸极限。如一氧化碳的爆炸极限是 12.5%~74.5%,当一氧化碳在空气中的浓度小于 12.5% 时,用火去点,这种混合物不燃烧也不爆炸;当一氧化碳在空气浓度达到 12.5% 时,混合物遇点火源能轻度爆燃;当空气中的一氧化碳浓度稍高于 29.5% 时,接触火源会发生威力很大的爆炸;当一氧化碳浓度达到 74.5% 时,爆炸现象与浓度为 12.5% 时差不多;浓度超过 74.5% 时,遇火源则不燃烧、不爆炸。

(2)粉尘爆炸。在企业的生产过程中,有些工艺会产生可燃性固体粉尘或者可燃液体的雾状飞沫。当它们分散在空气中或助燃性气体中时,如果达到一定浓度,遇到火源,就会发生粉尘爆炸。例如镁、钛、铝、锌、塑料、木材、麻、煤等粉尘,又如油压设备在高压下喷出机械油之后,由于空气中含有大量油雾,也能引起爆炸。

粉尘混合物也和可燃性气体、可燃性蒸气与空气混合物一样,也有爆炸极限。当粉尘混合物达到爆炸下限时,所含粉尘已经相当多。至于爆炸上限,在大多数场合都不会达到,所以没有实际意义。粉尘的爆炸极限一般指下限,通常以"克/米^3"表示。

(3) 爆炸性化合物的爆炸。爆炸性化合物主要是指各种炸药。一般企业比较少用,如雷管、TNT、硝化甘油、苦味酸等。这类爆炸性化合物一定要按照专门的规定运输、使用、保管,否则极易发生爆炸事故。

(4) 锅炉的爆炸。锅炉是企业用来产生高温高压水蒸气的动力设备,它的功能是把锅炉内的水加热到100℃以上,使其成为高温高压水蒸气。锅炉是高压容器,存在着破裂的危险。例如,由于容器本身腐蚀、疲劳裂纹、烧损或者过热等原因,随着内部压力升高,从而引起锅炉发生爆炸。锅炉爆炸时,高温高压下的水突然降到正常的大气压,从而迅速蒸发为水蒸气,这时其体积急剧膨胀,具有很大的爆炸威力。这种爆炸类似于炸药或者混合性气体发生的爆炸,具有很大的破坏力,可以破坏设备、厂房或造成人员伤亡。

(三) 防火、防爆的基本措施

1. 防火、防爆的技术措施

(1) 防止形成燃爆的介质。可以用通风的办法来降低燃爆物质的浓度,使它达不到爆炸极限;也可以用不燃或难燃物质来代替易燃物质。例如,用水质清洗剂来代替汽油清洗零件,这样既可以防止火灾、爆炸,还可以防止汽油中毒。另外,也可采用限制可燃物的使用量和存放量的措施使其达不到燃烧、爆炸的危险限度。

(2) 防止产生着火源,使火灾、爆炸不具备发生的条件。应严格控制8种着火源,即冲击摩擦、明火、高温表面、自燃发热、绝热压缩、电火花、静电火花、光热射线。

(3) 安装防火、防爆安全装置。例如阻火器、防爆片、防爆窗、阻火闸门以及安全阀等。

2. 防火、防爆的组织管理措施

（1）加强对防火、防爆工作的管理。

（2）开展经常性防火、防爆安全教育和安全大检查，提高人们的警惕性，及时发现和整改安全事故隐患。

（3）建立健全防火、防爆制度。

（4）厂区内、厂房内的一切出入和通往消防设施的通道，不得占用和堵塞。

（5）各单位应建立志愿消防组织，并配备针对性强和数量足够的消防器材。

（6）加强值班制度，严格进行巡回检查。

3. 企业职工应遵守的防火、防爆守则

（1）应具有一定的防火、防爆知识，并严格贯彻执行防火、防爆规章制度，禁止违章作业。

（2）应在指定的安全地点吸烟，严禁在工作现场和厂区内吸烟和乱扔烟头。

（3）使用、运输、储存易燃易爆气体、液体和粉尘时，一定要严格遵守安全操作规程。

（4）在工作现场禁止随便动用明火。确需使用时，必须报请主管部门批准，并做好安全防范工作。

（5）对于使用的电气设施，如发现绝缘破损、严重老化、大量超负荷以及不符合防火、防爆要求时，应停止使用，并报告领导给予解决。不得带故障运行，防止发生火灾、爆炸事故。

（6）应学会使用常用的灭火工具和器材。对于车间内配备的防火、防爆工具和器材等，应加以爱护，不得随便挪用、破坏。

(四) 火灾扑救

1. 常见的火险隐患

常见的火险隐患包括以下几个方面:

(1) 生产工艺流程不合理,超温、超压以及配比浓度接近爆炸浓度极限而无可靠的安全保证措施,随时有可能达到爆炸危险界限,易造成着火或爆炸的。

(2) 易燃易爆物品的生产设备与生产工艺条件不相适应,安全装置或附件没有安装,或虽安装但失灵的。

(3) 易燃易爆设备和容器检修前,未经严格的清洗和测试,检修方法和工具选用不当等,不符合设备动火检修的有关程序和要求,易造成着火或爆炸的。

(4) 设备有跑、冒、滴、漏现象,不能及时检修而带"病"作业,有造成火灾危险的,或散发可燃气体场所通风不良的。

(5) 易燃易爆危险品的生产和使用的厂址,储存和销售的库址位置不合理,一旦发生火灾,严重影响并殃及近邻企业和附近居民安全的。

(6) 易燃易爆物品的运输、储存和包装方法不符合防火安全要求,性质抵触和灭火方法不同的危险品混装、混储,以及销售和使用不符合防火要求的。

(7) 对引火源管理不严,在禁火区域无"严禁烟火"醒目标志,或虽有标志但执行不严格,仍有乱动火的迹象或有人员抽烟现象的,或在用火作业场所有易燃物尚未清除,明火源或其他热源靠近可燃结构或其他可燃物等有引起火灾危险的。

(8) 电气设备、线路、开关的安装不符合防火安全要求,严重超负荷、线路老化、保险装置失去保险作用的。

(9) 建筑物的耐火等级、建筑结构与生产的火灾危险性质不相适应,建筑物的防火间距、防火分区、安全疏散及通风采暖等不符合防火规范要求的。

(10) 场所应安装自动灭火、自动报警装置, 或应备置其他灭火器材, 但未安装或未备置, 或虽有备置但量不足或失去功能的。

(11) 其他有关容易引起火灾的问题。

2. 灭火的基本原理和方法

一切灭火方法都是为了破坏已经产生的燃烧条件, 只要失去其中任何一个条件, 燃烧就会停止。但由于在灭火时, 燃烧已经开始, 控制火源已经没有意义, 主要是消除前2个条件, 即可燃物和氧化剂。

根据物质燃烧原理及灭火的实践经验, 灭火的基本方法有：减小空气中氧含量的窒息灭火法；降低燃烧物质温度的冷却灭火法；隔离与火源相近可燃物质的隔离灭火法；消除燃烧过程中自由基的化学抑制灭火法。

上述4种基本灭火方法所采取的具体灭火措施是多种多样的。在灭火中, 应根据可燃物的性质、燃烧特点、火灾大小、火场的具体条件以及消防技术装备的性能等实际情况, 选择一种或几种灭火方法。一般来说, 几种灭火法综合运用效果更好。

3. 常用灭火器的类型和使用方法

灭火器是扑灭初起火灾的重要工具, 是最常用的灭火器材, 它具有灭火速度快、轻便灵活、实用性强等特点, 因而应用范围非常广。通常用于扑灭初起火灾的灭火器类型较多, 使用时必须针对火灾燃烧物质的性质, 否则会适得其反, 有时不但灭不了火, 还会引起爆炸, 所以必须熟练地掌握使用灭火器的一些基本知识。

(1) 火灾的分类。根据《建筑灭火器配置设计规范》(GB 50140-2005), 灭火器配置场所的火灾种类可划分为以下几种类型：

1) A类火灾。固体物质火灾, 如木材、棉、毛、麻、纸张等燃烧的火灾。

2) B类火灾。液体火灾或可熔化固体物质火灾, 如汽油、煤油、柴油、甲醇、乙醚、丙酮等燃烧的火灾。

3) C类火灾。气体火灾,如煤气、天然气、甲烷、丙烷、乙炔、氢气等燃烧的火灾。

4) D类火灾。金属火灾,如钾、钠、镁、钛、锆、锂、铝镁合金等燃烧的火灾。

5) E类火灾。带电火灾,物体带电燃烧的火灾。

(2) 常用灭火器。正确使用灭火器是保证及时迅速扑灭初起火灾的关键。灭火器的种类很多,主要有清水灭火器、酸碱灭火器、泡沫灭火器、二氧化碳灭火器和干粉灭火器等。下面介绍几种最常用的灭火器使用方法及适用范围。

1) 二氧化碳灭火器。二氧化碳灭火器充装液态二氧化碳,利用气化了的二氧化碳灭火。

①适用范围。主要用于扑救贵重设备、仪器仪表、档案资料、600伏电压以下的电气设备及油类等初起火灾。用于扑救棉麻、化纤织物时,要注意防止复燃。

②使用方法。手提灭火器提把或把灭火器放在距离起火点5米处,拔下保险销,一只手握住喇叭形喷筒根部手柄,不要用手直接握喷筒式金属管,以防冻伤,把喷筒对准火焰,另一只手压下压把,二氧化碳即喷射出来。当扑救流动液体火灾时,应使用二氧化碳射流由近而远向火焰喷射。如果燃烧面积较大,操作者可左右摆动喷筒,直至把火扑灭。灭火过程中灭火器应保持直立状态。注意:使用二氧化碳灭火器时,要避免逆风使用,以免影响灭火效果。

2) 干粉灭火器。干粉灭火器是用二氧化碳气体作动力喷射干粉的灭火器材。目前,我国主要生产碳酸氢钠干粉灭火器及磷酸铵盐干粉灭火器。由于碳酸氢钠干粉只适用于扑救B、C类火灾,所以碳酸氢钠干粉灭火器又称为BC干粉灭火器;磷酸铵盐干粉适用于扑救A、B、C类火灾,所以磷酸铵盐干粉灭火器又称为ABC干粉灭火器。

①适用范围。主要用来扑救石油及其产品、有机溶剂等易燃液体、可燃气

体和电气设备的初起火灾。

②使用方法。手提灭火器把，在距离起火点 3~5 米，将灭火器放下，在室外使用时注意占据上风方向，使用前先将灭火器上下颠倒几次，使筒内干粉松动，拔下保险销，一只手握住喷嘴，使其对准火焰根部，另一只手用力按下压把，干粉便会从喷嘴喷射出来。左右喷射，不能上下喷射，灭火过程中应保持灭火器直立状态，不能横卧或颠倒使用。

3）泡沫灭火器：

①适用范围。泡沫灭火器适宜扑灭油类及一般物质的初起火灾。

②使用方法。使用时，用手握住灭火器的提环，平稳、快捷地提往火场，不要横扛、横拿。灭火时，一手握住提环，另一手握住筒身的底边，将灭火器颠倒过来，喷嘴对准火源，用力摇晃几下，即可灭火。

(3) 使用灭火器时应注意：第一，不要将灭火器的盖或底对着人体，防止盖、底弹出伤人；第二，不要与水同时喷射在一起，以免影响灭火效果；第三，扑灭电气火灾时，尽量先切断电源，防止人员触电。

(五) 危险化学品安全事项

1. 危险化学品火灾的紧急处理措施

(1) 先控制，后消灭。针对危险化学品火灾的火势发展蔓延快和燃烧面积大的特点，积极采取"统一指挥、以快制快，堵截火势、防止蔓延，重点突破、排除险情，分块包围、速战速决"的灭火战术。

(2) 扑救人员应占领上风或侧风位置，以免遭受有毒有害气体的侵害。

(3) 进行火情侦察、火灾扑救、火场疏散的人员应有针对性地采取自我防护措施，如佩戴防护面具，穿戴专用防护服等。

(4) 应迅速查明燃烧范围、燃烧物品及其周围物品的品名和主要危险特性、火势蔓延的主要途径。

(5) 正确选择最合适的灭火剂和灭火方法。火势较大时，应先堵截火势，防止蔓延,控制燃烧范围,然后逐步扑灭。

(6)对有可能发生爆炸、爆裂、喷溅等特别危险需紧急撤退的情况,应按照统一的撤退信号和撤退方法及时撤退(撤退信号应格外醒目,能使现场所有人员都看到或听到,并应经常演练)。

(7)火灾扑灭后,起火单位应当保护现场,接受事故调查,协助消防监督部门和上级安全监督管理部门调查火灾原因,核定火灾损失,查明火灾责任。未经消防监督部门和上级安全监督管理部门的同意,不得擅自清理火灾现场。

2. 有毒有害气体泄漏的处置措施

(1)设置警戒区。泄漏现场的警戒区边界浓度应不高于可燃气体爆炸下限的30%,其范围之内为警戒区。如果是液化气体泄漏,要按气体扩散范围划定警戒区域,警戒范围按液化石油气爆炸浓度下限的1/2,即0.75%确定。因气态石油气密度比空气大,测试仪应布置在贴近地表处。因气体扩散受泄漏量、风力等条件的影响时刻在变化,警戒范围要根据测得的数值随时调整。

(2)消除引火源。在警戒区内,严禁任何火源存在和带入,必须果断地熄灭可燃物料泄漏扩散危险区的一切火种,中断加热热源;对于该区域内的电气设备,应保持其原来状态,不要开或关,但要及时切断该区域的总电源;进入警戒区的人员,严禁穿钉鞋和化纤衣服;操作各种消防器材、工具、手电、手抬泵、车辆等,严防打出火花;堵漏时应采用不发火器材工具;消防车不准驶入警戒区域内,在警戒区域内停留的车辆不准再发动行驶。根据现场情况,动员现场周围特别是下风方向的居民和单位职工迅速消除火源。

(3)关阀断料。管道发生泄漏,泄漏点处在阀门以后且阀门尚未损坏,可采取关闭输送物料管道阀门,断绝物料源的措施,制止泄漏。关闭管道阀门时,必须设喷雾水枪掩护。

(4)堵漏封口。管道、阀门或容器壁发生泄漏,且泄漏点处在阀门前或阀门损坏不能关阀止漏时,可使用各种有针对性的堵漏器具和方法封堵泄漏口。

(5) 处置有毒气体（蒸气）泄漏事故时，首先要查明现场毒性气体（蒸气）的性质、泄漏点、泄漏量、扩散范围等。根据毒气的危害性质、扩散范围，设置危险警戒区。处置时必须做好个人安全防护，如佩戴空气呼吸器，穿着防毒衣或防化服等，从现场的上风和侧风方向进入危险区救人和处置险情。同时，应尽快通知周围可能受影响的人员疏散并报警。

【案例】

* **事故经过**

2010年9月12日11时10分左右，山东某化工厂纤维素醚生产装置车间南厂房在脱绒作业开始约1小时后，脱绒釜罐体下部封头焊缝处突然开裂（开裂长度120厘米、宽度1厘米），造成物料（含有易燃溶剂异丙醇、甲苯、环氧丙烷等）泄漏，车间人员闻到刺鼻异味后立即撤离并通过电话向生产厂长报告了事故情况。由于泄漏过程中产生静电，引起生产车间爆燃。南厂房爆燃物击碎北厂房窗户，落入北厂房东侧可燃物（纤维素醚及其包装物）上引发火灾，北厂房员工迅速撤离并组织救援，19分钟后火势无法控制，救援人员全部撤离北厂房，北厂房东侧发生火灾爆炸，2小时后消防人员赶到将火灾扑灭。事故造成2人重伤、2人轻伤。

* **事故原因**

1. 直接原因

纤维素醚生产装置无正规设计，脱绒釜罐体选用不锈钢材质，在长期高温环境、酸性条件和氯离子的作用下发生晶间腐蚀，造成罐体下部封头焊缝强度降低，发生焊缝开裂，物料喷出，产生静电，引起爆燃。

2. 间接原因

（1）企业未对脱绒釜罐体的检验检测做出明确规定，罐体外包有保温材料。

(2) 检验检测方法不当,未能及时发现脱绒釜晶间腐蚀现象,也未能从工艺技术角度分析出不锈钢材质的脱绒釜发生晶间腐蚀的可能性;生产装置设计图纸不符合国家规定,设计存在缺陷。

(3) 脱绒釜操作工在脱绒过程中阀门开度不足,存在超过工艺规程允许范围(0.05兆帕以下)的现象,致使釜内压力上升,加速了脱绒釜下部封头焊缝的开裂。

(4) 安全现状评价报告中对脱绒工序危险有害分析不到位,未提及脱绒釜存在晶间腐蚀的危险因素。

*预防措施

(1) 进一步完善建设项目安全许可工作,严格按照"三同时"要求,落实各项安全规范要求,设计、施工、试生产等各个阶段应严格按安全规范执行。

(2) 严格按照规范、标准要求开展日常设备的监督检验工作,及时发现设备腐蚀等安全事故隐患。

(3) 严格按照技术规范进行对比操作,严禁超过工艺规程允许范围运行。

(4) 进一步规范评价单位的评价工作,提高安全评价报告质量,切实为企业提供安全保障。

六、机械事故预防

(一) 机械事故的种类

1. 机械设备的零部件旋转时造成的伤害

机械设备是由许多零部件构成的,有的零部件是固定不动的,有的零部件则需要运动,而最多、最广泛的运动形式是旋转运动。例如机械设备中的齿轮、带轮、滑轮、卡盘、轴、光杠、丝杠、联轴器等零部件都是做旋转运动的。旋转运动造成人员伤害的主要形式是绞伤和物体打击伤。

2. 机械设备的零部件直线运动时造成的伤害

例如锻锤、冲床、剪板机的施压部件、牛头刨床的床头、龙门刨床的床面及桥式起重机大车机构、小车机构和升降机构等，都是直线运动的。直线运动的零部件造成人员的伤害主要有压伤、砸伤、挤伤等。

3. 刀具造成的伤害

例如车床上的车刀、铣床上的铣刀、钻床上的钻头、磨床上的磨轮、锯床上的锯条等都是加工零件用的刀具。刀具在加工零件时造成的人员伤害主要有烫伤、刺伤、割伤等。

4. 被加工的零件造成的伤害

机械设备在对零件进行加工的过程中，有可能对人身造成伤害。这类伤害事故主要有：

（1）被加工零件固定不牢而被甩出打伤人，例如车床卡盘夹不牢，在旋转时就会将工件甩出伤人。

（2）被加工的零件在吊运和装卸过程中，可能造成砸伤。特别是笨重的大零件，更需要加倍注意。因为当它们吊不牢、放不稳时，就会坠下或者倾倒，将人的手、脚、胳膊、腿甚至整个人砸倒、压倒而造成重伤、死亡。

5. 电气系统造成的伤害

工厂里使用的机械设备，其动力绝大多数是电能，因此每台机械设备都有自己的电气系统，主要包括电动机、配电箱、开关、按钮、局部照明灯以及接零（地）和馈电导线等。电气系统对人的伤害主要是电击。

6. 手用工具造成的伤害

在机械设备上操作时，有时候需要使用某些手用工具，如锤子、扁铲、锉刀等。使用这些手用工具造成的人身伤害有以下4种情况：

（1）锤子的锤头有卷边或毛刺。当锤子敲打时，卷边或毛刺可能被击掉飞出打伤人，特别是飞入眼睛内，可能造成失明。锤子的手柄，一定要安装牢固，否则，也可能飞出伤人。

（2）扁铲的头部有卷边或毛刺，使用时卷边、毛刺会飞出伤人。因为扁铲的刃部必须保持锋利，因此在使用时前方不准站人，以免铲出的铁渣、铁屑飞出伤人。

（3）使用没有木柄的锉刀有刺伤手心或手腕的危险。锉工件时禁止用嘴吹，以防锉屑入眼。

（4）手锯的锯条过紧或过松，使用时用力过大，往返用力不均匀，均会造成锯条折断伤人。锯割结束时，应用手扶持住被锯下的部分，以免被锯下的部分掉下来砸伤人。

7. 其他伤害

机械设备除了能造成上述伤害外，还可能造成其他伤害。例如，有的机械设备在使用时伴随着强光、高温，还有的放出化学能、辐射能以及尘毒危害物质等，这些对人体都可能造成伤害。

(二) 机械事故的原因

机械都是人设计、制造、安装的，在使用中是由人操作、维护和管理的，因此造成机械事故最根本的原因最终可以追溯到人。造成机械事故的原因可分为直接原因和间接原因。

1. 直接原因

（1）机械的不安全状态：

1）防护、保险、信号等装置缺乏或有缺陷。

①无防护。无防护罩、无安全保险装置、无报警装置、无安全标志、无护栏或护栏损坏、设备电气未接地、绝缘不良、噪声大、无限位装置等。

②防护不当。防护罩未在适当位置、防护装置调整不当、安全距离不够、电气装置带电部分裸露等。

2）设备、设施、工具、附件有缺陷。

①设计不当，结构不符合安全要求，如制动装置有缺陷，安全间距不够，工件上有锋利的毛刺、毛边，设备上有锋利的倒棱等。

②强度不够，如机械强度不够、绝缘强度不够、起吊重物的绳索不符合安全要求等。

③设备在非正常状态下运行，如设备带"病"运转、超负荷运转等。

④维修、调整不良，如设备失修、保养不当、设备失灵、未加润滑油等。

3）劳动防护用品（如防护服、手套、护目镜及面罩、呼吸器官护具、安全带、安全帽、安全鞋等）缺少或有缺陷。

①无劳动防护用品。

②所用劳动防护用品不符合安全要求。

4）生产场地环境不良。

①照明光线不良，包括照度不足、作业场所烟雾烟尘弥漫、视物不清、光线过强、有眩光等。

②通风不良，如无通风、通风系统效率低等。

③作业场所狭窄。

④作业场地杂乱，如工具、制品、材料堆放不符合安全要求。

5）操作工序设计或配置不安全，交叉作业过多。

6）交通线路的配置不安全。

7）地面滑，如地面有油或其他液体、有冰雪、有易滑物（如圆柱形管子、料头、滚珠等）。

8）储存方法不安全，堆放过高、不稳。

（2）操作者的不安全行为。这些不安全行为可能是有意的也可能是无意的。

1）操作错误、忽视安全、忽视警告，包括未经许可开动、关停、移动机器；开动、关停机器时未给信号；开关未锁紧，造成意外转动；忘记关闭设备；忽视警告标识、警告信号，操作错误（如按错按钮，阀门、扳手、把柄的操作方向相反）；供料或送料速度过快，机械超速运转；冲压机作业时手伸进冲模；违章驾驶机动车；工件、刀具紧固不牢；用压缩空气吹铁屑等。

2) 安全装置失效，包括拆除了安全装置，安全装置失去作用，调整不当造成安全装置失效等。

3) 使用不安全设备，包括临时使用不牢固的设施，如工作梯；使用无安全装置的设备；拉临时线不符合安全要求等。

4) 用手代替工具操作，包括用手代替手动工具；用手清理切屑；不用夹具固定，用手拿工件进行机械加工等。

5) 物体（成品、半成品、材料、工具、切屑和生产用品等）存放不当。

6) 攀、坐不安全位置（如平台护栏、起重机吊钩等）。

7) 在机械运转时实施加油、修理、检查、调整、焊接或清扫。

8) 在必须使用劳动防护用品、用具的作业场所中，忽视其使用，如未佩戴各种劳动防护用品等。

9) 穿戴不安全装束，包括在有旋转零部件的设备旁作业时穿着过于肥大、宽松的服装，操纵带有旋转零部件的设备时戴手套，穿高跟鞋、凉鞋或拖鞋进入车间等。

10) 无意或为排除故障而接近危险部位，如在无防护罩的两个相对运动零部件之间清理卡住物时，可能发生挤伤、夹断、切断、压碎或人的肢体被卷进而造成严重的伤害。除了机械结构设计不合理外，也是违章作业。

2. 间接原因

几乎所有事故的间接原因都与人的错误有关。间接原因包括：

（1）技术和设计上的缺陷，即工业构件、建筑物（如室内照明、通风）、机械设备、仪器仪表、工艺过程、操作方法、维修检验等的设计和材料使用等方面存在的问题。

（2）教育培训不够、未经培训上岗、业务素质低、缺乏安全知识和自我保护能力、不懂安全操作技术、操作技能不熟练、作业时注意力不集中、工作态度不负责、受外界影响而情绪波动、不遵守操作规程等，都是事故的间接原因。

（3）管理缺陷：

1）劳动制度不合理。

2）规章制度执行不严，有章不循。

3）对现场工作缺乏检查或指导错误。

4）无安全操作规程或安全规程不完善。

5）缺乏监督。

（4）对安全工作不够重视。安全组织机构不健全，没有建立或落实安全生产责任制，没有或不认真实施事故防范措施，对事故隐患调查、整改不力。尤其是企业领导不重视将严重影响本企业的安全生产工作。

(三）机械设备的安全要求

1. 机械设备的基本安全要求

（1）机械设备的布局要合理，应便于操作人员装卸工件，便于加工、观察和清除杂物，同时也应便于维修人员的检查和维修。

（2）机械设备零部件的强度、刚度应符合安全要求，安装应牢固，不得经常发生故障。

（3）机械设备根据有关安全要求，必须装设合理、可靠、不影响操作的安全装置。例如：

1）对于做旋转运动的零部件，应装设防护罩或防护挡板、防护栏杆等安全防护装置，以防发生绞伤。

2）对于超压、超载、超温度、超时间、超行程等可能发生危险事故的零部件，应装设保险装置，如超负荷限制器、行程限制器、安全阀、温度继电器、时间继电器等，以便当危险情况发生时，由于保险装置的作用而排除险情，防止事故的发生。

3）对于某些动作需要对人们进行警告或提醒注意时，应安装信号装置或警告标识等，如电铃、扬声器、蜂鸣器等声音信号，各种灯光信号，各种警告标牌等，都属于这类安全装置。

4）对于某些动作顺序不能颠倒的零部件，应装设联锁装置，即某一动作必须在前一个动作完成之后才能进行，否则就不可能动作。这样就保证了不致因动作顺序错误而发生事故。

（4）每台机械设备应根据其性能、操作顺序等制定出安全操作规程和检查、润滑、维护等制度，以便操作者遵守。

2. 机械设备电气装置的安全要求

（1）供电的导线必须正确安装，不得有任何破损或裸露的地方。

（2）电动机绝缘应良好，其接线板应有盖板防护，以防直接接触。

（3）开关、按钮等应完好无损，其带电部分不得裸露在外。

（4）应有良好的接地或接零装置，连接的导线要牢固，不得有断开的地方。

（5）局部照明灯应使用36伏的电压，禁止使用110伏或220伏电压。

3. 机械设备操纵手柄以及脚踏开关等的安全要求

（1）重要的手柄应有可靠的定位及锁紧装置。同轴手柄应有明显的长短差别。

（2）手轮在工作时应能与转轴脱开，以防随轴转动打伤人员。

（3）脚踏开关应有防护罩或藏入床身的凹入部分内，以免掉下的零部件落到开关上，启动机械设备而伤人。

4. 机械设备作业现场的要求

机械设备的作业现场要有良好的环境，即照度要适宜，湿度与温度要适中，噪声和振动要小，零件、工夹具等要摆放整齐。只有这样才能促使操作者心情舒畅，专心无误地工作。

（四）机械事故的预防

要保证机械设备不发生工伤事故，不仅机械设备本身要符合安全要求，而且更重要的是要求操作者严格遵守安全操作规程。机械设备的安全操作规程因其种类不同而内容各异，但其基本安全守则主要包括以下几点：

（1）必须正确穿戴劳动防护用品。该穿戴的必须穿戴，不该穿戴的就一定不要穿戴。例如，机械加工时要求女工戴护帽，如果不戴就可能将头发绞进去；同时要求不得戴手套，如果戴了，机械的旋转部分就可能将手套绞进去，将手绞伤。

（2）操作前，要对机械设备进行安全检查，而且要空车运转一下，确认正常后，方可投入运行。

（3）机械设备在运行中也要按规定进行安全检查。特别是检查紧固的物件是否由于振动而松动，以便重新紧固。

（4）机械设备严禁带故障运行，千万不能凑合使用，以防引起事故。

（5）机械设备的安全装置必须按要求正确装设、调整和使用，不准将其拆掉不用。

（6）机械设备使用的刀具、工夹具以及加工的零件等一定要装卡牢固，不得松动。

（7）机械设备在运转时，严禁用手调整；也不得用手测量零件或进行润滑、清扫杂物等工作。

（8）机械设备运转时，操作者不得离开工作岗位，以防发生问题时无人处置。

(9) 工作结束后，应关闭开关。把刀具和工件从工作位置撤出，并清理好工作场地，将零件、工夹具等摆放整齐，打扫好机械设备的卫生。

 【案例】

* **事故经过**

2018 年 3 月 18 日，东莞市某公司轧盒车间清废区，员工陈某在全自动废纸打包机维修窗口清理堵塞的废纸。13 时 20 分左右，员工文某听到陈某喊救命，文某立即切断全自动打包废纸机电源，发现陈某由打包机维修窗口处被卷入全自动废纸打包机。文某立即电话通知公司领导、拨打"120"电话请求救援。"120"救护车到达现场后对陈某进行抢救，终因伤重失血性休克抢救无效死亡。

* **事故原因**

1. 直接原因

陈某违反操作规程，在未关闭总电源和未采取相应安全措施的情况下清理堵塞废纸，被打包机切断双下肢是事故发生的直接原因。

2. 间接原因

(1) 该全自动废纸打包机维修窗口封闭门采用门销固定，无安全联锁等安全保护装置，导致操作、检修人员身体可在打包机运行期间进入到设备危险部位。

(2) 该公司安全管理不到位。未建立"安全生产教育和培训档案"如实记录安全生产教育和培训情况；未将事故隐患排查治理情况如实记录；未在有较大危险因素的生产经营场所和有关设施设备上，设置明显的安全生产警示标识。

* **预防措施**

该事故是由从业人员违规操作导致的，出现"三违"行为不仅归咎于从业人员安全意识薄弱,深层次的原因还有企业安全生产责任不落实。安全生产管理存在漏洞,从业人员教育培训不到位、生产安全事故隐患排查不到位,对从业人员违规操作行为未及时发现并制止等。事故相关单位、人员及安全监督管理部门应吸取事故教训,防止类似事故发生。

第三节 典型行业工伤事故预防

一、建筑行业工伤事故预防

(一) 高处作业事故预防

1. 高处作业和特殊高处作业

凡在坠落高度基准面2米以上(含2米),有可能坠落的高处进行的作业均称为高处作业。

特殊高处作业包括:

(1) 在阵风风力6级(风速为10.8米/秒)以上的情况下进行的高处作业,称为强风高处作业。

(2) 在高温或低温环境下进行的高处作业,称异温高处作业。

(3) 降雪时进行的高处作业,称为雪天高处作业。

(4) 降雨时进行的高处作业,称为雨天高处作业。

(5) 室外完全采用人工照明时进行的高处作业,称为夜间高处作业。

(6) 在接近或接触带电体时进行的高处作业,称带电高处作业。

(7) 在无立足点或无牢靠立足点的条件下进行的高处作业,称为悬空高处作业。

(8) 对突然发生的各种灾害事故进行抢救的高处作业,称为抢救高处作业。

2. 高处作业事故的防范对策

(1) 体弱、年老人员以及有恐高症者,不能从事高处作业。

(2) 遇到6级以上强风、大雾、雷雨等恶劣气候,露天场所不能登高;夜间登高要有足够的照明。

(3) 作业前应检查登高用具是否安全可靠。不得借用设备构筑物、支架、管道、绳索等非登高设施作为登高工具。

(4) 高处作业必须与高压电线保持安全距离或采取相应的安全防护措施。

(5) 在高处作业时,应戴好安全帽并系好帽带;要系好安全带,扣好安全绳;安全绳要高挂低用,切忌低挂高用。

(6) 在高处不得抛物,大件工具需拴牢,防止掉落;地面监护人或指挥人应和登高者统一联络信号,下方应设围栏,禁止无关人员进入。如必须交叉作业,上下须有可靠隔离措施或警戒线。

(7) 在石棉瓦上作业时,应用固定跳板或铺瓦梯;在屋面斜坡、坝顶、吊桥、框架边沿及设备顶上等立足不稳处作业时,应搭设脚手架、栏杆或安全网。

(8) 高处预留孔、起吊孔的盖板或栏杆不得任意移动或拆除,禁止在孔洞附近堆物。如因检修必须移去时,应有防护措施,施工完毕后应及时复原。

(9) 脚手架等登高设施必须牢固可靠,应有专人维护,使用前应认真检查。

(10) 长梯、人字梯使用前要检查梯身有无缺陷,梯子下脚要有防滑措施;梯子的摆放角度要适当(不大于60°且不小于45°);登梯时,下面要有人扶持,作业时人体的重心不能外倾;梯子不能放在不稳固的物体上;作业前,人字梯的中间要用绳子拴牢。

3. 洞口作业及防护措施

洞与孔边口旁的高处作业，包括施工现场及通道旁深度在 2 米及 2 米以上的桩孔、人孔、沟槽与管道、孔洞等边缘上的作业称为洞口作业。

施工现场常因工程和工序需要而产生洞口，常见的有楼梯口、电梯井口、预留洞口、井架通道口，这些常被称为"四口"。

（1）楼板、层面和平台等处的洞口，根据具体情况采取设防护栏杆、加盖件、张设安全网或装栅门等措施。

1）边长为 25~50 厘米的洞口，用坚实的木板盖，盖板应能防止挪动移位，并有标识。

2）边长为 50~150 厘米的洞口，四周设防护栏杆，用密目式安全网围挡，必要时也可在底部横杆下沿设置严密固定的、高度不低于 20 厘米的踢脚板。

3）边长大于 150 厘米的洞口，除应根据上一条设置防护外，洞口处还应张设安全网。

（2）电梯井防护时应设置固定栅门，栅门的高度为 175 厘米，安装时离楼层面 5 厘米，上下必须固定，门栅网格的间距不应大于 15 厘米。同时电梯井内应每隔两层设一道安全网。

（3）高度不超过 10 米的墙面等处的洞口，要设置固定的栅门，其安装方法与电梯井一样。

(二) 施工作业安全要求

1. 瓦工作业安全要求

（1）作业前应首先搭设好作业面，在作业面上操作的瓦工不能过于集中。为防止荷载过重及倒塌，堆放材料要分散且不能超高。

（2）砌砖使用的工具应放在稳妥的地方，斩砖应面向墙面，工作完毕应将脚手板和墙上的碎砖、灰浆清扫干净，防止掉落伤人。

（3）山墙砌完后应立即安装桁条或加临时支撑，以防止倒塌。

(4) 在屋面坡度大于 25°时，挂瓦必须使用移动板梯，板梯必须有牢固的挂钩，没有外架子时檐口应搭防护栏杆和防护立网。

(5) 屋面上瓦应两坡同时进行，保持屋面受力均衡。屋面无望板时，应铺设通道，不准在桁条、瓦条上行走。

2. 抹灰工作业安全要求

（1）操作前检查架子或高凳是否牢固，且跨度应小于 2 米。在架上操作时，同一跨度内作业人员不应超过 2 人。

（2）室内抹灰使用的木凳、金属支架应平稳牢固，架子上堆放材料不得过于集中。

（3）不准在门窗、暖气件、洗脸池等器物上搭设脚手架。在阳台部位粉刷时，外侧必须挂设安全网，严禁踩踏脚手架的护栏和阳台拦板。

（4）进行机械喷灰喷涂时，应穿戴劳动防护用品，压力表、安全阀门应灵敏可靠，管路摆放顺直，避免折弯。

（5）贴面使用的预制件、大理石、瓷砖等，应边用边运。待灌浆凝固后方可拆除临时支撑。

（6）使用磨石机时，应戴绝缘手套、穿胶靴，电源线不得破皮漏电。

3. 木工作业安全要求

（1）木工支模拆模安全要求：

1）模板支撑不得使用腐朽、扭裂、劈裂的材料。顶撑要垂直，底端应平整坚实，并加垫木。木楔要钉牢，并用横顺拉杆和剪刀撑拉牢。

2）采用桁架支模应严格检查，发现严重变形、螺栓松动等应及时修复。

3）禁止利用拉杆、支撑攀登上下。

4）支设 4 米以上的立柱模板时，四周必须有支撑。不足 4 米的，可使用马凳操作。

5）拆除模板应按顺序分段进行，严禁猛撬、硬砸或大面积撬落和拉倒。

拆下的模板应及时运送到指定地点集中堆放，作业过程中要防止钉子扎脚。

6）拆除薄梁、吊车梁、桁架预制构件模板，应随拆随加顶撑支牢，防止构件倾倒。

(2) 木工进行木构件安装时的安全操作规定：

1）按《建筑施工高处作业安全技术规范》的规定，在坡度大于1∶2.2的屋面上操作，防护栏杆应高1.5米，并加接安全网。

2）木屋架应在地面拼装。必须在上面拼装的应连续进行，中断时应设临时支撑。屋架就位后，应及时安装脊檩、拉杆或临时支撑。

3）在没有望板的屋面上安装石棉瓦，应在屋架下弦设安全网或有防滑条的脚手板操作。严禁在石棉瓦上行走。

4）安装2层楼以上外墙窗扇，外面如没安设脚手架或安全网的，应挂好安全带。

5）不准直接在板条天棚或隔声板上行走及堆放材料。

6）钉户檐板，严禁在屋面上探身操作。

4. 钢筋工作业安全要求

(1) 拉直钢筋时，卡头要卡牢，地锚要结实牢固，拉筋沿线2米区域内禁止行人，人工绞磨拉直，缓慢松懈，不得一次松开。

(2) 展开盘圆钢筋时，要卡牢一头，防止回弹。

(3) 人工断料和打锤要站成斜角，注意甩锤区域内的人和物体。切断小于30厘米的短钢筋，应用钳子夹牢，禁止用手把扶。

(4) 在高处、深坑绑扎钢筋或安装骨架，或绑扎高层建筑的圈梁、挑檐、外墙、边柱钢筋，除应设置安全设施外，绑扎时还要挂好安全带。

(5) 绑扎立柱、墙体钢筋时，不得站在钢筋骨架上或攀登骨架上下。

5. 架子工作业安全要求

(1) 建筑登高架设作业包括的操作项目有：建筑脚手架、提升设备、高空吊篮等的拆装，以及起重设备拆装。

（2）建筑登高架设作业人员应熟知本作业的安全技术操作规程，严禁酒后作业和在作业中玩笑戏闹，禁赤脚，禁穿硬底鞋、拖鞋和带钉鞋等，穿着要灵便。

（3）必须正确使用劳动防护用品及熟知"三宝"（安全帽、安全网、安全带）的正确使用方法。

（4）架子工在高处作业时必须有工具袋，以防止工具坠落伤人。

（5）架子工在高处作业时使用的材料、工具必须由绳索传递，严禁抛掷。

（6）架子工安全操作应遵守的"十二道关"，具体包含以下内容：

1）人员关。有高血压、心脏病、癫痫病、晕（恐）高、视力不好等不适合做高处作业的人员等，未取得特种作业上岗操作证的人员等，均不得从事架子高空作业。

2）材质关。脚手架所需要用的材料、扣件等必须符合国家规定的要求，经过验收合格才能使用，不合格的坚决不能使用。

3）尺寸关。必须按规定的立杆、横杆、剪刀撑、护身栏杆等间距尺寸搭设，上下接头要错开。

4）地基关。地基土壤必须夯实，立杆再插在底座上，下铺5厘米厚的跳板，并加绑扫地杆，要能排出雨水。高层脚手架基础要经过计算，采取加固措施。

5）防护关。作业层内侧脚手板与墙距离不得大于15厘米；外侧必须搭设两道护身栏杆和挡脚板，挡脚板绑扎牢固严密，或立挡安全网下口封牢。10米以上的脚手架，应在操作层下一步架搭设一层脚手板，以保证安全。如因材料不足不能设安全层时，可在操作层下一步架铺设一层安全网，以防坠落。

6）铺板关。脚手板必须满铺、牢固，不得有空隙、探头板和飞跳板。要经常清除板上杂物，保持清洁平整。操作层有坡度的，脚手板必须和小横拉杆用铅丝绑牢。

7）稳定关。必须按规定设剪刀撑。必须使脚手架与楼层墙体拉接牢固，拉接点设置距离为垂直3.6米（4米以内）、水平5.4米（6米以内）。

8）承重关。荷载不得超过规定，在脚手架上堆砖，只允许单行侧摆3层。

9）上下关。工人安全上下、安全行走必须走斜道和阶梯，严禁施工人员翻爬脚手架。

10）雷电关。脚手架高于周围避雷设施的必须安装避雷针，接地电阻不得大于10欧姆。在带电设备附近搭拆脚手架时应停电进行，或者遵守下列规定：严禁跨越35千伏及以上带电设备；1千伏及以下，水平和垂直距离不应小于4米；1~10千伏的，水平和垂直距离不应小于6米。

11）挑别关。对特殊架子的挑梁、别杆是否符合规定，必须认真检查和把关。

12）检验关。架子搭好后必须经过有关人员检查验收合格才能上架操作。要加强使用过程中的检查，分层搭设、分层验收和分层使用，发现问题应及时加固。大风、大雨、大雪后也要认真检查。

6. 施工现场机动车驾驶员安全要求

（1）"十慢"。即起步慢、转弯慢、下坡慢、倒车慢、过桥慢、交会车慢、交叉路口慢、视线不良慢、雨雪路滑慢、挂有拖车慢。

（2）"十不准"。即不准超载、不准抢挡、不准高速行驶、不准酒后驾驶、开车时不准吃东西、开车不准与他人谈话、人货不准混装、视线不清不准倒车、不准非驾驶人员开车、行驶中不准跳上跳下。

（3）"十不开"。即车辆有"病"不开车、车门不关好不开车、人没坐稳不开车、货物没有装好不开车、跳脚板上站人不开车、翻斗不装好不开车、装运货物超高超长没有安全措施不开车、装运危险品违反安全标准不开车、"三照"不全不开车、学员没有教练带领不开车。

(4)"七好"。即刹车好、灯光好、喇叭好、信号标志好、车辆保养好、规程规则遵守好、安全措施执行好。

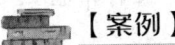【案例】

* 事故经过

2013年3月7日7时左右,湖南省某项目部涂料班组带班工蒋某安排本班组的施工人员对1号栋A单元的外墙粉刷底漆,12名施工人员分别乘坐A单元5台吊篮进行施工作业,其中秦某、张某、黄某乘坐了南面编号为9178的吊篮,并分别将系在身上的安全带连接在吊篮的安全护栏上(按照《建筑施工工具式脚手架安全技术规范》(JGJ 202—2010)规定:吊篮内作业人员不应超过2人,作业人员应将安全带挂设在安全绳上,安全绳不得与吊篮有任何连接)。3人边粉刷底漆边操作吊篮上升。8时38分左右,当吊篮运行至33层时,突然坠落至地面。事故发生后,蒋某迅速拨打了"120"急救电话,秦某、张某、黄某被送往就近医院进行抢救,但终因伤势过重,全部经抢救无效死亡。经现场勘查:事故吊篮坠落在建筑物A单元南面墙附近,从中间连接处断成两段,其中一段坠落在A单元西侧地面上,另一段坠落在A单元东侧的一个大坑内。吊篮已严重损坏,钢丝绳缠绕凌乱,提升机构及安全锁甩落在一旁。安装在吊篮东端的悬挂机构前端与钢丝绳连接处的耳板一边已变形,朝一侧张开,插销与另一耳板形成了一个变形的开口;而安装在吊篮西端的悬挂机构状态完好。一根安全绳悬吊在半空,三根安全带系在吊篮的安全护栏上。分别与悬挂机构连接的工作钢丝绳和安全钢丝绳共4根,东端的2根钢丝绳上端分别安装了3个U形绳夹(以下简称绳夹),而西端的2根钢丝绳上端未发现绳夹,勘验人员在吊篮坠落地附近找到了2个绳夹。事故吊篮的安全锁已锁住安全钢丝绳,说明安全锁已经发生作用。

﹡事故原因

1. 直接原因

（1）吊篮安装工陈某在组织安装编号为9178的吊篮时，未将吊篮西端工作钢丝绳和安全钢丝绳绳夹拧紧，为该吊篮使用留下了安全事故隐患。

（2）该项目部涂料班组施工人员擅自使用未经联合验收且存在严重安全事故隐患的吊篮。

（3）该吊篮乘坐人员超员，加大了钢丝绳和悬挂机构连接耳板上插销的负荷。

（4）秦某、张某、黄某在乘坐吊篮时未将系在身上的安全带挂设在独立于吊篮外的安全绳上，导致3人随着吊篮一起坠落地面。

2. 间接原因

（1）吊篮的安装不规范。该项目部在安装1号栋A单元5台吊篮时，未按照《危险性较大的分部分项工程安全管理办法》（建质〔2009〕87号）的要求编制安装方案。

（2）现场安全管理不到位。该项目部现场管理人员未及时发现和纠正施工人员擅自使用未验收吊篮、超员乘坐吊篮和不按规定将安全带系在安全绳上等问题；该建设公司项目部和监理公司监理部有关人员未全面、准确传达并监督落实先导区安监分站的指令，也未制止南托项目部施工人员违规使用吊篮的行为。

二、矿山行业工伤事故预防

（一）矿工安全须知

1. 矿工下井安全要求

（1）煤矿是高危行业，矿工入井前要吃好、睡好、休息好，千万不能喝酒，以保持精力充沛。

（2）明火和静电可导致瓦斯爆炸及火灾，因此严禁穿化纤衣服和携带香烟及点火物品下井。

（3）入井前要随身佩戴矿灯、安全帽，携带自救器，配备不齐或设备不完好不能入井工作。

（4）携带锋利工具时，要套好护套，防止伤人。

（5）通过班前会可了解工作地点的安全生产情况，明确安全注意事项，掌握防范措施，保证作业安全，因此要按时参加班前会。

（6）自觉遵守入井检身制度，听从指挥，排队入井，接受检查。

2. 矿井下乘车与行走安全要求

（1）上下井乘罐、乘车、乘皮带要听从指挥，不能嬉戏打闹、抢上抢下。

（2）要按照定员乘罐、乘车，并关好罐笼门、车门，挂好防护链。不能在机车上或两车厢之间搭乘。

（3）人货混装十分危险，不要乘坐已装物料的罐笼、矿车和皮带。

（4）开车信号已发出和罐笼、人车没有停稳时，严禁上下。

（5）运送火工品时，要听从管理人员安排，千万不能与上下班人员同时乘罐、乘车。

（6）乘罐、乘车、乘皮带行驶途中，不能在罐内、车内躺卧和打瞌睡，不能将头、手脚和携带的工具伸到罐笼和车辆外面；不能在皮带上仰卧、打瞌睡和站立、行走，不能用手扶皮带侧帮。

（7）乘坐"猴车"（无级绳绞车）时，不许触摸绳轮，做到稳上、稳下。

（8）在巷道中行走时，要走人行道，不在轨道中间行走，不随意横穿电机车轨道、绞车道。携带长件工具时，要注意避免碰伤他人和触及架空线。当车辆接近时，要立即进入躲避硐室暂避。

（9）在横穿大巷，通过弯道、交叉口时，要做到"一停、二看、三通过"；

任何人都不能从立井和斜井的井底穿过；在兼作行人的斜巷内行走时，按照"行人不行车，行车不行人"的规定，不要与车辆同行。

（10）钉有栅栏和挂有危险警告牌的地点十分危险，不能擅自进入；爆破作业经常伤人，不可强行通过爆破警戒线，进入爆破警戒区。

（11）严禁扒车、跳车和乘坐矿车，严禁在刮板输送机上行走；在带式输送机巷道中，不能钻过或跨越输送带。

（二）矿井下生产安全事故应急措施

1. 井下火灾的应急措施

（1）井下火灾后果十分严重，会造成重大人员伤亡和财产损失，还会引发瓦斯、煤尘爆炸，导致灾害进一步扩大。应十分注意矿井火灾的防范：一是不能在井下用灯泡取暖和使用电炉、明火；二是在没有得到批准的情况下，不得从事电、气焊作业；三是不能将剩油、废油随意泼洒，也不能将用过的棉纱、布头和纸张等易燃物品随意丢弃。

（2）火灾发生初期是灭火的最好时机，因而应主动学会使用灭火器具，掌握灭火知识。在发生火灾时，若火势不大，可直接组织身边人员灭火；若火灾范围大或火势太猛，现场人员无力抢救、自身安全受到威胁时，应迅速戴好自救器撤离灾区或根据领导指示行事。

2. 矿井水灾应急措施

（1）矿井水灾事故是煤矿五大自然灾害之一，也会造成人员的重大伤亡。当观察到以下一种或几种征兆时，必须停止作业，判明情况，立即向领导或调度室报告，并从受水害威胁的区域撤出。水灾的征兆是：工作面变得潮湿，顶板滴水、淋水，岩石膨胀，底鼓，矿压增大，片帮冒顶，支架变形，有水叫声，煤层挂汗、挂红，工作面有害气体增加，有时带有臭鸡蛋味等。

（2）探水作业经常会发生意外，进行探水作业时，要预先开好躲避硐，加强支护，规定好联络信号和避灾路线，并经常检查瓦斯浓度。当打钻探水中遇

第三章　工伤事故预防

到异常情况时,不要轻易移动或拔出钻杆、擅自放水,要及时向领导或调度室汇报,情况危急时,要立即撤出。

3. 矿井下发生事故的紧急避灾措施

(1) 有效的自救和互救可减少事故伤亡,挽救自己和他人的生命,因而要主动学习和掌握矿井灾害预防知识和自救、互救知识,熟悉井下避灾路线。

(2) 发生事故后,及时报警可增加获救的机会、赢得抢救的时间。在事故发生后,要充分利用附近的电话或派出人员迅速将事故情况向领导或调度室汇报。

(3) 避灾过程中,要保持镇静、沉着应对,不要惊慌、不要乱喊乱跑;要遵守纪律,听从指挥,决不可单独行动。

(4) 紧急避灾撤离事故现场时,要迎着风流向进风井口撤离,并在沿途留下标记。

(5) 无法安全撤离灾区时,要迅速进入预先构筑的躲避硐室或其他安全地点暂避,在硐室外留下明显标记,并不时敲打轨道或铁管发出求救信号。撤离路线被封堵时,不要冒险闯过火区或游过被水封堵的通道。

(6) 抢救窒息或心跳呼吸骤停的伤员时,要先复苏,后搬运;抢救出血的伤员时,要先止血,后搬运;抢救骨折的伤员时,要先固定,后搬运。

(7) 正确避灾,可避免或减少人员伤亡:遇到瓦斯、煤尘爆炸事故时,要迅速背向空气震动的方向、脸向下卧倒,并用湿毛巾捂住口鼻,以防止吸入大量有毒气体;与此同时,要迅速戴好自救器,选择顶板坚固、有水或离水较近的地方躲避。

遇到火灾事故时,要首先判明灾情和自己的实际处境,能灭(火)则灭,不能灭(火)则迅速撤离或躲避,开展自救或等待救援。

遇到水灾事故时,要尽量避开突水水头;难以避开时,要紧抓身边的牢固物体并深吸一口气,待水头过去后再开展自救和互救。

遇到煤与瓦斯突出事故时，要迅速戴好隔离式自救器，进入压风自救装置或进入避难硐室。

【案例】

* 事故经过

2016年7月3日4时6分，贵州某煤矿M30号煤层的1301回风巷掘进工作面发生一起较大透水事故。

2016年7月3日零点班，值班矿领导、总工程师肖某主持召开生产调度会。7月3日0时入井，当班入井45人，其中10人到1301回风巷作业（6名掘进工、1名安全员、1名瓦检员、2名打钻工），其余35人到1291采面和井下其他地点作业。

1时左右，1301回风巷四点班与零点班完成现场交接班，掘进工区带班副区长杨某安排综掘机司机杨某及掘进工余某、张某、沙某、严某出货、打锚杆，吴某开皮带运输机；打钻工付某、张某在1301回风巷施工顺层瓦斯抽放钻孔，安全员陈某、瓦检员江某到迎头检查后，就离开迎头到了防突风门附近。

3时30分左右，打钻工付某到防突风门附近联系安全员陈某验收钻孔。综掘机司机杨某启动综掘机清扫四点班余留浮货，现场未发现巷帮挂汗、淋水等透水预兆。4时6分，当综掘机截割头截割至迎头左上帮时，左上帮突然透水，掘进工吴某被水冲至该巷道斜坡段位置，被前往工作面的安全员陈某和打钻工付某救出升井。综掘机司机杨某，掘进工张某、余某、严某、沙某和打钻工张某被困。

* 事故原因

1. 直接原因

1301回风巷上方存在水体，未按规定认真落实探放水措施，揭露与水体连通的导水断层，导致事故发生。

2. 间接原因

(1) 该矿安全技术管理混乱：一是未按规定查清老空区积水情况；二是探放水资料作假。

(2) 该矿安全事故隐患排查制度形同虚设。未排查出1301回风巷掘进工作面防治水工作弄虚作假的隐患。

(3) 该矿安全管理人员配备不齐。矿总工程师兼任地测科长，生产技术科未配备人员。

(4) 该公司未按规定配齐安全管理人员及技术人员。公司安全副总经理兼任安全管理部部长，安全管理部只有3人，数量不足。

(5) 该公司未认真落实安全生产主体责任。2016年以来上级公司对该煤矿检查13次，未发现1301回风巷掘进工作面探放水工作作假，也未按规定对探放水钻孔进行抽查。

(6) 地方政府煤矿监管部门驻矿安监员未严格按规定对照视频监控抽查1301回风巷掘进工作面最后一循环（第十二循环）的探放水钻孔孔深情况，未严格检查1301回风巷探放水钻孔资料。

(7) 安监站未严格督促驻矿安监员抽查探放水钻孔孔深情况。

(8) 地方安监行政主管部门日常安全监管不到位，对安监站及驻矿员的工作督促检查力度不够。

(9) 县能源行政主管部门未认真履行管行业必须管安全的职责，对该煤矿防治水工作检查力度不够。

三、化工行业工伤事故预防

(一) 化工行业生产特点

1. 行业复杂，品种多，工艺差别大

生产工艺复杂指的是某种产品可能有几种生产工艺路线，这给生产安全管

理带来一定的困难。

2. 生产危险性大

化工生产工艺多数具有高温、高压、易燃、易爆、易中毒、易腐蚀等情况。例如电石、硫酸、化肥合成等都是高温生产，液氯、氢气、一氧化碳等都是易燃易爆物质。

3. 设备稳定性难掌握

生产设备容易产生跑冒滴漏，既污染环境，又易引发火灾、爆炸事故。生产使用的设备仪表管道阀门等任何一个环节在设计上、选材上、制造上以及维修保养上存在缺陷，都会给生产带来危险。

4. 毒性

原料、中间体、副产品乃至产品成品多数是毒性物质。

5. 生产管理复杂

生产设备的大型化、自动化和集中控制，生产的比例性、连续性都给生产安全管理带来难度。

6. 其他方面

目前我国化工企业还存在中、小型化工企业偏多、生产工艺和设备多数都较落后、职工文化技术素质较低的特点。

（二）生产过程中易发生的事故

1. 火灾

化工生产面临的安全和环境问题十分严重，化工生产的原料和产品范围广、种类多，且大部分属于易燃易爆、有毒有害物质，这类物质易发生火灾爆炸。

化工企业发生火灾的原因有多种，但是常见的化工企业火灾都是人为造成的。如人为操作不当，违反电气安全、吸烟、静电等因素。

2. 危险化学品泄漏

在化学品的生产、储存和使用过程中，盛装化学品的容器常常发生一些意外的破裂、倒洒等事故，造成化学危险品的外漏，因此需要采取简单、有效的安全技术措施来消除或减少泄漏危险，如果对泄漏控制不住或处理不当，随时有可能转化为燃烧、爆炸、中毒等恶性事故。常见危险化学品泄漏的原因如下：

（1）自然灾害。如地震、海啸、台风等自然因素造成的泄漏。

（2）勘测、设计方面存在缺陷。如化工企业选址不当等。

（3）设备、技术方面存在问题。

（4）违反操作规程，操作不当。

（5）交通运输事故引发危险化学品泄漏。

（6）人为破坏，如恐怖袭击等。

3. 化工反应造成的事故

虽然由于化学反应导致的事故发生频率要比火灾和泄漏事故少，但是其后果却是极具破坏性的。化工生产中的化学反应常常是在高温、高压、高浓度的情况下产生的，稍有不慎，就会发生事故。多年来，因为不了解反应的物理化学性质，缺乏准确的反应条件数据而导致的反应容器破裂、泄漏、爆炸的伤亡事故屡见不鲜，比如化学反应失控造成的事故伤害、灼伤等。

4. 中毒事故

突发性化学事故常可导致多人中毒，甚至死亡，常被称为重大灾害性事故，如发生中毒人数在100人以上，死亡人数在30人以上，则形成特大灾害性事故。引起化学事故的物质有以下种类：气体（窒息性气体，如一氧化碳、氰化物；刺激性气体，如氮氧化物、氯、氨等），有机溶剂（苯胺等）。当然，在常用的化学品中能引起事故的有上百种，但是能引起化学事故的物质一定要有基础条件，即毒物易弥漫，而散发时有较多的人接触。从实际发生的情况看，化学事故多集中在某几种化学物质上：氯气、氨气、氮氧化物、硫化物、光气等，主要由刺激性气体和窒息性气体组成，占全部中毒的75%以上。而其中氯气、一氧化碳、氨气三类物质（化合物）所致的化学事故占55%左右。另外，由于刺激性气体遇水即可生成酸或碱，腐蚀性很强，常使设备、管线损坏，发生跑、冒、滴、漏，外逸的气体极易通过呼吸道进入人体而导致中毒。

（三）化工生产安全操作

（1）熟练掌握生产工序的工艺流程及现场工艺设备、各种物料管线功能、流向。

（2）生产中严格执行操作规程。

（3）牢记各类生产工艺指标（不得记错、用错或随意修改）。

（4）班前做好上岗前的工艺、设备巡检，及时了解上一班生产及工艺设备情况。

（5）班中按生产工艺要求，认真做好生产现场工艺、设备运行的巡检，并准时翻巡检牌。

（6）班中精心操作。并按时真实填写各时段的岗位原始记录报表中的各项内容。

（7）交班前必须在交接班记录本上详细记录本班生产情况，特别是出现的生产异常（机械故障、物料泄漏、工艺超温、超压、电气仪表故障等），并将上述情况书面交代接班。

（8）班中生产出现的异常和故障应及时处理并通知当班领导。

（9）会正确使用消防器材和各类呼吸防护器。

（10）不是自己分管的设备千万不要动。

（11）电气、仪表故障应通知电气、仪表值班人员维修，化工操作人员不得自己检修。

（12）生产区域严禁吸烟和其他火种存在。

（13）操作室严禁岗位操作人员离岗、脱岗、串岗、睡岗。当人员离开操作室一定要同岗位其他人员打招呼，告知他们去向。

（14）上班严禁做与生产无关的事。

【案例】

*事故经过

2014年1月9日9时，亳州市某化工公司工人张某发现泵操作井中甲硫醇钠管道堵塞，便安排李某下到操作井中维修，李某下到操作井中后即中毒昏迷。张某发现后立即叫来工人盛某、李某前来一同施救。3人在未采取任何防护措施的情况下，相继下到操作井内，均重度昏迷。这时王某赶到现场，阻止了其他人员继续下去施救，在去除覆盖在泵操作井上面的彩钢板，并向泵操作井中强制通风后，先后救出4人，并送至医院抢救，经抢救无效4人均死亡。

*事故原因

1. 直接原因

作业人员违规进入泵操作井对其中的甲硫醇钠管道进行检修，吸入含硫有毒气体（硫化氢、甲硫醇等）中毒。

2. 间接原因

（1）王某和张某无视相关法律法规，在未经任何行政审批，未建立安全管理体系，未制定安全管理制度，无安全管理人员，未对作业人员进行安全培训，未设置必要的安全措施，生产系统不具备基本的安全生产条件的情况下，非法组织建设、生产。

（2）该公司违反安全生产法律法规，在明知王某和张某没有资质、不具备安全生产条件的情况下，为非法建设、生产提供帮助，为其提供生产场地，帮助其应付政府部门检查、掩盖非法活动，客观上促成了非法建设、生产。

(3) 监管不到位。该公司所在政府没有按照安全生产检查的要求,对辖区内危险化学品生产企业进行深入细致检查,打击非法生产责任落实不到位,对辖区内非法建设、生产查处不力。

第四章　职业病防治

随着经济的快速发展，职业病的危害已经成为影响职工生命健康的突出问题之一。当前，我国职业病危害接触人数、患病人数和新发病人数均居世界前列。职业病危害因素分布广，尤其是一些中小企业劳动保护条件差、职业病危害严重；劳动者流动性大，自我保护意识不强；严重职业病危害没有得到有效控制。

本章首先介绍了职业病危害因素分类及其辨识方法，之后介绍了职业病危害因素的预防方法及职工罹患职业病后的诊断鉴定和医疗救治，帮助读者了解职业病预防，熟悉职业病危害因素的分类和辨识方法，进而掌握预防职业病的管理和技术手段。

第一节 职业病危害因素分类及辨识

一、职业病危害因素分类

职业病危害因素,又称职业危害因素或职业性有害因素,是指对从事职业活动的劳动者可能导致职业病的各种危害。职业病危害因素包括职业活动中存在的各种有害的化学、物理、生物因素以及在作业过程中产生的其他与职业有关的危害因素。

2015年11月17日,国家卫生计生委、安全监管总局、人力资源社会保障部和全国总工会联合颁布《职业病危害因素分类目录》(国卫疾控发〔2015〕92号),将职业病危害因素划分为459类,其中:生产性粉尘52类、化学因素375类、物理因素15项、放射性因素8类、生物因素6类、其他因素3类。

1. 生产性粉尘

生产性粉尘是指在生产过程中形成并能长时间飘浮在空气中的固体颗粒。它是污染工作环境、损害劳动者健康的重要职业病危害因素。人们长期在粉尘环境中工作,吸入肺内的粉尘可引起多种职业性肺部疾病,其中危害最大的是导致尘肺病。

生产性粉尘分类方法很多。按导致法定职业病的病因可分为矽尘、煤尘、石墨尘、炭黑尘、石棉尘、陶瓷尘、滑石尘、水泥尘、云母尘、铝尘、电焊工尘、铸工尘、其他粉尘。

2. 化学因素

化学因素可分为:金属及其化合物;类金属及其化合物;刺激性气体;窒

息性气体；酸、碱；有机溶剂；苯的氨基、硝基化合物；酚、醇、醚类化合物；多环芳烃类化合物；油类、合成树脂；农药及药物；其他化学物质。

3. 物理因素

物理因素分为：生产性噪声；振动；高温、高湿、低温等异常气象条件；高气压、低气压等异常气压；高频、超高频、微波、紫外辐射、激光等非电离辐射；X射线、α射线、β射线、γ射线、中子等电离辐射。

4. 放射性因素

放射性因素分为：密封放射源产生的电离辐射；非密封放射性物质；X射线装置（含CT机）产生的电离辐射；加速器产生的电离辐射；中子发生器产生的电离辐射；氡及其短寿命子体；铀及其化合物等；其他放射性因素。

5. 生物因素

职业性生物危害因素，是指劳动者在生产过程中容易导致接触感染的生物病菌类因素。生物因素包括：生产原料和生产环境中存在的有害职业人群健康的致病微生物、寄生虫及动物、昆虫等及其所产生的生物活性物质，如附着于动物皮毛上的炭疽杆菌、布氏杆菌、蜱媒森林脑炎病毒、支原体、衣原体、钩端螺旋体、草尘上的真菌或真菌孢子之类的致病微生物及其毒性产物等；某些动物、植物产生的刺激性、毒性或变态反应性生物活性物质，如鳞片、粉末、毛发、粪便、毒性分泌物、酶或蛋白质和花粉等；禽畜血吸虫尾蚴、钩蚴、蚕丝、蚕蛹、蚕茧、桑毛虫、松毛虫等。如牲畜检疫、拣毛、毛皮及其制品加工、饲养员、兽医等接触牲畜的工种有可能直接接触被炭疽杆菌感染的动物而发生职业性炭疽；护林、栲胶备料、松脂采割、松明采集、野生果品采摘、原木采伐、原木运输等出入森林作业人员有可能发生森林脑炎；牲畜检疫、拣毛、毛皮及其制品加工、饲养员、兽医等接触牲畜的工种有可能直接接触被布氏杆菌感染的动物而发生布氏杆菌病等。

6. 其他因素

其他因素主要指金属烟、井下不良作业条件、刮研作业。

二、职业病危害因素辨识

1. 经验对照法

经验对照法是职业卫生评价人员依据其掌握的相关专业知识和实际工作经验，对照职业卫生有关法律法规，借助经验和判断能力直观地对评价对象的职业病危害因素进行分析的方法。

该方法主要适用于一些传统行业中采用传统工艺的工作场所的识别，优点是简便易行，缺点是识别准确性受评价人员知识面、经验和资料的限制，易出现遗漏和偏差。

为弥补上述不足，可采用召开专家座谈会的方式交流意见、集思广益，使职业病危害因素识别结果更加全面、可靠。

2. 类比法

通过对与拟评价建设项目相同或相似企业或场所的职业卫生调查、工作场所职业病危害因素浓度（强度）检测，类推拟评价建设项目接触职业病危害因素作业工种（岗位）的职业病危害因素预期接触水平。

类比法是建设项目职业病危害预评价工作中最常用的职业病危害因素识别方法。在实际工作中，完全相同的类比对象是十分难找的，因此类比法进行定量分析时，应根据生产规模、工程与卫生防护特征、生产管理以及其他因素等实际情况进行必要的修正。

3. 系统工程分析法

系统工程分析法是指运用工程分析的思路和方法，在全面、系统分析建设工程概况、建设地点、建设项目所在地自然环境、总体布局、生产工艺、生产设备及布局、生产过程中使用的原辅材料、产品与副产品、车间建筑设计卫生学、职业病危害工程防护技术措施等的基础上，识别和分析建设项目存在或可能存在的职业病危害因素的种类，及其存在环节、岗位分布及潜在接触水平的一种方法。

在应用新技术、新工艺的建设项目，找不到类比对象与类比资料时，利用系统工程分析法来识别职业病危害因素最有说服力。

利用系统工程分析法进行职业病危害因素识别与分析，必须从系统工程分析的角度全面剖析建设项目产生或可能产生的职业病危害因素，无论是收集资料，还是现场调研必须认真、仔细、全面、到位，否则会因为某些粗心或疏漏因素影响职业病危害因素识别与分析的准确性。

4. 检测检验法

检测检验法是依据国家职业卫生相关检测规范和方法，通过现场检测和实验室分析，对化学因素、物理因素及通风条件参数等进行检测，对照职业卫生相关标准对作业场所职业病危害防护设施的效果及化学因素、物理因素的浓度（强度）进行分析与评价。

在建设项目职业病危害控制效果评价、工作场所职业病危害因素检测与评价以及建设项目职业病危害预评价类比调查等工作中，通常对已知职业病危害因素进行采样测定，属定量评价范畴。而用先进仪器设备对工作场所可能存在的职业病危害因素进行定性分析，则属于定性识别范畴。如用气相色谱质谱分析仪对工作场所空气中有害物质进行定性与定量分析，可以识别出来一些系统工程分析法、经验对照法等难以发现的有害因素。

目前一些工业化学品供货商为推销产品，常常打出环保产品、绿色产品的旗号，或出于配方保密的目的仅提供商品名和产品代号，导致使用部门对这些化学品组分并不了解，对可能产生的职业病危害认识不足。对于这类危害因素的识别，检测检验法就能发挥较好的优势。因此，该方法对识别生产与使用含混合有机溶剂的涂料、胶黏剂等工作场所的职业病危害因素十分有效。

检测检验法所得结果客观真实，往往是建设项目职业病危害评价结论和职业卫生监督结论的重要依据。其优点是应用现代检测、检验技术能够真实、准确地反映类比现场及验收现场职业病危害因素的种类、浓度或强度，为职业病危害因素定性、定量评价提供科学的技术依据。其缺点是投入的人力、物力大，时间长，测定项目不全或检测结果出现偏差时易导致识别结论的错误或遗漏。同时，应当注意的是应用检测检验法进行职业病危害因素的识别与分析时，要求检测检验实验室必须具有完善的质量保证体系，并通过计量认证，以确保实验室的检测检验数据真实、可靠、准确、公正。

第二节 职业病危害因素预防

一、生产性粉尘预防

无论发达国家还是发展中国家，生产性粉尘的危害是十分普遍的，尤以发展中国家更严重，全世界大约近亿劳动者接触粉尘危害。我国尘肺病占职业病的85%以上，可以说，粉尘危害解决了，我国职业病危害情况也就基本趋于好转。但是，我国接触粉尘作业工人的人数众多、企业众多。根据有关报告，国有企业粉尘浓度监测合格率一般在60%左右，乡镇企业约35%，有些民营小型厂矿根本没有粉尘监测记录或者防尘措施很不完善。因此，减少或消除粉尘危害，任重道远。

（一）粉尘危害的防护原则

目前，粉尘对人造成的危害，特别是尘肺病尚无特异性治疗，因此预防粉尘危害，加强对粉尘作业的劳动防护管理十分重要。粉尘作业的劳动防护管理应采取三级防护原则。

1. **一级预防**

（1）一级预防的主要措施包括：以工程防护措施为主的综合防尘，即改革生产工艺、生产设备，尽量将手工操作变为机械化、自动化和密闭化、遥控化操作；尽可能采用不含或含游离二氧化硅低的材料代替含游离二氧化硅高的材料；在工艺要求许可的条件下，尽可能采用湿法作业；使用个人防尘用品，做好个人防护。

（2）定期检测，即对作业环境的粉尘浓度实施定期检测，使作业环境的粉尘浓度降到国家标准规定的允许范围之内。

（3）健康体检，即根据国家有关规定，对工人进行就业前的健康体检，对患有职业禁忌证、未成年人、女职工，不得安排其从事禁忌范围的工作。

（4）宣传教育，普及防尘的基本知识。

（5）加强维护，对除尘系统必须加强维护和管理，使除尘系统处于完好、有效状态。

2. **二级预防**

二级预防措施包括：建立专人负责的防尘机构，制定防尘规划和各项规章制度；对新从事粉尘作业的职工，必须进行健康检查；对在职的从事粉尘作业的职工，必须定期进行健康检查，发现不宜从事接尘工作的职工，要及时调离。

3. **三级预防**

三级预防的主要措施为：对已确诊为尘肺病的职工，应及时调离原工作岗位，安排合理的治疗或疗养，患者的社会保险待遇应按国家有关规定办理。

（二）综合防降尘措施

我国政府对粉尘控制工作一直给予高度重视，在防止粉尘危害、保护企业职工健康、预防尘肺发生等方面做了大量的工作，取得了重要的成绩。长期管理工作中形成的"革、水、密、风、护、管、教、查"八字方针在粉尘预防工作中十分有效,并随着生产工艺的发展赋予新的内涵。具体如下:

(1)"革"即工艺改革和技术革新,这是消除粉尘危害的根本途径。例如实行远程操作、无人化开采等现代化工艺生产,可以从根本上消除粉尘危害。

(2)"水"即湿式作业,可减少粉尘的产生,防止粉尘飞扬,降低环境粉尘浓度。

(3)"密"即将发尘源密闭,对产生粉尘的设备,尽可能在通风罩中密闭,并与排风结合,经除尘处理后再排入大气。

(4)"风"即加强通风及抽风措施,采用除尘器等,将工作面的含尘空气抽出,并可同时采用局部送入式机械通风,将新鲜空气送入工作面。

(5)"护"即个人防护,是对防、降尘措施的补充,特别在技术措施未能达到的地方必不可少。

(6)"管"即经常性地进行维修和管理工作,加强监管。

(7)"教"即加强劳动者的培训教育,加强监管人员和管理人员的培训教育,加强职业卫生知识的宣传教育等。

(8)"查"即定期检查环境空气中粉尘浓度,接触者的定期体格检查,加强政府监督检查和企业自查等。

(三)控制粉尘危害的主要技术措施

各行各业根据其粉尘的产生特点,形成了各具特色的控制粉尘浓度的技术措施。防尘和降尘措施概括起来主要包括如下几个方面:

1. 无毒代替有毒,低毒代替高毒

这项措施在防治粉尘危害措施"金字塔"的高端,使用"绿色"原材料。例如寻找石棉的替代品,禁止使用石棉,使用石英含量低的原材料代替石英含量高的原材料等。

2. 改革工艺过程，革新生产设备

改革工艺过程，革新生产设备是消除粉尘危害的主要途径，如使用遥控操纵、计算机控制、隔室监控等措施避免工人接触粉尘。

3. 湿式作业

湿式作业是指以水为主的防尘措施。水可以润湿粉尘，防止其飞扬和加速沉降，具有简单易行、费用小、效果好等优点。

我国矿山作业多推行湿式作业，采取以湿式凿岩为主，并配合喷雾洒水、水炮泥、水封爆破以及煤体注水等防尘技术措施。

4. 采用自动化作业，隔离、密闭操作

采用机械化、自动化或密闭隔离操作，可减少操作人员与粉尘的直接接触。

5. 通风除尘和抽风除尘

对不能采取湿式作业的场所，可以使用密闭抽风除尘的方法。采用密闭尘源和局部抽风相结合，防止粉尘外溢，抽出的空气经过除尘处理后再排入大气。

二、化学因素预防

1. 消除或减少化学性职业病危害因素

改革工艺过程，消除或减少职业性有害因素的危害。如在预防职业中毒时，采用无毒或低毒的物质代替有毒物质，限制化学原料中有毒杂质的含量：油漆生产中可用锌白或钛白代替铅白；喷漆作业采用无苯稀料，并采用静电喷漆新工艺；在酸洗作业中限制酸中砷的含量；电镀作业采用无氰电镀工艺；在铸造工艺中用石灰石代替石英砂，并采取湿式作业等。

2. 减少接触机会

生产过程尽可能机械化、自动化和密闭化，减少操作人员接触化学毒物、

粉尘及各种有害因素的机会。加强生产设备的管理和检查维修,防止化学毒物的跑、冒、滴、漏和防止发生意外事故。

3. 加强工作场所的通风排毒除尘

厂房车间是相对封闭的空间,室内的气流影响毒物、粉尘的排除,可采用局部抽出式机械通风系统及除尘装置排除化学毒物和粉尘,以降低工作场所空气中的化学毒物和粉尘浓度等。

4. 厂房建筑和生产工艺过程的合理设置

在进行厂房建筑和生产工艺过程设备设施建设时,应严格按照《工业企业设计卫生标准》(GBZ 1-2010)建设。有生产性化学毒物逸出的车间、工段或设备,应尽量与其他车间、工段隔开,合理地配置,以减少毒物的影响范围。厂房的墙壁、地面应以不吸收化学毒物和不易被腐蚀的材料制成,表面力求平滑和易于清理,以便保持清洁卫生等。

三、物理因素预防

(一)高温危害预防措施

1. 技术措施

(1)合理设计工艺流程。合理设计工艺流程,改进生产设备和操作方法是改善高温作业劳动条件的根本措施。例如钢水连铸、轧钢、铸造、搪瓷等生产自动化,可使劳动者远离热源,减轻劳动强度。

热源的布置应符合下列要求:

1)尽量布置在车间外面。

2)采用热压为主的自然通风时,尽量布置在天窗下面。

3)采用穿堂风为主的自然通风时,尽量布置在夏季主导风向的下风侧。

此外,温度高的成品和半成品应及时运出车间或堆放在下风侧。

(2)隔热。隔热是防止热辐射的重要措施,可以采用各种导热系数小的材料进行隔热。首先要考虑热源采取隔热措施,如在热源之间设置隔墙(板),使热空气沿着隔墙上升,经过天窗排出,以免热的气体扩散到整个车间。

(3)通风降温。根据实际情况选择通风方式,主要有:

1)自然通风:热量大、热源分散的高温车间,每小时需换气30~50次,才能使余热及时排出。进风口和排风口配置合理,可充分利用热压和风压的综合作用,使自然通风发挥最大的效能。

2)机械通风:在自然通风不能满足降温需要或生产上要求车间内保持一定的温、湿度时,可采用机械通风。

2. 卫生保健措施

(1)供给饮料和补充营养。高温作业劳动者应补充与出汗量相等的水分和盐分。一般每人每天供水3~5升,盐20克左右。8小时工作日内出汗量超过4升时,除从食物中摄取盐外,尚需通过饮料补充适量盐分。饮料的含盐量以0.15%~0.20%为宜,饮水方式以少量多次为宜。

高温作业人员膳食中的总热量应比普通劳动者高,最好能达到12 600~13 860千焦,蛋白质增加到总热量的14%~15%为宜。此外,还要注意补充维生素和钙等营养素。

(2)对高温作业劳动者应进行就业前和入夏前体格检查。凡有心血管、呼吸、中枢神经、消化和内分泌等系统的器质性疾病,以及过敏性皮肤瘢痕患者、重病后恢复期及体弱者,均不宜从事高温作业。

3. 个体防护

高温作业劳动者的工作服,应采用耐热、导热系数小而透气性能好的织物。为了防止辐射热对健康的损害,可用白色帆布或铝箔制作的工作服。此外,根据不同高温作业的需求,可供给劳动者工作帽、防护眼镜、面罩、手套、鞋盖、护腿等劳动防护用品。特种作业人员进行如炉衬热修、清理钢包等作业,需佩戴隔热面罩和穿着隔热、阻燃、通风的防护服,如喷涂金属(铜、银)的隔热面罩、铝膜隔热服等。

4. 组织措施

要加强领导,改善管理,严格遵守我国高温作业卫生标准和有关规定,搞好厂矿防暑降温工作。必要时可根据工作场所的气候特点,适当调整夏季高温作业的劳动和作息制度。

(二)低温危害预防措施

1. 做好防寒保暖工作

应按照《工业企业设计卫生标准》(GBZ 1—2010)和《工业建筑供暖通风与空气调节设计规范》(GB 50019—2015)的规定,提供采暖设备,使作业地点保持合适的温度。

2. 注意个人防护

环境温度低于-1℃,人体尚未出现体温过低时,表浅或深部组织即有可能被冻伤,因此手、足和头部的防寒很重要。防护服要具有导热系数低、吸湿和透气性强的特性。在潮湿环境下工作,应提供橡胶工作服、围裙、长靴等劳动防护用品。

3. 增强耐寒体质

人体皮肤在长期和反复寒冷作用下,会使表皮增厚,御寒能力增强。经常冷水浴、冷水擦身或较短时间的寒冷刺激结合体育锻炼,均可提高人体对低温环境的适应能力。此外,应适当增加富含脂肪、蛋白质和维生素的食物摄入。

(三)高气压危害预防措施

1. 遵守安全操作规程

暴露在高气压环境下,须遵照安全减压时间表,逐步返回到正常气压状态,目前多采用阶段减压法。

2. 卫生保健措施

工作前要注意防止过劳,严禁饮酒,加强营养。对高气压作业人员建议多食用高热量、高蛋白的食物。适当增加维生素（如维生素E）的摄入量，可有效抑制血小板的凝集作用。工作时应注意防寒保暖，工作结束后宜饮用热饮料，洗热水澡等。

做好就业前的体检工作，特别是肩、髋、膝关节及肱骨、股骨和胫骨的X线检查，体检合格者才可从事相关工作。就业后每年应做1次体格检查，并持续到停止高气压作业后的3年为止。

3. 职业禁忌证

职业禁忌证包括：患神经、精神、循环、呼吸、泌尿、运动、内分泌、消化等系统的器质性疾病和明显的功能性疾病者；患眼、耳、鼻、喉及前庭器官的器质性疾病者；年龄超过50岁、患各种传染病且未愈者，以及过敏体质者等不宜从事相应的禁忌工作。

（四）噪声危害预防措施

1. 控制噪声源

根据具体情况采取技术措施，控制或消除噪声源，是从根本上解决噪声危害的重要方法。采用无声或低噪声设备代替发出强噪声的设备，如用无声液压代替高噪声的锻压，以焊接代替铆接等，均可收到较好的效果。在生产工艺过程允许的情况下，可将噪声源如电机或空气压缩机等移至车间外或更远的地方，否则需采取隔声措施。此外，设法提高机器制造的精度，尽量减少机器零部件的撞击和摩擦，减少机器的振动，也可以明显降低噪声强度。在进行工作场所设计时，合理配置声源，将噪声强度不同的机器分开放置，有利于减少噪声危害。

2. 控制噪声的传播

在噪声传播过程中，应用吸声和消声技术，可以获得较好的控制效果。例如采用吸声材料装饰在车间的内表面，如墙壁或屋顶，或在工作场所内悬挂吸声体，吸收辐射和反射的声能，使噪声强度减低。具有较好吸声效果的材料有玻璃棉、矿渣棉、棉絮或其他纤维材料。在某些特殊情况下，为了获得较好的吸声效果，需要使用吸声尖劈。消声是降低动力性噪声的主要措施，用于风道和排气管，常用的有阻性消声器、抗性消声器等，消声效果均表现较好。

还可以利用一定的材料和装置，将声源或需要安静的场所封闭在一个较小的空间中，使其与周围环境隔绝起来，即隔声室、隔声罩等。在建筑施工中将机器或振动体的基底部与地板、墙壁连接处设隔振或减振装置，也可以起到降低噪声的作用。

3. 制定职业接触限值

尽管噪声会对人体产生不良影响，但在生产中要想完全消除噪声，既不经济，也不可能。因此，制定合理的卫生标准，将噪声强度限制在一定范围内，是防止噪声危害的主要措施之一。

我国《工业场所有害因素职业接触限值第 2 部分：物理因素》（GBZ 2.2-2007）规定，噪声职业接触限值为每周工作 5 天，每天工作 8 小时，稳态噪声限值为 85 分贝，非稳态噪声等效声级的限值为 85 分贝；每周工作日不足 5 天，需计算 40 小时等效声级，限值为 85 分贝。

4. 个体防护

当工作场所的噪声强度暂时不能得到有效控制，且需要在高噪声环境下工作时，佩戴劳动防护用品是保护听觉系统的一项有效的防护措施。最常用的劳动防护用品是耳塞，一般由橡胶或软塑料等材料制成，隔声效果在 20 分贝左右。此外，还有耳罩、帽盔等，隔声效果可达 30 分贝，但佩戴时不够方便，成本也较高，普遍采用存在一定的困难。某些特殊环境下的工作，可将耳塞和耳罩合用，以保护劳动者的听力。

5. 健康监护

应定期对接触噪声的劳动者进行健康检查，特别是听力检查，观察听力变化情况，以便早期发现听力损伤，及时采取有效的防护措施。从事噪声作业的劳动者应进行就业前检查，取得听力的基础资料。凡有听觉系统疾患、中枢神经系统和心血管系统器质性疾患或自主神经紊乱者，不宜从事噪声作业。

接触噪声作业的劳动者应定期进行健康体检，发现有高频听力下降者，应及时采取适当的防护措施。对于听力明显下降者，应及早调离噪声作业场所并进行定期检查。

6. 合理安排劳动和休息

对从事噪声作业的劳动者可适当安排工间休息，休息时应脱离噪声环境，使听觉疲劳得以恢复。应经常检测工作场所的噪声，监督检查预防措施的执行情况及效果。

（五）振动危害预防措施

1. 控制振动源

改革生产工艺过程，采取技术革新，通过减振、隔振等措施，减轻或消除振动源的振动，是预防振动职业危害的根本措施。例如，采用减压、焊接、黏接等新工艺代替风动工具铆接工艺；采用水力清砂、水爆清砂、化学清砂等工艺代替风铲清砂；设计自动或半自动操纵装置，减少手部和肢体直接接触振动的机会；工具的金属部件改用塑料或橡胶，可减少因撞击而产生的振动；采用减振材料降低交通工具、作业平台等大型设备的振动。

2. 限制作业时间和振动强度

振动职业卫生标准是进行卫生监督的依据。通过研制和实施振动作业卫生标准，限制接触振动的强度和时间，可有效地保护劳动者的健康，是预防振动危害的重要措施。

3. 改善作业环境

加强作业过程或作业环境中的防寒、保暖措施，特别是在北方寒冷季节的室外作业，需要配备防寒和保暖设施。振动工具的手柄温度如能保持在40℃，对预防振动性白指的发生具有较好的效果。控制作业环境中的噪声、毒物和气湿等因素，对预防振动危害有一定的促进作用。

4. 个人防护

合理配置和使用劳动防护用品，如防振手套、减振座椅等，可以减轻振动的危害。

5. 加强健康监护和日常卫生保健

依法对从事振动作业的劳动者进行就业前和定期健康检查，实施三级预防，早期发现，及时处理患病个体。加强健康管理和宣传教育，提高劳动者的健康意识。定期监测振动工具的振动强度，结合卫生标准合理安排作业时间。长期从事振动作业的劳动者，尤其是手臂振动病患者应加强日常卫生保健，日常生活应有规律，坚持适度的体育锻炼。

（六）非电离辐射危害预防措施

1. 射频辐射危害预防措施

射频辐射危害的主要防护措施有场源屏蔽、距离防护、合理布局等，其中最根本、有效的方法是采取屏蔽措施。具体内容有：

（1）选择铜、铝等（片装或网络结构）材料进行屏蔽，如高频振荡电路、高频馈线和高频工作电路等。所有的屏蔽罩必须有良好的接地装置。

（2）尽可能地采用远离高频辐射源的自动或半自动操作。

（3）定期测定工作场所场强，使劳动者接触水平符合要求。

2. 微波危害预防措施

微波危害防护的基本原则是屏蔽辐射源，加大作业点与辐射源的距离，合理地穿戴劳动防护用品等。具体措施如下：

（1）在调试高功率微波设备（如雷达）的电参数时，可使用等效天线，以减少对劳动者不必要的照射。

（2）采用微波吸收或反射材料屏蔽辐射源。

（3）使用防护眼镜和防护服等劳动防护用品。

3. 红外辐射危害预防措施

反射性铝制遮盖物和铝箔衣服可减少人体红外线的暴露量及降低熔炼工、热金属操作工的热负荷。严禁裸眼观看强光源，操作时应佩戴能有效过滤红外线的防护眼镜。

4. 紫外辐射危害预防措施

紫外辐射危害防护措施以屏蔽以及增加作业点与辐射源的距离为原则。

电焊工及其辅助工种的劳动者必须佩戴专业的防护面罩、防护眼镜、防护服和手套。电焊工操作时应使用移动屏障围住操作区，以免其他工种劳动者受到紫外线照射；非电焊工禁止进入操作区，严禁裸眼观看电焊；电焊时产生的有害气体和烟尘，宜采用局部排风加以排除。接触低强度紫外辐射源，如低压水银灯、太阳灯、黑光灯等，可佩戴专业护目镜来保护眼睛。

5. 激光危害预防措施

（1）安全教育和安全防护措施。所有从事激光作业的人员，必须先接受激光危害及安全防护的教育。工作场所应制定安全操作规程、明确操作区和危险带。工作场所要有醒目的警告牌，以提醒无关人员禁止入内。严禁裸眼观看激光束。劳动者就业前、在岗期间应做好健康检查。

（2）激光器安全装置。凡激光束可能漏射的部位，应设置防激光封闭罩，必须安装激光开启与光束停止的联锁装置。

（3）工作环境安全设置。工作室围护结构应用吸光材料制成，色调宜暗。工作区采光宜充足，室内不得有反射、折射光束的用具和物件。

（4）劳动防护用品。防护服的颜色宜略深以减少反光，防护眼镜在使用前必须经专业人员鉴定，并定期测试。

（5）《工作场所有害因素职业接触限值　第2部分：物理因素》（GBZ 2.2—2007）中规定了工作场所激光辐射的眼直视和皮肤照射的职业接触限值。

四、放射性因素预防

电离辐射危害的防护措施主要包括外照射防护和内照射防护，设备、环境防护和个体防护，管理措施和健康监护等。

(一) 外照射危害防护

外照射危害的防护主要是减低和消除外源性照射对人体的影响，防护措施主要包括屏蔽防护和距离防护和时间防护。

1. 屏蔽防护

原子序数大的物质对放射线具有较大的吸收能力。选择和使用有效屏蔽设施，在人与放射源之间设置防护屏障，如利用铅、钢筋水泥等对辐射线的吸收作用，可降低照射到人体的电离辐射剂量，以达到保护人体健康的目的。

2. 距离防护

某位点的辐射剂量与放射源的距离的平方成反比，距放射源越远，辐射剂量越小。通过对辐射场所的分区（控制区、监督区）进行分级管理，以设置和增加距离的方式，尽可能减小对距离外受照射人员的辐射损伤。

3. 时间防护

辐射损伤的程度与接触放射性或放射性核素的时间有关，接触时间越长，伤害越重。因此，尽可能减少作业或接触时间，以减少受照剂量、减轻放射性损伤的程度。

(二) 内照射危害防护

内照射危害的防护主要是防止放射性核素经各种途径进入人体，同时要有效控制放射性核素向空气、水体、土壤的逸散。相关防护措施主要涉及工程技术措施、个体防护措施和管理措施，良好的环境控制措施，尽可能降低辐射环境中可能形成内照射的放射性核素水平，再通过个体防护措施进一步减低经不同途径进入机体的放射性核素剂量。

1. 呼吸道防护

呼吸道防护措施包括：通风、收集、净化处理可能形成内照射的放射性物质，降低环境中危害物的存在水平；按实际需要规范配备、使用、管理呼吸道防护器具，保持其防护效果，最大限度地减低经呼吸道进入人体的放射性物质水平等。

2. 消化道防护

消化道防护措施包括：防止放射性物质污染食物、水源、大气，禁止在工作区饮食、吸烟，禁止放射性物质污染饮食环境，从事放射性工作的人员应使用口鼻防护器等。

3. 皮肤防护

皮肤防护措施包括：规范使用工作服、防护头套、面罩、手套、鞋袜等劳动防护用品；工作结束时，进行污染检测，避免皮肤污染和形成内照射等。

4. 健康监护

按照《放射工作人员职业健康监护技术规范》（GBZ 235-2011）的要求，定期进行劳动者的职业健康检查，分析、评价劳动者健康状况，建立职业健康监护档案，并进行规范化管理，为分析、评价和提高劳动者健康状况创造条件。

5. 监督管理

严格按照国家有关法律法规、规范、标准等，对涉及放射性作业的物料、机构、人员、设备、环境等进行规范管理，并不断提高监管水平，严格控制涉及放射性危害的各环节，控制危害发生。

五、生物因素预防

（一）炭疽杆菌危害预防

（1）发现病畜应及时采用焚烧或深埋的方法处理，不可解剖，对病畜的污染物及排泄物要彻底消毒。

（2）皮毛要严格检疫和消毒，以采用环氧乙烷气体消毒效果较好。

（3）加强职工劳动保护，定期体检。饭后用2%~3%的双氧水洗手，1%高锰酸钾漱口，人体暴露部位如有伤口，应暂时脱离接触原料毛皮。

（4）隔离治疗炭疽病患者，直至其痊愈，实验室检查至正常。

（二）布氏杆菌危害预防

（1）给疫区牲畜进行预接种，每年1次，连续3~5年，发现病畜及时宰杀，病畜肉要进行高温处理。

（2）疫区内从事屠宰、皮毛加工人员及兽医要加强防护，要穿戴防护衣帽、口罩及乳胶手套等。

（3）疫区有关人员应接种减毒活菌苗，每年1次。

（三）森林脑炎病毒危害预防

（1）加强防蜱灭蜱。

（2）在林区工作时穿"三紧"（袖口、领口和下摆要扣紧）防护服及高筒靴，头戴防虫罩；衣帽可浸入邻苯二甲酸二甲酯溶液后再使用，一次浸润有效期10天。

（3）病人衣服应进行消毒灭蜱。

（4）预防接种。每年3月前注射森林脑炎疫苗，第一次2毫升，第二次3毫升，间隔7~10天，以后每年加强一针。

第三节　职业病诊断鉴定与医疗救治

为进一步规范职业病诊断与鉴定工作，保障劳动者健康权益，《职业病诊断与鉴定管理办法》（卫生部令第 91 号）修订实施，劳动者进行职业病诊断与鉴定应依据此办法的规定执行。

一、职业病诊断机构

(一) 诊断机构

省、自治区、直辖市人民政府卫生行政部门（以下简称省级卫生行政部门）应当结合本行政区域职业病防治工作制定职业病诊断机构设置规划，报省级人民政府批准后实施。

1. 职业病诊断机构应具备的条件

（1）持有《医疗机构执业许可证》。

（2）具有相应的诊疗科目及与开展职业病诊断相适应的职业病诊断医师等相关医疗卫生技术人员。

（3）具有与开展职业病诊断相适应的场所和仪器、设备。

（4）具有健全的职业病诊断质量管理制度。

2. 资料

医疗卫生机构申请开展职业病诊断，应当向省级卫生行政部门提交以下资料：

（1）职业病诊断机构申请表。

（2）医疗机构执业许可证及副本的复印件。

（3）与申请开展的职业病诊断项目相关的诊疗科目及相关资料。

（4）与申请项目相适应的职业病诊断医师等相关医疗卫生技术人员情况。

（5）与申请项目相适应的场所和仪器、设备清单。

（6）职业病诊断质量管理制度有关资料。

（7）省级卫生行政部门规定提交的其他资料。

3. 职业病诊断机构的职责

（1）在批准的职业病诊断项目范围内开展职业病诊断。

(2)报告职业病。

(3)报告职业病诊断工作情况。

(4)承担《职业病防治法》中规定的其他职责。

(二) 诊断医师条件

从事职业病诊断的医师应当具备下列条件，并取得省级卫生行政部门颁发的职业病诊断资格证书：

(1)具有医师执业证书。

(2)具有中级以上卫生专业技术职务任职资格。

(3)熟悉职业病防治法律法规和职业病诊断标准。

(4)从事职业病诊断、鉴定相关工作3年以上。

(5)按规定参加职业病诊断医师相应专业的培训，并考核合格。

并且，职业病诊断医师应当依法在其资质范围内从事职业病诊断工作，不得从事超出其资质范围的职业病诊断工作。

职业病诊断机构应当建立和健全职业病诊断管理制度，加强职业病诊断医师等有关医疗卫生人员技术培训和政策、法律培训，并采取措施改善职业病诊断工作条件，提高职业病诊断服务质量和水平。职业病诊断机构应依法独立行使诊断权，公开诊断程序。方便劳动者进行职业病诊断，尊重、关心、爱护劳动者，保护劳动者的隐私并对其做出的职业病诊断结论负责。

二、职业病的诊断

劳动者可以选择用人单位所在地、本人户籍所在地或者经常居住地的职业病诊断机构进行职业病诊断。职业病诊断机构应当按照《职业病防治法》《职业病诊断与鉴定管理办法》的有关规定和国家职业病诊断标准，依据劳动者的职业史、职业病危害接触史和工作场所职业病危害因素情况、临床表现以及辅助检查结果等，进行综合分析，做出诊断结论。

(一)职业病诊断程序

职业病诊断程序的 4 个阶段,如图 4—1 所示。

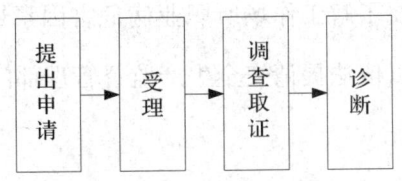

图 4—1　职业病诊断程序

1. 程序一:劳动者提出申请

劳动者可以选择向用人单位所在地、本人户籍所在地或者经常居住地的职业病诊断机构提出进行职业病诊断申请。职业病诊断需要以下材料:

(1)劳动者职业史和职业病危害接触史(包括在岗时间、工种、岗位、接触的职业病危害因素名称等)。

(2)劳动者职业健康检查结果。

(3)工作场所职业病危害因素检测结果。

(4)职业性放射性疾病诊断还需要个人剂量监测档案等资料。

(5)与诊断有关的其他资料。

2. 程序二:受理

劳动者依法要求进行职业病诊断的,职业病诊断机构应当接诊,并告知劳动者职业病诊断的程序和所需材料。

3. 程序三:调查取证

职业病诊断机构进行职业病诊断时,应当书面通知劳动者所在的用人单位提供其掌握的职业病诊断资料,用人单位应当在接到通知后的 10 日内如实提供。用人单位未在规定时间内提供职业病诊断所需要资料的,职业病诊断机构可以依法提请安全生产监督管理部门督促用人单位提供。

劳动者对用人单位提供的工作场所职业病危害因素检测结果等资料有异

议，或者因劳动者的用人单位解散、破产，无用人单位提供上述资料的，职业病诊断机构应当依法提请用人单位所在地安全生产监督管理部门进行调查。

职业病诊断机构需要了解工作场所职业病危害因素情况时，可以对工作场所进行现场调查，也可以依法提请安全生产监督管理部门组织现场调查。

4. 程序四：诊断

职业病诊断机构在进行职业病诊断时，应当组织3名以上单数职业病诊断医师进行集体诊断。职业病诊断医师应当独立分析、判断、提出诊断意见，任何单位和个人无权干预。职业病诊断机构在进行职业病诊断时，诊断医师对诊断结论有意见分歧的，应当根据半数以上诊断医师的一致意见形成诊断结论，对不同意见应当如实记录。参加诊断的职业病诊断医师不得弃权。

（二）诊断证明书

职业病诊断机构做出职业病诊断结论后，应当出具职业病诊断证明书。职业病诊断证明书应当包括以下内容：

（1）劳动者、用人单位基本信息。

（2）诊断结论。确诊为职业病的，应当载明职业病的名称、程度（期别）、处理意见。

（3）诊断时间。

职业病诊断证明书应当由参加诊断的医师共同签署，并经职业病诊断机构审核盖章。

（三）诊断档案

职业病诊断机构应当建立职业病诊断档案并永久保存。档案应当包括：

（1）职业病诊断证明书。

（2）职业病诊断过程记录，包括参加诊断的人员、时间、地点、讨论内容及诊断结论。

（3）用人单位、劳动者和相关部门、机构提交的有关资料。

（4）临床检查与实验室检验等资料。

（5）与诊断有关的其他资料。

三、职业病鉴定

当事人对职业病诊断机构做出的职业病诊断结论有异议的，可以在接到职业病诊断证明书之日起 30 日内，向职业病诊断机构所在地设区的市级卫生行政部门申请鉴定。设区的市级职业病诊断鉴定委员会负责职业病诊断争议的首次鉴定。

当事人对设区的市级职业病鉴定结论不服的，可以在接到鉴定书之日起 15 日内，向原鉴定组织所在地省级卫生行政部门申请再鉴定。职业病鉴定实行两级鉴定制，省级职业病鉴定结论为最终鉴定。

（一）鉴定材料

审核申请鉴定当事人提供的与鉴定有关的资料并受理。当事人申请鉴定时应提供的材料包括：

（1）职业病鉴定申请书。

（2）职业病诊断证明书，申请省级鉴定的还应当提交市级职业病鉴定书。

（3）卫生行政部门要求提供的其他有关资料。

职业病鉴定办事机构应当自收到申请资料之日起 5 个工作日内完成资料审核，对资料齐全的发给受理通知书；资料不全的，应当书面通知当事人补充。资料补充齐全的，应当受理申请并组织鉴定。

（二）鉴定取证

组织鉴定取证，必要时由第三方对患者进行体检或提取相关现场证据。

职业病鉴定办事机构收到当事人鉴定申请之后，根据需要可以向原职业病诊断机构或者首次职业病鉴定的办事机构调阅有关的诊断、鉴定资料。原职业病诊断机构或者首次职业病鉴定办事机构应当在接到通知之日起 15 日内提交根据职业病鉴定工作需要，职业病鉴定办事机构可以向有关单位调取与职业病诊断、鉴定有关的资料，有关单位应当如实、及时提供。专家组应当听取当事人的陈述和申辩，必要时可以组织进行医学检查。

需要了解被鉴定人的工作场所职业病危害因素情况时，职业病鉴定办事机构根据专家组的意见可以对工作场所进行现场调查，或者依法提请安全生产监督管理部门组织现场调查。依法提请安全生产监督管理部门组织现场调查的，在现场调查结论或者判定做出前，职业病鉴定应当中止。

（三）组成鉴定委员会

组成鉴定委员会进行鉴定。鉴定委员会的组成：

（1）省级卫生行政部门设立职业病诊断鉴定专家库。

（2）专家库由相关专业的专家组成。

（3）鉴定时，从相关专业的专家库中随机抽取确定参加鉴定委员会的专家。

职业病鉴定应当遵循客观、公正的原则，专家组进行职业病鉴定时，可以邀请有关单位人员旁听职业病鉴定会。所有参与职业病鉴定的人员应当依法保护被鉴定人的个人隐私。专家组应当认真审阅鉴定资料，依照有关规定和职业病诊断标准，经充分合议后，根据专业知识独立进行鉴定。鉴定结论应当经专家组 2/3 以上成员通过。

（四）出具鉴定书

职业病鉴定书应当包括以下内容：

（1）劳动者、用人单位的基本信息及鉴定事由。

（2）鉴定结论及其依据，如果为职业病，应当注明职业病名称、程度（期别）。

（3）鉴定时间。

鉴定书加盖职业病诊断鉴定委员会印章。

首次鉴定的职业病鉴定书一式四份,劳动者、用人单位、原诊断机构各一份,职业病鉴定办事机构存档一份;再次鉴定的职业病鉴定书一式五份,劳动者、用人单位、原诊断机构、首次职业病鉴定办事机构各一份,再次职业病鉴定办事机构存档一份。

(五) 法律救济

对鉴定结果有异议的,可以选择向人民法院起诉。

四、职业病的医疗救治

《职业病防治法》对职业病患者的医疗救治做出如下规定:

(1) 医疗卫生机构发现疑似职业病病人时,应当告知劳动者本人并及时通知用人单位。用人单位应当及时安排对疑似职业病病人进行诊断;在疑似职业病病人诊断或者医学观察期间,不得解除或者终止与其订立的劳动合同。疑似职业病病人在诊断、医学观察期间的费用,由用人单位承担。

(2) 用人单位应当保障职业病病人依法享受国家规定的职业病待遇。用人单位应当按照国家有关规定,安排职业病病人进行治疗、康复和定期检查。用人单位对不适宜继续从事原工作的职业病病人,应当调离原岗位,并妥善安置。用人单位对从事接触职业病危害的作业的劳动者,应当给予适当岗位津贴。

(3) 职业病病人的诊疗、康复费用,伤残以及丧失劳动能力的职业病病人的社会保障,按照国家有关工伤保险的规定执行。

(4) 劳动者被诊断患有职业病,但用人单位没有依法参加工伤保险的,其医疗和生活保障由该用人单位承担。

第五章　工伤事故应急与现场处置

在事故发生后，事故应急救援体系能保证事故应急救援组织的及时出动，并有针对性地采取救援措施，对防止事故的进一步扩大，减少人员伤亡和财产损失意义重大。应急救援工作中一项重要任务是对发生事故的处理和人员的及时救护，特别是现场救护往往能为伤员争取最宝贵的"救命的黄金时刻"。现场及时、正确地救护，为医院救治创造条件，能最大限度地挽救伤员的生命和减轻伤残。对企业职工而言，学习和了解一些基本的自救和救援常识，对于减轻事故后果，实施有效的救援非常必要。

本章通过对事故应急管理、应急预案、应急救援与处置基础知识的讲解，让读者初步了解应急管理、应急预案编制、应急救援与处置程序，并具体讲述了几种常见的救护方法；以火灾、危险化学品泄漏、人员聚集场所疏散、自然灾害事故为例，讲述了在事故险情下如何避灾、逃生；通过具体方法的讲述，让读者能够掌握常见事故伤害发生时的急救措施。

第一节 应急管理概论

一、突发公共事件概述

根据国务院颁布的《国家突发公共事件总体应急预案》，突发公共事件是指突然发生，造成或者可能造成重大人员伤亡、财产损失、生态环境破坏和严重社会危害，危及公共安全的紧急事件。

（一）突发公共事件的分类

根据突发公共事件的发生过程、性质和机理，突发公共事件主要分为以下四类：

1. 自然灾害

自然灾害是指由于自然因素引发的与地壳运动、天体运动、气候变化有关的灾害，主要包括水旱灾害、气象灾害、地震灾害、地质灾害、海洋灾害、生物灾害和森林草原火灾等。

2. 事故灾难

事故灾难是指由于人类活动或者人类发展所导致的计划之外的事件或事故，主要包括工矿商贸等企业的各类生产安全事故、交通运输事故、公共设施和设备事故、环境污染和生态破坏事件等。

3. 公共卫生事件

公共卫生事件是指由病菌病毒引起的大面积的疾病流行等事件，主要包括传染病疫情、群体性不明原因疾病、食品安全和职业危害、动物疫情，以及其他严重影响公众健康和生命安全的事件。

4. 社会安全事件

社会安全事件是指由人们主观意愿产生、会危及社会安全的事件，主要包括恐怖袭击事件，经济安全事件和涉外突发事件等。

近年来，各类突发公共事件频繁发生，给社会造成了巨大损失。反思有些突发公共事件处理不力的原因，主要原因之一在于不能快速有效地识别灾情的类别和级别，导致或是处置方案的选择偏差，或是资源调配不当，从而延误救援时机。所以，对突发公共事件进行分类分级是应急管理的基础工作之一。

（二）突发公共事件的分级

根据《国家突发公共事件总体应急预案》，各类突发公共事件按照其性质、严重程度、可控性和影响范围等因素，一般分为四级：Ⅰ级（特别重大）、Ⅱ级（重大）、Ⅲ级（较大）和Ⅳ级（一般）。

突发公共事件分级的意义在于规定我国各级人民政府对突发公共事件的管辖范围。一般较大的突发公共事件分别由县和地级市人民政府领导，重大突发公共事件由省级人民政府领导，特别重大的突发公共事件由国务院统一领导。这是因为我国应急资源的配置特点是政府的行政级别越高，所掌控的应急资源越多，处置突发公共事件的能力也越强。

《国家突发公共事件总体应急预案》规定：各地区、各部门要针对各种可能发生的突发公共事件，完善预测预警机制，建立预测预警系统，开展风险分析，做到早发现、早报告、早处置。根据预测分析结果，对可能发生和可以预警的突发公共事件进行预警。预警级别依据突发公共事件可能造成的危害程度、紧急程度和发展势态，一般划分为四级，即Ⅰ级（特别严重）、Ⅱ级（严重）、Ⅲ级（较重）和Ⅳ级（一般），依次用红色、橙色、黄色和蓝色表示。

1. 红色预警（Ⅰ级）

预计将要发生特别重大的突发公共安全事件，事件会随时发生，事态在不断蔓延。

2. 橙色预警（Ⅱ级）

预计将要发生重大以上的突发公共安全事件，事件即将临近，事态正在逐步扩大。

3. 黄色预警（Ⅲ级）

预计将要发生较大以上的突发公共安全事件，事件即将临近，事态有扩大的趋势。

4. 蓝色预警（Ⅳ级）

预计将要发生一般以上的突发公共事件，事件即将临近，事态可能会扩大。

突发公共事件的分级与突发公共事件的预警分级有密切关系，但又不是一回事。有时发出特别严重（红色）预警，而实际发生的却是较大突发公共事件（Ⅲ级）。因此，在突发公共事件预警期间，预警级别在不断进行调整，我们应随时关注事件预警的变化，采取相应的对策和措施。

二、应急管理概述

（一）应急管理的概念

应急管理指的是为了降低突发灾难事件的危害，基于对造成突发事件的原因、发生发展过程以及所产生的负面影响的科学分析，有效集成社会各方面的资源，运用现代技术手段和现代管理方法，对突发事件进行有效的监测应对、控制和处理。

突发公共事件应急管理包括预防、准备、响应和恢复4个阶段。一般而言，这4个阶段并没有严格的界限，且往往是交叉的，但每一个阶段都有自己明确的目标，而且每一阶段又构筑在前一阶段的基础之上，因而预防、准备、响应和恢复互相关联，构成了突发公共事件应急管理工作一个动态的循环改进过程，如图5—1所示。

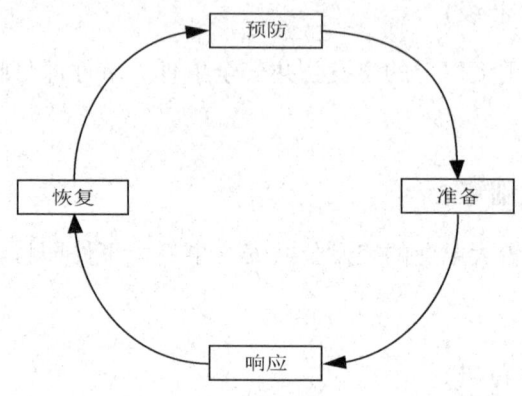

图 5—1　应急管理的 4 个阶段

1. 预防

预防是指在突发公共事件发生之前，为了消除突发公共事件发生的概率或者为了减轻突发公共事件可能造成的损害所做的各种预防性工作。它是突发公共事件应对过程的第一阶段，是"防患于未然"的阶段。

在突发公共事件应急管理中，预防有两层含义：一是突发公共事件的预防工作，通过管理和技术等手段，尽可能地防止突发公共事件的发生；二是在假定突发公共事件必然发生的前提下，通过预先采取一定的预防措施，达到降低或减缓其影响或后果的严重程度的目的。从长远看，低成本、高效率的预防措施是减少突发公共事件损失的关键。

2. 准备

准备是指针对特定的或者潜在的突发公共事件，为迅速、有序地开展应急行动而预先进行的各种应对准备工作。

3. 响应

响应是指在突发公共事件发生发展过程中进行的各种紧急处置和救援工作。及时响应是应急管理的又一项主要原则。

4. 恢复

恢复是指突发公共事件的影响得到初步控制后，为使生产、工作和生态环境尽快恢复到正常状态所进行的各种善后工作。

(二) 应急管理的原则

国家突发公共事件总体应急预案提出了以下工作原则：

1. 以人为本，减少危害

切实履行政府的社会管理和公共服务职能，把保障公众健康和生命财产安全作为首要任务，尽力减少突发公共事件及其造成的人员伤亡和危害。

2. 居安思危，预防为主

高度重视公共安全工作，常抓不懈，防患于未然。增强忧患意识，坚持预防与应急相结合，常态与非常态相结合，做好应对突发公共事件的各项准备工作。

3. 统一领导，分级负责

在党中央、国务院的统一领导下，建立健全分类管理、分级负责，条块结合、属地管理为主的应急管理体制，在各级党委领导下，实行行政领导责任制，充分发挥专业应急指挥机构的作用。

4. 依法规范，加强管理

依据有关法律和行政法规，加强应急管理，维护公众的合法权益，使应对突发公共事件的工作规范化、制度化、法制化。

5. 快速反应，协同应对

加强以属地管理为主的应急处置队伍建设，建立联动协调制度，充分动员和发挥乡镇、社区、企事业单位、社会团体和志愿者队伍的作用，依靠公众力量，形成统一指挥、反应灵敏、功能齐全、协调有序、运转高效的应急管理机制。

6. 依靠科技，提高素质

加强公共安全科学研究和技术开发，采用先进的监测、预测、预警、预防和应急处置技术及设施，充分发挥专家队伍和专业人员的作用，提高应对突发公共事件的科技水平和指挥能力，避免发生次生、衍生事件；加强宣传和培训教育工作，提高公众自救、互救和应对各类突发公共事件的综合素质。

（三）应急管理的工作内容

依据《国务院关于全面加强应急管理工作的意见》，突发公共事件应急管理工作内容见表5—1。

表5—1　　　　　国家突发公共事件应急管理工作内容

序号	工作内容	具体内容
1	应急管理规划和制度建设	编制并实施突发公共事件应急体系建设规划
		健全应急管理法律法规
		加强应急预案体系建设和管理
		加强应急管理体制和机制建设
2	做好各类突发公共事件的能力建设	开展对各类突发公共事件风险隐患的普查和监控
		促进各行业和领域安全防范措施的落实
		加强突发公共事件的信息报告和预警工作
		积极开展应急管理培训
3	加强应对突发公共事件的能力建设	推进国家应急平台体系建设
		提高基层应急管理能力
		加强应急救援队伍建设
		加强各类应急资源的管理
		全力做好应急处置和善后工作
		加强评估和统计分析工作
4	制定和完善全面加强应急管理的政策措施	加大应急管理的资金投入力度
		大力发展公共安全技术和产品
		建立公共安全科技支撑体系
5	加强领导和协调配合，努力形成全民参与的合力	进一步加强对应急管理工作的领导
		构建全社会共同参与的应急管理工作格局
		大力宣传普及公共安全和应急防护知识
		做好信息发布和舆论引导工作
		开展国际交流与合作

第二节　应急预案概论

一、应急预案概述

应急预案，又称"应急计划"或"应急救援预案"，是针对可能发生的事故，为迅速、有序地开展应急行动、降低人员伤亡和经济损失而预先制定的有关计划或方案。它是在辨识和评估潜在重大危险、事故类型、事故发生的可能性及发生的过程、事故后果及影响严重程度的基础上，对应急机构职责、人员、技术、装备、设施、物资、救援行动及其指挥与协调方面预先做出的具体安排。应急预案明确了在事故发生前、事故过程中及事故发生后，谁负责做什么，何时做，怎么做，以及相应的策略和资源准备等。

应急预案主要包括三方面的内容：

1. 事故预防

通过危险辨识、事故后果分析，采取技术和管理手段降低事故发生的可能性，或将已发生的事故控制在局部，防止事故蔓延，并预防次生、衍生事故的发生。同时，通过编制应急预案并开展相应的培训，可以进一步提高各层次人员的安全意识，从而达到事故预防的目的。

2. 应急处置

一旦发生事故，通过应急处理程序和方法，可以快速反应并处置事故或将事故消除在萌芽状态。

3. 抢险救援

通过编制应急预案，采取预先设计现场抢险和救援方式，对人员进行救护并控制事故发展，从而减少事故造成的损失。

二、应急预案编制

（一）应急预案编制基本要求

应急预案的编制应当遵循以人为本、依法依规、符合实际、注重实效的原则，以应急处置为核心，明确应急职责、规范应急程序、细化保障措施。

应急预案的编制应当符合下列基本要求：

（1）有关法律法规、规章和标准的规定。

（2）本地区、本部门、本单位的安全生产实际情况。

（3）本地区、本部门、本单位的危险性分析情况。

（4）应急组织和人员的职责分工明确，并有具体的落实措施。

（5）有明确、具体的应急程序和处置措施，并与其应急能力相适应。

（6）有明确的应急保障措施，满足本地区、本部门、本单位的应急工作需要。

（7）应急预案基本要素齐全、完整，应急预案附件提供的信息准确。

（8）应急预案内容与相关应急预案相互衔接。

（二）应急预案编制步骤

生产经营单位应急预案编制程序包括成立应急预案编制工作组、资料收集、风险评估、应急资源调查、应急预案编制、推演论证、应急预案评审和批准实施8个步骤。

1. 成立预案编制小组

结合本单位部门职能和分工，成立以单位相关负责人为组长，单位相关部门人员参加的应急预案编制工作组，明确工作职责和任务分工，制订工作计划，组织开展应急预案编制工作，预案编制工作组中可按实际情况邀请周边相关企业、单位或社区代表参加。

2. 资料收集

应急预案编制工作组应收集与预案编制工作相关的法律法规、技术标准、应急预案、国内外同行业企业事故资料，同时收集本单位安全生产相关技术资料、历史事故与隐患、地质气象水文、周边环境影响、应急资源及应急人员能力素质等有关资料。

3. 风险评估

开展生产安全事故风险评估，撰写评估报告，主要内容包括：

（1）分析生产经营单位存在的危险因素，确定可能发生的生产安全事故类型。

（2）分析各种事故类型发生的可能性和后果，确定事故具体类别及级别。

（3）评估现有事故风险控制措施及应急措施存在的差距，提出应急资源的需求分析。

4. 应急资源调查

全面调查本单位应急队伍、装备、物资、场所等应急资源状况，以及周边单位和政府部门可请求援助的应急资源状况，分析应急资源性能可能受事故影响的情况，并根据生产经营单位风险评估得出的应急资源需求，并提出补充应急资源、完善应急保障的措施。

5. 应急预案编制

依据事故风险评估及应急资源调查结果，结合本单位组织管理体系、生产规模等实际情况，合理确立本单位应急预案体系。结合组织管理体系及部门业务职能划分，科学设定本单位应急组织机构及职责。依据事故可能的危害程度和区域范围，结合应急处置权限及能力，清晰界定本单位的响应分级标准，制定相应层级的应急处置措施。按照有关规定和要求，确定信息报告、响应分级、指挥权移交、警戒疏散等方面的内容，落实与相关部门和单位应急预案的衔接。

应急预案编制应当遵循以人为本、依法依规、符合实际、注重实效的原则，以应急处置为核心，体现自救互救和先期处置的特点，做到职责明确、程序规范、措施科学，尽可能简明化、图表化、流程化。

6. 推演论证

按照应急预案明确的职责分工和应急响应程序，相关部门及其人员可采取桌面推演的形式，模拟生产安全事故应对过程，逐步分析讨论，检验应急预案的可行性，并进一步完善应急预案。

7. 应急预案评审

（1）评审形式。应急预案编制完成后，生产经营单位应组织评审或论证。参加应急预案评审的人员应当包括有关安全生产及应急管理方面的专家。应急预案论证可通过推演的方式开展。

（2）评审内容。应急预案评审内容主要包括基于风险评估和应急资源调查的结果，从应急预案体系设计的针对性、应急组织体系的合理性、应急响应程序和措施的科学性、应急保障措施的可行性、应急预案的衔接性等方面进行评审。

（3）评审程序。应急预案评审程序包括以下步骤：

1）评审准备。成立应急预案评审工作组，落实参加评审的单位或人员，将应急预案、编制说明、风险评估及应急资源调查报告其他有关资料在评审前送达参加评审的单位或人员。

2）组织评审。评审采取会审形式，会议由参加评审的专家共同推选出的组长主持，按照议程组织评审；表决时，必须有不少于出席会议专家人数的3/4同意方为通过；评审会议应形成评审意见（经评审组组长签字），附参加评审会议的专家签字表。表决的投票情况，应当以书面材料记录在案，并作为评审意见的附件。

3）修改完善。生产经营单位应认真分析研究，按照评审意见对应急预案进行修订和完善。评审表决不通过的,生产经营单位应重新组织专家评审。

8. 批准实施

通过评审的应急预案,由生产经营单位主要负责人签发实施。

(三) 应急预案主要内容

完整的应急预案主要包括6个方面的内容:

1. 应急预案概况

应急预案概况主要描述生产经营单位概况以及危险特性状况等,同时对紧急情况下应急事件、适用范围提供简述并作必要说明,如明确应急方针与原则,作为开展应急救援工作的纲领。

2. 预防程序

预防程序是对潜在事故、可能的次生与衍生事故进行分析并说明所采取的预防和控制事故的措施。

3. 准备程序

准备程序应说明应急行动所需采取的准备工作,包括应急组织及其职责权限、应急队伍建设和人员培训、应急物资的准备、预案的演练、公众的应急知识培训、签订协议等。

4. 应急程序

在应急救援过程中,存在一些必需的核心功能和任务,如接警与通知、指挥与控制、警报和紧急公告、通信、事态监测与评估、警戒与治安、人群疏散与安置、医疗与卫生、公共关系、应急人员安全、消防和抢险、泄漏物控制等,无论何种应急过程都必须围绕上述功能和任务开展。应急程序主要指实施上述核心功能和任务的程序和步骤。

5. 恢复程序

恢复程序是说明事故现场应急行动结束后所需采取的清除和恢复行动。现场恢复是在事故被控制住后进行的短期恢复,从应急过程来说意味着应急救援工作的结束,并进入另一个工作阶段,即将现场恢复到一个基本稳定的状态。经验教训表明,在现场恢复的过程中往往仍存在潜在的危险,如余烬复燃、受损建筑倒塌等。所以,应充分考虑现场恢复过程中的危险,制定恢复程序,防止事故再次发生。

6. 预案管理与评审改进

应急预案是应急救援工作的指导文件。应当对预案的制定、修改、更新、批准和发布做出明确的管理规定,保证定期或在应急演练、应急救援后对应急预案进行评审,针对各种变化的情况以及预案中所暴露的缺陷,不断地完善应急预案体系。

第三节 事故应急救援与处置

所谓应急救援与处置,是指为消除、减少事故危害,防止事故扩大或恶化,最大限度地降低事故造成的损失或危害而采取的救援措施或行动。

从业人员掌握一定的应急救援知识,对于处理紧急事故,防止和减少伤亡事故有重要的意义。企业在日常安全生产教育培训中,要介绍该单位危险源的位置、发生事故的类型、事故后果的严重程度、事故救援的程序及方法等,并组织从业人员进行演练。

一、事故应急救援与处置程序

(1) 发现紧急情况后,事故现场人员应立即上报单位领导,如事态严重,应直接拨打相关电话报警。

(2) 立即疏散事故现场人员。

(3）实施警戒治安，避免无关人员进入现场。

(4）立即采取现场行之有效的救护措施，对受伤人员实施救护和对事态进行控制。

(5）及时将受伤人员送医院救治。

(6）及时报告有关救援部门。

二、受伤人员的伤情判断

1. 有无意识

判断：受伤人员对于问话、拍打肩膀、紧捏手指等刺激均无反应，说明已无意识。

措施：无意识时必须呼救并实施急救措施。

2. 有无呼吸

判断：目测受伤人员胸部的起伏情况，用耳朵测听呼吸。

措施：保持呼吸道畅通，如果呼吸停止，必须马上进行人工呼吸急救措施。

3. 有无脉搏

判断：测试脉搏时应将指尖轻轻放在受伤人员的颈动脉或股动脉处。

措施：若感觉不到脉搏，则需立即进行胸外心脏按压急救措施。

4. 有无大出血

(1）判断：动脉出血时，血液呈喷射状，血色鲜红，危险性大；静脉出血时，血流较缓慢，血色暗红，呈持续状；毛细血管出血时，血色鲜红，从伤口处渗出，常自动凝固而止血，危险性较小。

(2）措施：必须采取急救措施立即止血。

三、几种常见的救护方法

(一) 心肺复苏

1. 心脏复苏的概念

心肺复苏（CPR）是针对骤停的心跳和呼吸采取的"救命技术"。其救护对象为在意外事件中受伤害出现心跳和呼吸停止的伤员或病人，而非心肺功能衰竭或疾病终期患者。

2. 实施心肺复苏的步骤

（1）判断患者有无意识。轻拍伤员的肩部，并大声呼喊，如果伤员没有反应，说明没有意识。

（2）明确抢救的体位。伤员正确的抢救体位是水平仰卧位，即伤员平卧，头、颈、躯干不扭曲，两上肢放在躯干旁边；抢救者应跪在伤员肩部上侧，这样不需要移动自己膝部，就可依次进行人工呼吸和胸外心脏按压。

（3）保持伤员呼吸道畅通。解开伤员的领带、衣扣，救护人一手压伤员额部，使其头部后仰，另一只手的食指、中指置于下颌骨下方。

将颌部向前抬起，使咽喉和气道在一条水平线上。清除伤员口鼻内的污物、土块、痰、涕、呕吐物等，使呼吸道通畅。必要时嘴对嘴吸出伤员口鼻中阻塞的痰和异物。

（4）判断伤员的呼吸（要在3~5秒内完成）。看胸部有无起伏，听有无出气声音，用脸感觉有无气流拂面。如无呼吸，立即进行人工呼吸急救。

（5）人工呼吸。保持伤员的气道畅通。用压前额的那只手的拇指、食指捏紧伤员的鼻孔，另一只手托下颌。如果伤员的牙关紧闭或口腔严重受伤，可用一只手使伤员的口紧闭，做口对鼻人工呼吸。一次吹气完毕后，救护者与伤员的口脱开，并吸气准备第二次吹气。

按以上步骤反复进行，吹气频率为12~15次/分钟。

(6) 判断伤员脉搏。若有脉搏，继续做人工呼吸；若无脉搏，进行胸外心脏按压。

(7) 胸外心脏按压。将一只手的掌根按在伤员胸骨中下切迹上，两指平放在胸骨正中部位，另一只手压在该手的手背上，双手手指均应翘起不能平压在胸壁上，双肘关节伸直，利用体重和肩臂力量垂直向下挤压。使胸骨下陷4厘米左右，略停顿后在原位放松，但手掌根不能离开胸壁定位点。

单人抢救时，每按压30次后吹气2次，反复进行；双人抢救时，每按压5次后由另一人吹气1次，反复进行。

(二) 止血的方法

当一个人一次失血量不超过血液总量的10%时，对健康无明显影响，并且失去的血量能很快恢复；当失血量超过30%时，就可能危及生命。

1. 毛细血管出血

血液从伤口渗出，出血量少、色红。说明毛细血管出血，危险性小，只需要在伤口处盖上消毒纱布或干净手帕等，扎紧即可止血。

2. 静脉出血

静脉出血的特点是血色暗红、缓慢、不断流出。一般抬高出血肢体以减少出血，然后在出血处放几层纱布，加压包扎即可止血。

3. 动脉出血

动脉出血的特点是血色鲜红，出血来自伤口的近心端，呈搏动性喷血，出血量多、速度快、危险性大。动脉出血时一般采用间接指压法止血。即在出血动脉的近心端用手指把动脉压在骨面上，予以止血。

(三) 骨折急救

1. 骨折急救的概念

骨折急救是指在骨折发生后进行的及时处理，包括检查诊断和必要的临时措施。正确的急救措施可有效减轻伤员的痛苦，并为医生的救护争取宝贵的时间。

2. 现场处理方法

（1）肢体骨折可用夹板、木棍、竹竿等将断骨上、下方两个关节固定，若无固定物，则可将受伤的上肢绑在胸部，将受伤的下肢同健肢一并绑起来，避免骨折部位移动，以减少疼痛，防止伤势恶化。

（2）开放性骨折且伴有大量出血者，先止血，再固定，并用干净布片或纱布覆盖伤口，然后速送医院救治，切勿将外露的断骨推回伤口内。

（3）若在包扎伤口时骨折端已自行滑回创口内，则到医院后，须向负责医生说明，提请注意。

（4）如有颈椎损伤，则使伤员平卧后，将沙土袋（或其他代替物）放置在头部两侧以使颈部固定不动。

（5）腰椎骨折应使伤员平卧在硬木板（或门板）上，并将腰椎躯干及两下肢一起进行固定，预防瘫痪。搬运时应数人合作，保持平稳，不能扭曲。平地搬运时伤员头部在后，上楼、下楼、下坡时头部在上，搬运中应严密观察伤员，防止伤情突变。

第四节 避险与逃生

一、火灾时的避险与逃生

火灾的发生往往是瞬间的、无情的，如何提高自我保护能力，从火灾现场安全撤离，成为减少火灾事故中人员伤亡的关键。因此，多掌握一些自救与逃生的知识、技能，把握住脱险时机，就会在困境中拯救自己或赢得更多等待救援的时间，从而获救。

(一) 遇到火情时的对策

(1) 火势初期，如果发现火势不大，未对人与环境造成很大威胁，其附近有消防器材，如灭火器、消火栓、自来水等，应尽可能地在第一时间将火扑灭，不可置小火于不顾而酿成火灾。

(2) 当火势失去控制，不要惊慌失措，应冷静机智地运用火场自救和逃生知识摆脱困境。心理的恐慌和崩溃往往使人行动混乱而丧失绝佳的逃生机会。

(二) 建筑物内发生火灾时如何避险与逃生

1. 火灾现场的自救与逃生

(1) 沉着冷静，辨明方向，迅速撤离危险区域。突遇火灾，面对浓烟和大火，首先要使自己保持镇静，迅速判断危险地点和安全地点，果断决定逃生的办法，尽快撤离险地。如果火灾现场人员较多，切不可慌张，更不要相互拥挤、盲目跟从或乱冲乱撞、相互践踏，造成意外伤害。

撤离时要朝明亮或外面空旷的地方跑，同时尽量向楼梯下面跑。进入楼梯间后，在确定下楼层未着火时，可以向下逃生，而决不应往上跑。若通道已被烟火封阻，则应背向烟火方向离开，通过阳台、气窗、天台等往室外逃生。如果现场烟雾很大或断电，能见度低，无法辨明方向，则应贴近墙壁或按应急指示灯的提示，摸索前进，以找到安全出口。

(2) 利用消防通道，不可进入电梯。在高层建筑中，电梯的供电系统在火灾时随时会断电，或因强热作用使电梯部件变形而"卡壳"将人困在电梯内，给救援工作增加难度。同时，由于电梯井犹如贯通的烟囱般直通各楼层，有毒的烟雾极易被吸入其中，人在电梯里随时会被浓烟毒气熏呛而窒息。因此，火灾时千万不可乘普通的电梯逃生，而是要根据情况选择进入相对较为安全的楼梯、消防通道、有外窗的通廊。此外，还可以利用建筑物的阳台、窗台、天台屋顶等攀到周围的安全地点。

如果逃生要经过充满烟雾的路线，为避免浓烟呛入口鼻，可使用毛巾或口罩蒙住口鼻，同时使身体尽量贴近地面或匍匐前行。烟气较空气轻而飘于上部，贴近地面撤离是避免烟气吸入、避开毒气的最佳方法。穿过烟火封锁区，应尽量佩戴防毒面具、头盔、阻燃隔热服等护具，如果没有这些护具，可向头部、身上浇冷水或用湿毛巾、湿棉被、湿毯子等将头、身体裹好，再冲出去。

（3）寻找、自制有效工具进行自救。有些建筑物内设有高空缓降器或救生绳，火场人员可以通过这些设施安全地离开危险的楼层。如果没有这些专门设施，而安全通道又已被烟火封堵，在救援人员还不能及时赶到的情况下，可以迅速利用身边的绳索或床单、窗帘、衣服等自制成简易救生绳，有条件的最好用水打湿，然后从窗台或阳台沿绳缓滑到下面楼层或地面。还可以沿着水管、避雷线等建筑结构中的凸出物滑到地面安全逃生。

（4）暂避较安全场所，等待救援。假如用手摸房门已感到烫手，或已知房间被大火或烟雾围困，此时切不可打开房门，否则火焰与浓烟会顺势冲进房间。这时可采取创造避难场所、固守待援的办法。首先应关紧迎火的门窗，打开背火的门窗，用湿毛巾或湿布条塞住门窗缝隙，或者用水浸湿棉被蒙上门窗，并不停泼水降温，同时用水淋透房间内的可燃物，防止烟火渗入，固守在房间内，等待救援人员到达。

（5）设法发出信号，寻求外界帮助。被烟火围困暂时无法逃离的人员，应尽量站在阳台或窗口等易于被人发现和能避免烟火近身的地方。在白天，可以向窗外晃动鲜艳衣物，或向外抛轻型晃眼的东西；在晚上，可以用手电筒不停地在窗口闪动或者利用敲击金属物、大声呼救等方式，及时发出有效的求救信号，以引起救援者的注意。另外，消防人员进入室内救援都是沿墙壁摸索前进，所以，当被烟气窒息失去自救能力时，应努力滚到墙边或门边，便于消防人员寻找、营救。同时，躺在墙边也可防止房屋结构塌落砸伤自己。

（6）无法逃生时，跳楼是最后的选择。身处火灾烟气中的人，精神上往往陷入恐惧之中，这种恐慌的心理极易导致不顾一切的伤害性行为，如跳楼逃生。应该注意的是，只有消防人员准备好救生气垫并指挥跳楼时，或者楼层不高（一般4层以下），非跳楼不可的情况下，才采取跳楼的方法。即使已没有任何退路，若生命还未受到严重威胁，也要冷静地等待消防人员的救援。

跳楼也要有技巧。跳楼时应尽量往救生气垫中部跳或选择有水池、软雨篷、草地等方向跳；如有可能，要尽量抱些棉被、沙发垫等松软物品或打开雨伞跳下，以减缓冲击力。如果徒手跳楼，一定要抓住窗台或阳台边沿使身体自然下垂，以尽量降低身体与地面的垂直距离；落地前要双手抱紧头部，身体弯曲成一团，以减少伤害。跳楼虽可求生，但容易对身体造成一定的伤害，所以要慎之又慎。

2. 提高自救与逃生能力

（1）熟悉周围环境，记牢消防通道路线。每个人对自己工作场所环境和居住所在地的建筑物结构及逃生路线要做到了如指掌。若处于陌生环境，如入住宾馆、商场购物、进入娱乐场所时，务必要留意疏散通道、紧急出口的具体位置及楼梯方位等，这样一旦火灾发生，寻找逃生之路就会胸有成竹、临危不惧，并安全迅速地脱离现场。

（2）不断提高自己的安全意识。只有在日常工作和生活中注意积累和提高各种安全技能，才能使自己面对险境时保持镇静，得以生存。因此，有火灾隐患的单位或其他有条件的单位，应集中组织火灾应急逃生预演，使人们熟悉周围环境和建筑物内的消防设施及自救逃生的方法。这样，火灾发生时，就不会惊慌失措、走投无路，使每个人都能沉着应对、从容不迫地逃离险境。

（3）保持通道出口畅通无阻。楼梯、消防通道、紧急出口等是火灾发生时最重要的逃生之路，应确保其畅通无阻，切不可堆放杂物或封闭上锁。任何人发现任何地点的消防通道或紧急出口被堵塞，都有义务及时报告有关部门即时进行处理。

二、危险化学品泄漏时的避险与逃生

危险化学品泄漏的特点是发生突然、扩散迅速、持续时间长和涉及面广等。一旦出现危险化学品泄漏事故,往往引起人们的恐慌,处理不当则会产生严重的后果。因此,发生危险化学品泄漏事故后,如果现场人员无法控制泄漏,则应迅速报警并选择安全的方式方法逃生。不同化学物质以及在不同情况下出现泄漏事故,人员自救与逃生的方法有很大差异。若逃生方法选择不当,不仅不能安全逃出,反而会使自己受到更严重的伤害。

(一) 安全撤离事故现场

(1) 发生危险化学品泄漏事故时,现场人员不可恐慌,按照平时应急预案的演练步骤,各司其职,井然有序地撤离。

(2) 从危险化学品泄漏现场逃生时,要抓紧宝贵的时间,任何贻误时机的行为都有可能给现场人员带来灾难性的后果。因此,当现场人员确认无法控制泄漏时,必须当机立断,选择正确的逃生方法,快速撤离现场。

(3) 逃生时要根据泄漏物质的特性,佩戴相应的个人防护用具。如果现场没有防护用具或者防护用具数量不足,也可应急使用湿毛巾或衣物捂住口鼻逃生。

(4) 沉着冷静确定风向,然后根据危险化学品泄漏源位置,向上风向或沿侧风向转移撤离,也就是逆风逃生;另外,根据泄漏物质的密度,选择沿高处或低洼处逃生,但切忌在低洼处滞留。

(5) 如果事故现场已有救护消防人员或专人引导,逃生时要服从他们的指引和安排。

(二) 提高自救与逃生能力

在危险化学品泄漏事故发生时能够顺利逃生,除了在现场能够临危不惧,采取有效的自救逃生方法外,还要靠平时对有毒有害化学品知识的掌握和防护、自救能力的提高。因此，接触危险化学品的职工，应了解本企业、本班组各种化学危险品的危害，熟悉厂区建筑物、设备、道路等，必要时能以最快的速度报警或选择正确的方法逃生。同时，企业应向职工提供必要的设备、培训等条件，通过对职工的安全教育和培训，使他们能够正确识别化学品安全标签，了解有毒化学品安全使用程序和注意事项，以及所接触化学品对人体的危害和防护急救措施。企业还应制定和完善毒气泄漏事故应急预案，并定期组织演练，让每一个职工都了解应急方案，掌握自救的基本要领和逃生的正确方法，提高职工应对危险化学品泄漏事故的应变能力，做到遇灾不慌，临阵不乱，能够正确判断和处理。

另外，根据国家有关法律法规规定，有危险化学品泄漏可能的企业，应该在厂区最高处安装风向标。发生危险化学品泄漏事故后，风向标可以正确指导有关人员根据风向及泄漏源位置，及时往上风向或侧风向逃生。企业还应保证每个作业场所至少有两个紧急出口和应急通道，紧急出口和应急通道要畅通无阻并有明显标志。

第五节　常见事故的现场紧急救护

一、意外触电事故急救措施

1. 触电症状

（1）轻者有惊吓、发麻、心悸、头晕、乏力等症状，一般可自行恢复。

（2）重者会出现强直性肌肉收缩、昏迷、休克，以心室纤颤为主，低压电流造成上述症状持续数分钟后可能会心搏骤停。高压电流主要伤害呼吸中枢，呼吸麻痹为主要致死原因。

（3）局部烧伤。低压电流所致伤口小，伤口焦黄，较干燥（似烤煳状）；高压电流或闪电烧伤，表面可有烧伤烙印闪电纹，给人感觉烧伤并不严重，但实际烧伤面积大、伤口深，重者可伤及肌肉、肌腱、血管、神经及骨骼等。

2. 伤员脱离电源的处理

触电急救首先要使触电者迅速脱离电源，越快越好，因为电流作用时间越长，对人体伤害就越重。脱离电源就是要把触电者接触的那一部分带电设备的开关或其他断路设备断开，或设法将触电者与带电设备脱离。

（1）在脱离电源前，救护人员不得直接用手触及伤员，以免救护人员同时触电，如触电者处于高处，应采取相应措施，防止该伤员脱离电源后自高处坠落形成复合伤。

（2）触电者触及低压带电设备时，救护人员应设法迅速切断电源。如关闭电源开关，拔出电源插头等，或使用绝缘工具，如干燥的木棒、木板、绳索等解脱触电者。另外，救护人员可站在绝缘垫上或干木板上，在使触电者与导电体解脱时，最好用一只手进行。

（3）触电者触及高压带电设备后，救护人员应迅速切断电源或用适合该电压等级的绝缘工具（戴绝缘手套、穿绝缘靴、用绝缘棒）解脱触电者，救护人员在抢救过程中应注意保护自身，与周围带电部分保持必要的安全距离。

（4）为了救护触电伤员切除电源时，有时会同时使照明电路断电。因此，应考虑事故照明、应急灯等临时照明，新的照明要符合使用场所的防火防爆要求，但不能因此延误电源切断和人员急救。

3. 伤员脱离电源后的处理

（1）对神志清醒的触电伤员，应使其就地躺平，严密观察其呼吸、脉搏等生命体征，暂时不要让其站立或走动。

（2）对神志不清的触电伤员，也应使其就地躺平，且确保气道通畅，并呼

第五章 工伤事故应急与现场处置

叫伤员或轻拍其肩部,以判定伤员是否丧失意识,禁止摇动伤员头部呼叫伤员。

(3)呼吸、心跳情况的判定。触电伤员如丧失意识,应在10秒内用看、听、试的方法,判定伤员呼吸心跳情况:看伤员的胸部,上腹部有无呼吸起伏动作;用耳贴近伤员的口鼻处,听有无呼吸气的声音;先试测口鼻有无呼气的气流,再用两手指轻试一侧(左或右)喉结旁凹陷处的颈动脉有无搏动。

若采用看、听、试等方法发现伤员既无呼吸又无颈动脉搏动,可判定伤员呼吸心跳停止。

(4)对需要进行心肺复苏的伤员,在将其脱离电源后,应立即就地进行有效的心肺复苏抢救。

(5)紧急呼救。大声向周围人群呼救,同时拨打"120"电话请求急救。

(6)伤员的移动与转送。心肺复苏应在现场就地坚持进行,不要随意移动伤员,如确实需要移动时,抢救中断时间不应超过30秒。

移动伤员或将伤员送往医院时,除应使伤员平躺在担架上,并在其背部垫以平硬宽木板外,还应继续抢救,心跳呼吸停止者应继续用心肺复苏技术抢救,并做好保暖工作。

在转送伤员去医院前,应与有关医院取得联系,请求做好接收伤员的准备,同进度对触电人员的其他合并伤,如骨折、体表出血等做出相应的处理。

(7)伤员好转后的处理。如伤员的心跳和呼吸经抢救后均已恢复,则可暂停心肺复苏操作,但心跳呼吸恢复后的早期仍有可能再次骤停,应严密监护,不能大意,要随着准备再次抢救。

二、化学品烧伤急救措施

化学品烧伤主要包括被强酸烧伤和被强碱烧伤。

高浓度酸能使皮肤角质层蛋白质凝固坏死,呈边界明显的皮肤烧伤,并可引起局部疼痛性、凝固性坏死。

被强碱烧伤时,由于碱具有吸水作用,会使局部细胞脱水,强碱烧伤后创面呈黏滑或肥皂样变化。

1. 强酸烧伤的急救方法

(1)各种不同的酸烧伤,其皮肤产生的颜色变化也不同,如硫酸创面呈青黑色或棕黑色;硝酸烧伤先呈黄色,以后转为黄褐色;盐酸烧伤则呈黄蓝色;三氯醋酸的创面先为白色,以后变为青铜色等。此外,颜色的改变还与酸烧伤的深浅有关,潮红色最浅,灰色、棕黄色或黑色则较深。

(2)酸烧伤后立即用水冲洗是最为重要的急救措施,冲洗一般不需用中和剂,必要时可用2%~5%的碳酸氢钠、2.5%的氢氧化镁或肥皂水处理创面后,仍用大量清水冲洗,以去除剩余的中和溶液。

(3)创面处理采用一般烧伤的处理方法。由于酸烧伤后形成的痂皮完整,宜采用暴露疗法。

2. 强碱烧伤的急救方法

(1)碱烧伤后,应立即用大量清水冲洗创面,冲洗时间越长,效果越好,达10小时效果尤佳,但伤后2小时再处理者效果差。如创面pH达7以上,可用0.5%~5%醋酸、2%硼酸湿敷创面,再用清水冲洗。

(2)创面冲洗干净后,最好采用暴露疗法,以便观察创面的变化。深度烧伤应及早进行切痂植皮手术。全身烧伤处理同一般烧伤。

三、眼部受伤急救措施

制造行业最常见的眼部受伤是铁屑飞入眼睛,或化学物质如强酸、强碱等溅入眼睛。眼睛是人体中较脆弱的部位,一定要采取及时、正确的方法予以处理,以免造成失明。眼睛受伤的救护方法如下:

1. 轻度眼伤

如眼睛进异物,切忌用手揉搓,以防伤到角膜、眼球,可请现场同伴用肥皂水洗手后，翻开眼皮用干净手绢、纱布将异物拨出。注意不要使用棉花等物品取异物，不要取虹膜或瞳孔口的异物。

如眼中溅入化学物质，要立即用大量清水反复冲洗。如果找不到水龙头，可以用杯中的水冲洗眼睛15分钟，并确保水进入眼睛内角。如果患者戴隐形眼镜应将其摘掉。冲洗后用干净的棉布覆盖患眼，并包扎覆盖双眼，以减少患眼的活动。

2. 重度眼伤

如异物插入眼中，这时千万不要试图拔出。若看到眼球鼓出或从眼球中脱出东西，切不可把它推回眼内，这样做十分危险，可能会把能恢复的伤眼弄坏。正确的做法是让伤者仰躺，救护者设法支撑其头部，并尽可能使其保持静止不动，同时可用消毒纱布或刚洗过的新毛巾轻轻盖上伤眼，尽快送往医院。

四、断指急救措施

一旦发生断指事故，首先要抢救伤员生命，检查有无脊髓和神经损伤等身体其他部位的伤害，并注意保护，防止引起或加重损伤。如有出血，要根据出血部位，选用加压包扎、指压、扎止血带等方法紧急止血，防止伤者失血休克。疑有骨折、脱位，先不要自行整复，可用夹板、石膏或代用品进行简单固定。活动性出血（如手或足），最好别压迫大肢体（如前臂、小腿），这样会压迫住静脉，而动脉压迫不住，从而会增加出血量，这时采用局部加压法更好些。

做完这些或在此同时，应该处理断指。有时手指未完全断离，仍有一点皮肤或组织相连，其中可能有细小血管，足以提供营养，避免手指坏死，因此务必小心在意，妥善包扎保护，防止血管受到扭曲或拉伸。

断指残端如有出血，应首先止血。肢体、手指断离时，虽失去血脉滋养，但短期内尚有生机，而时间一长，则会变性腐烂。冷藏保存断指可以降低其新陈代谢的速度，维持生机。冬天气温较低，容易做到（8小时内可再植）；春秋季节，特别是盛夏（6小时内可再植），天气炎热，此时迅速低温冷藏保存断指尤为重要。可将断指先用无菌敷料或相对干净的布巾等代用品包裹，外面用塑料薄膜密封，然后置于合适的容器如冰瓶内，周围放上冰块，和病人一同转送附近有再植条件的医院。冰块可取自冰箱，若一时难以取得，可用冰棍、雪糕代替。断指不可直接与冰块或冰水接触，以防冻伤变性。酒精可使蛋白质变性，故绝对禁止将断离肢（指）直接浸泡于酒精内。如欲冲洗，只可用生理盐水。高渗或低渗溶液，均对组织细胞有害，会影响再植成活率，故不可以用来浸泡、冲洗断指。

五、车辆伤害急救措施

1. 车辆伤害类型

车辆伤害多发生于公路，如行人、自行车被机动车撞伤，摩托车、汽车翻车伤及车内人员等。车辆伤害的主要受伤部位为头部、四肢、盆腔、肝、脾、胸部等。引起死亡的主要原因为头部损伤、严重的复合伤和碾压伤。

如果是运输危险化学品的车辆发生了交通事故，不仅会造成人员伤害，还可能由于危险化学品受到撞击、泄漏发生火灾、爆炸或人员中毒等事故。

2. 车辆伤害现场救护原则

（1）现场应急的顺序为紧急呼救→保护现场→转运伤员。应分别拨打求救电话"120""110""119"。

（2）切勿立即移动伤者，除非处境会危害其生命（如汽车着火、有爆炸可能等）。

（3）将失事车辆引擎关闭，拉紧驻车制动或用石头固定车轮，防止汽车滑动。

（4）呼救的同时，现场人员首先要查看伤员的伤情，伤员从车内救出的过程应根据伤情区别进行，脊柱损伤伤员不能拖、拽、抱，应使用颈托固定颈部或使用脊柱固定板，避免脊髓受损或损伤加重导致截瘫。

（5）实行先救命、后治伤的原则，若伤员呼吸心跳停止，则应立即进行心肺复苏抢救。

（6）意识清醒的伤员可询问其伤在何处（疼痛、出血、何处活动受限等），并立刻检查受伤部位，进行对症处理，疑有骨折应尽量简单固定后再搬运。

（7）事故发生后应尽可能对现场进行保护，以便给事故责任划分提供可靠证据，并采用最快的方式向交通管理执法部门报告。

（8）如果交通事故涉及危险化学品，应首先了解危险化学品的种类、名称和危险特性，有针对性地实施应急行动，同时尽量佩戴个体防护装备，站在上风侧进行现场救护。

六、溺水事故急救措施

1. 水中救护

（1）自救。当发生溺水且不熟悉水性时除及时呼救外，应及时采取仰卧位，头部向后，尽力使鼻部露出水面呼吸。呼气要浅，吸气要深，则可浮出水面，此时千万不要慌张，不要将手臂上举乱扑动，因为这样会使身体下沉更快。

会游泳者，如果发生小腿抽筋，要保持镇静，采取仰泳位，用手将抽筋的腿的脚趾向背侧弯曲，可使痉挛缓解，然后慢慢游向岸边。

（2）救护。可投入木板、救生圈、长杆等，让落水者攀扶上岸。入水营救人员应迅速接近落水者，从其后面靠近，不要让慌乱挣扎的落水者抓住，以免发生危险。从后面双手托住落水者的头部，两人均宜采用仰泳姿态，将其带至安全处。有条件的采用可漂移的脊柱板救护伤员。

2. 岸上救护

（1）将伤员抬出水面后，应立即清理溺水者口鼻内的污泥、痰涕等异物，用纱布裹住手指将落水者的舌头拉出口外，解开其衣扣，以保持呼吸畅通，然后抱起落水者的腰腹部，使其背朝上、头下垂进行倒水；或者抱起落水者双腿，将其腰腹部放在施救者的肩上，快步奔跑使积水倒出；或者施救者采取半跪位，将伤员的腹部放在施救者腿上，使其头部下垂，并用手平压背部进行倒水。

（2）溺水者获救后，应立即检查其呼吸、心跳。如呼吸停止，应马上做人工呼吸，先口对口吹入四口气，在5秒时间内观察其有无恢复自主呼吸，如无反应，应接着做人工呼吸，直至其恢复自主呼吸。

（3）如果溺水者呼吸、心跳完全停止了，应立即做心肺复苏。

（4）不能轻易放弃救治，特别是低温情况下，应抢救更长时间，直到专业救护人员到达。

（5）现场救护有效，伤员恢复心跳、呼吸，可用干毛巾擦遍全身，自四肢、躯干向心脏方向摩擦，以促进血液循环。

七、高处坠落急救措施

1. 高处坠落的危害

高处坠落一般发生于建筑施工、大型机械设备安装或维修等作业中。高处坠落通常造成人员多器官损伤，严重者当场死亡。高空坠落时，若足或臀部先着地，则外力可沿脊柱传导到颅脑而致伤；由高处仰面跌下时，背或腰部受冲击，可引起腰椎韧带撕裂，椎体裂开或椎弓根骨折，易引起脊髓损伤。如果发生脑干损伤，常有较重的意识障碍、光反射消失等症状，也可能出现严重的合并症状。

2. 急救方法

（1）去除伤员身上的用具和口袋中的硬物。

（2）在搬运和转送过程中，颈部和躯干不能前屈或扭转，而应使脊柱伸直，绝对禁止一个抬肩一个抬腿的搬法，以免导致或加重截瘫。

（3）对创伤局部妥善包扎，但对疑颅底骨折和脑脊液漏患者切忌作填塞，以免引起颅内感染。

（4）颌面部受伤人员首先应保持呼吸道畅通，撤除假牙，清除移位的组织碎片、血凝块、口腔分泌物等，同时松解伤员的颈、胸部衣物纽扣。若舌已后坠或伤者口腔内的异物无法清除，可用12号粗针穿刺环甲膜，以维持呼吸，并尽快进行气管切开手术。

（5）复合伤员要使其呈平仰卧位，保持呼吸道畅通，并解开其衣领扣。

（6）若周围血管受伤，则应将受伤部位以上的动脉压迫至骨骼上。直接在伤口上放置厚敷料，用绷带加压包扎时以不出血和不影响肢体血液循环为宜。当上述方法无效时慎用止血带，如必须使用止血带，原则上应尽量缩短使用时间，一般以不超过1小时为宜，并做好标记，注明上止血带的时间。

（7）有条件时迅速给予静脉补液，增加血容量。

（8）将伤员快速平稳地送医院救治。

八、化学品中毒急救措施

1. 化学品中毒类型

化学品中毒可分为刺激性气体中毒、窒息性气体中毒和有机溶剂中毒。其中，刺激性气体包括盐酸和硫酸酸雾、硫化氢等，窒息性气体包括一氧化碳、二氧化碳、氮气等，有机溶剂包括芳香烃、醇类、醚类等。

2. 化学品中毒的急救措施

（1）首先要中断毒物继续侵入。救护者戴好防毒面具后，迅速将中毒者撤离现场，如果是气体中毒，要将中毒者撤到上风向，并为其脱去已污染的衣服。

（2）如毒物已污染眼部、皮肤，应立即冲洗。

(3) 松开领扣、腰带，使伤者呼吸新鲜空气。

(4) 静卧、保暖。

(5) 对于口服中毒者，首先判断是否该催吐，如果允许，将手指伸进患者口中按压舌根，施加刺激使之反复呕吐。毒物为酸、碱、汽油、漂白剂、杀虫剂、去污剂等时不要催吐，应尽快送医院救治。

化学中毒常伴有休克、呼吸障碍和心脏骤停等症状，应施行心肺复苏术，同时针刺人中穴。

(6) 在护送病人去医院的途中，应保持伤员呼吸畅通。将伤员头部偏向一侧，避免咽下呕吐物，取下假牙，并将伤员舌头拉出引向前方，以防窒息。

九、中暑急救措施

人的体温维持在37℃左右为正常，当气温过高时，体内就会大量失水、失盐并积聚大量余热，同时出现机体代谢紊乱现象，称为中暑。

高温车间、露天劳动或直接在烈日下暴晒或在缺乏空调、通风设备的公共场所的人员，很有可能发生中暑。

1. 中暑症状

(1) 中暑先兆。在高温环境下出现大汗、口渴、无力、头晕、眼花、耳鸣、恶心、胸闷、心悸、注意力不集中、四肢发麻等症状，体温不超过37.5℃。

(2) 轻度中暑。上述症状加重，体温在38℃以上，出现面色潮红或苍白、大汗、皮肤显冷、脉搏细弱、心率快、血压下降等呼吸及循环衰竭的症状及体征。

(3) 重度中暑。体温在39℃以上，头疼、不安、嗜睡及昏迷，面色潮红、汗闭、皮肤干热、血压下降、呼吸急促、心率快等。

2. 现场救护

(1) 迅速把伤员移至阴凉通风处或有空调的房间，使之平卧，解开衣裤，以利呼吸和散热。

（2）轻者饮淡盐水或淡茶水，可服用藿香正气水、十滴水、人丹等。

（3）体温升高者，用凉水擦洗全身，水的温度要逐步降低。在头部、腋窝、大腿根部可用冷水或冰袋敷之，以加快散热。

（4）严重中暑者，经降温处理后，应及时送至医院以便及早获得专业急救和治疗。

十、食物中毒急救措施

企业一般都为职工集中供应午餐或加班餐，如果食物储存过久、未加工熟或煮熟后放置时间太长，很容易引发集体性食物中毒。

1. 食物中毒的症状

食物中毒者最常见的症状是剧烈的呕吐、腹泻，同时伴有中上腹部疼痛症状。食物中毒者常会因上吐下泻而出现脱水症状，如口干、眼窝下陷、皮肤弹性消失、肢体冰凉、脉搏细弱、血压降低等，甚至可致休克，如手足发凉、面色发青、血压下降等。

2. 食物中毒现场救护

（1）尽快催吐。发现人员食物中毒时，应尽快催吐。可以用筷子或手指轻碰患者咽壁，促使其排吐。如毒物太稠，可取食盐20克加凉开水200毫升制成溶液，让患者喝下，多喝几次即可呕吐；或者用鲜生姜100克捣碎取汁，用200毫升温开水冲服。肉类食品中毒，则可服用十滴水促使呕吐。

（2）药物导泻。食物中毒时间超过2小时，精神较好者，则可服用大黄30克，一次煎服；老年体质较好者，可采用番泻叶15克，一次煎服或用开水冲服。

第六章　工伤处理实务

通过本章的介绍，使读者了解工伤处理的一般流程和注意事项，并对工伤认定、工伤医疗、工伤康复、劳动能力鉴定和工伤保险待遇申领有一个整体的认识和把握。

第六章 工伤处理实务

第一节 工伤处理流程与注意事项

一、工伤处理流程

工伤处理流程如图6—1所示。

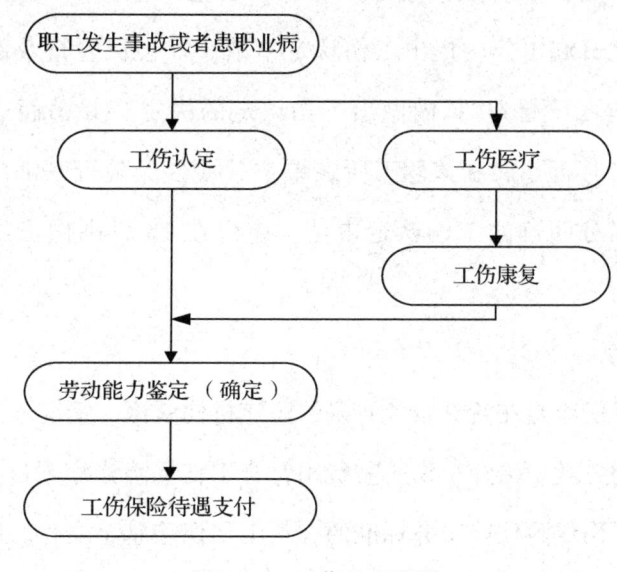

图6—1 工伤处理流程

二、工伤处理说明与注意事项

(一)流程简介

根据《社会保险法》《工伤保险条例》及相关规定,职工发生事故伤害或按照《职业病防治法》规定被诊断、鉴定为职业病的,其工伤事故处理流程包括:

(1)工伤认定。

(2) 工伤医疗。

(3) 工伤康复。

(4) 劳动能力鉴定（确认）。

(5) 工伤保险待遇支付。

(二) 注意事项

1. 工伤认定

用人单位须在职工发生事故伤害或被诊断、鉴定为职业病之日起 30 日内提出工伤认定申请，职工或其直系亲属、工会组织须在事故伤害或被诊断、鉴定为职业病之日起 1 年内提出工伤认定申请。社会保险行政部门应当自受理工伤认定申请之日起 60 日内做出工伤认定的决定，并书面通知申请工伤认定的职工或者其近亲属和该职工所在单位。社会保险行政部门对受理的事实清楚、权利义务明确的工伤认定申请，应当在 15 日内做出工伤认定的决定。

2. 工伤医疗

职工治疗工伤应当在签订服务协议的医疗机构就医，情况紧急时可以先到就近的医疗机构急救。治疗工伤所需费用符合工伤保险诊疗项目目录、工伤保险药品目录、工伤保险住院服务标准的，从工伤保险基金支付。职工住院治疗工伤的伙食补助费，以及经医疗机构出具证明，报经办机构同意，工伤职工到统筹地区以外就医所需的交通、食宿费用，从工伤保险基金支付，基金支付的具体标准由统筹地区人民政府规定。工伤职工治疗非工伤引发的疾病，不享受工伤医疗待遇，按照基本医疗保险办法处理。

3. 工伤康复

工伤职工经治疗后，病情相对稳定，但身体各部位尚存在功能障碍且符合工伤康复介入标准的，用人单位、职工或其亲属应尽早向社保经办部门提出工伤康复申请。工伤职工到签订服务协议的医疗机构进行工伤康复的费用，符合规定的,从工伤保险基金支付。

4. 劳动能力鉴定(确认)

职工发生工伤,经治疗伤情相对稳定后存在残疾、影响劳动能力的,应当进行劳动能力鉴定。同时根据《工伤保险条例》及相关规定,由劳动能力鉴定委员会对是否需要配置工伤保险辅助器具、工伤医疗终结期及停工留薪期、是否属工伤复发等进行确认。设区的市级劳动能力鉴定委员会应当自收到劳动能力鉴定申请之日起60日内做出劳动能力鉴定结论。必要时,做出劳动能力鉴定结论的期限可以延长30日。劳动能力鉴定结论应当及时送达申请鉴定的单位和个人。

5. 工伤保险待遇支付

职工发生事故伤害或被诊断、鉴定为职业病后经认定为工伤的,应根据《工伤保险条例》规定享受工伤保险待遇。工伤保险待遇包括工伤医疗期间待遇、工伤医疗终结后一次性发放的待遇、工伤医疗终结后定期发放的待遇及因工死亡待遇等。依照《工伤保险条例》规定应当参加工伤保险而未参加工伤保险的用人单位职工发生工伤的,由该用人单位按照条例规定的工伤保险待遇项目和标准支付费用。

第二节 工伤认定办理流程与注意事项

一、工伤认定办理流程

工伤认定办理流程如图6—2所示。

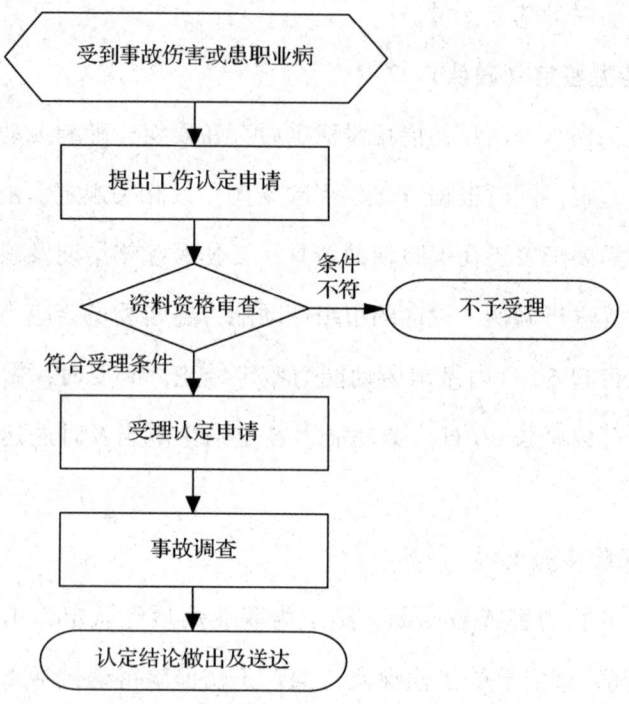

图 6—2　工伤认定办理流程

二、工伤认定办理说明与注意事项

（一）流程简介

根据《工伤保险条例》《工伤认定办法》及相关规定，职工发生事故伤害或按照《职业病防治法》规定被诊断、鉴定为职业病后，应向统筹地区社会保险行政部门提出工伤认定申请。其主要处理流程包括：

（1）提出书面工伤认定申请。

（2）社会保险行政部门对申请事项进行审查，并根据审查情况通知申请人是否需要补正材料。

（3）社会保险行政部门根据审查情况，决定本次工伤认定申请是否受理，并出具相关文书。

（4）社会保险行政部门受理工伤认定申请后，根据需要对申请人提供的证

第六章　工伤处理实务

据进行调查核实。

（5）社会保险行政部门依法做出工伤认定结论，出具相关文书并送达。

(二) 注意事项

1. 申请人

提出工伤认定申请的为用人单位、工伤职工或者其近亲属、工会组织。相关申请人委托他人提出工伤认定申请的，应办理委托手续并提交相关资料。

2. 申请时限

所在单位应当自事故伤害发生之日或者被诊断、鉴定为职业病之日起30日内，向统筹地区社会保险行政部门提出工伤认定申请。用人单位未按规定提出工伤认定申请的，工伤职工或者其近亲属、工会组织在事故伤害发生之日或者被诊断、鉴定为职业病之日起1年内，可以直接向用人单位所在地统筹地区社会保险行政部门提出工伤认定申请。

3. 申请地域

申请人应根据属地原则，在用人单位参保所在地的设区的市级社会保险行政部门办理；用人单位未为职工参加工伤保险的，应在单位注册地办理；用人单位在注册地和生产经营地均未参加工伤保险的，农民工受到事故伤害或者患职业病后，在生产经营地进行工伤认定、劳动能力鉴定，并按生产经营地的规定依法由用人单位支付工伤保险待遇；建筑工地农民工应按规定，以工程项目为单位在工程所在地参加工伤保险并办理工伤认定。

4. 申请材料

（1）工伤认定申请表。工伤认定申请表应当包括事故发生的时间、地点、原因以及职工伤害程度等基本情况，具体包括：

1）因履行工作职责受到暴力伤害的，提交公安机关或人民法院的判决书或其他有效证明。

2）由于机动车事故引起的伤亡事故提出工伤认定的，提交公安交通管理等部门的责任认定书或其他有效证明。

3）因工外出期间，由于工作原因受到伤害的，提交公安部门证明或其他证明；发生事故下落不明的，认定因工死亡，提交人民法院宣告死亡的结论。

4）在工作时间和工作岗位，突发疾病死亡或者在48小时之内经抢救无效死亡的，提交医疗机构的抢救和死亡证明。

5）属于抢险救灾等维护国家利益、公众利益活动中受到伤害的，按照法律法规规定，提交有效证明。

6）属于因战、因公负伤致残的转业、复员军人，旧伤复发的，提交革命伤残军人证及医疗机构对旧伤复发的诊断证明。

（2）与用人单位存在劳动关系（包括事实劳动关系）的证明材料。伤（亡）职工与用人单位存在劳动关系（包括事实劳动关系）的证明材料。以劳动合同为主要凭证，无劳动合同提交以下材料：

1）工资支付凭证或记录（职工工资发放花名册）、缴纳各项社会保险费的记录。

2）用人单位向劳动者发放的工作证、服务证等能够证明身份的证件。

3）劳动者填写的用人单位招工招聘登记表、报名表等招用记录。

4）考勤记录。

5）其他劳动者（主要指所在单位职工）的证言等。

（3）医疗诊断证明或者职业病诊断证明书（或者职业病诊断鉴定书）。

（三）救济途径

职工或者其近亲属、用人单位对不予受理决定不服或者对工伤认定决定不服的，可以在收到认定书之日起60日内向当地人民政府或上一级主管部门申请行政复议，或在收到决定之日起6个月内向人民法院提起行政诉讼。

第三节 工伤医疗办理流程与注意事项

一、工伤医疗办理流程

工伤医疗办理流程如图 6—3 所示。

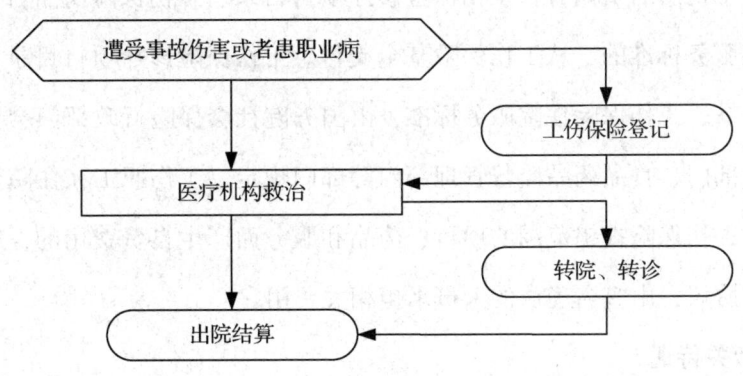

图 6—3 工伤医疗办理流程

二、工伤医疗办理说明与注意事项

(一) 流程简介

职工发生事故伤害或按照《职业病防治法》规定被诊断、鉴定为职业病后,用人单位应根据《工伤保险条例》《安全生产法》及《职业病防治法》的相关规定,采取有效措施,组织抢救,防止事故扩大,减少人员和财产损失。工伤医疗的流程一般包括:

(1) 医疗机构进行工伤保险登记。

(2) 医疗机构内进行救治。

(3) 转院、转诊。

（4）治疗结束后办理工伤保险结算（未参加工伤保险、不符合结算条件的除外）。

（二）注意事项

1. 医疗机构的选择

职工治疗工伤应当在签订服务协议的医疗机构就医，情况紧急时可以先到就近的医疗机构急救。

2. 报销范围

治疗工伤所需费用符合工伤保险诊疗项目目录、工伤保险药品目录、工伤保险住院服务标准的，从工伤保险基金支付。工伤保险诊疗项目目录、工伤保险药品目录、工伤保险住院服务标准，由国务院社会保险行政部门会同国务院卫生行政部门、食品药品监督管理部门等部门规定。工伤职工在住院期间需要使用超过工伤保险报销范围的项目、药品和服务而产生自费费用的，应根据办理的自费协议，由签名确认的人员承担相关费用。

3. 相关待遇

（1）职工住院治疗工伤的伙食补助费，以及经医疗机构出具证明，报经办机构同意，工伤职工到统筹地区以外就医所需的交通、食宿费用从工伤保险基金支付，基金支付的具体标准由统筹地区人民政府规定。

（2）职工因工作遭受事故伤害或者患职业病需要暂停工作接受工伤医疗的，在停工留薪期内，原工资福利待遇不变，由所在单位按月支付。

4. 办理手续

在实施了工伤医疗费在院结算的统筹地区，符合规定的工伤医疗费可以直接在院结算，未实施工伤医疗费在院结算的统筹地区，或无法实现工伤医疗费在院结算的，相关费用可提交至社会保险经办机构人工审核后报销。

5. 其他情形

工伤职工治疗非工伤引发的疾病，不享受工伤医疗待遇。

第四节 工伤康复办理流程与注意事项

一、工伤康复办理流程

工伤康复办理流程如图 6—4 所示。

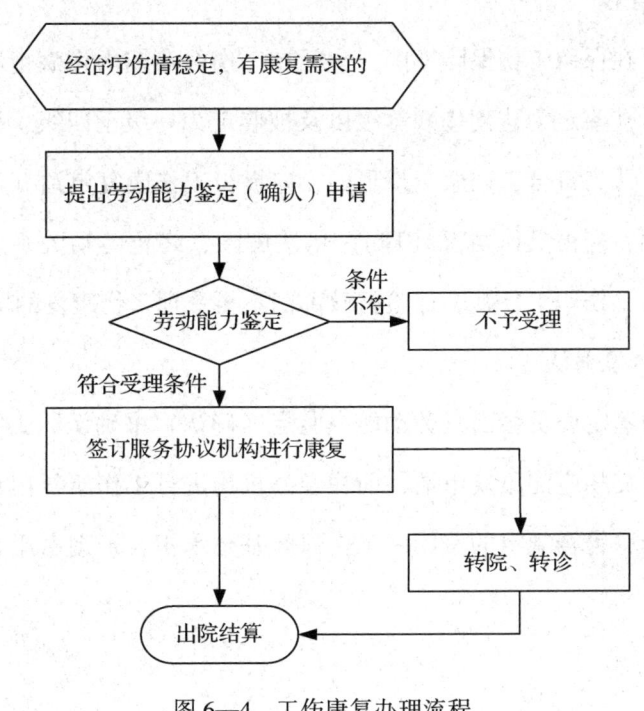

图 6—4 工伤康复办理流程

二、工伤康复办理说明与注意事项

(一) 流程简介

工伤职工在保留工伤保险期间,认为符合工伤康复情形的,应提出工伤康复申请。经劳动能力鉴定委员会确认具有康复价值的,可列入康复对象范围,进行工伤康复。工伤康复的流程一般包括：

(1) 提出劳动能力鉴定（确认）申请。

(2) 经劳动能力鉴定委员会鉴定（确认）是否具有康复价值。

(3) 根据劳动能力鉴定（确认）结论前往签订服务的协议机构进行康复。

(4) 根据病情转院、转诊、转变康复类别。

(5) 出院并结算费用。

(二) 注意事项

1. 申请情形

工伤职工在保留工伤保险期间，包括在工伤医疗期内伤病情相对稳定、工伤医疗期满后被鉴定为达到伤残等级以及被鉴定为一级至四级、列入社会化管理等情形下，认为符合工伤康复情形的，应提出工伤康复申请（各地工伤康复申请要求不同，应视具体情况处理）。依法解除、终止劳动关系或依法终结工伤保险关系的工伤职工，社会保险行政部门不再受理工伤康复的申请。

2. 康复对象确认

劳动能力鉴定委员会出具劳动能力鉴定（确认）书确认职工符合康复资格后，职工应提交相应的康复申请，前往经办机构进行工伤康复申请。经审查符合报销条件的，符合规定的费用由工伤保险基金承担，否则由用人单位或申请人承担。

3. 申请资料

办理工伤康复资格确认手续时，需要提交的材料主要包括：

(1) 劳动能力鉴定委员会出具的劳动能力鉴定（确认）书。

(2) 认定工伤决定书复印件。

(3) 工伤职工身份证复印件或社会保障卡复印件等其他有效身份证明材料。

(4) 申请康复的其他资料，如申请人委托他人办理的需提交的委托书等。

4. 康复评价

工伤职工入院后，首先应由主管康复医生进行全面检查和功能评定，根据患者的身体及功能状况和心理现状，制定康复目标和治疗程序表，再按此程序表由专业治疗师进行特殊治疗。为确认是否有预期的疗效，要定期反复进行评价，通过反复的再评价及修正程序表来动态调整康复治疗，患者或可逐渐好转而达到功能改善并稳定的状态。

5. 康复转院、转诊、转康复项目

康复期间，主管康复医生通过定期、反复的康复评价及再评价，不断修正康复治疗程序表来动态调整康复治疗过程，并根据协议对工伤职工康复时间的预期及康复疗效进行综合评价，以确定患者的康复改善情况，并根据具体情况决定工伤职工是否出院、转院、转诊或转换具体的康复项目。

6. 出院结算

在实施了工伤康复费在院结算的统筹地区，符合规定的工伤康复费可以直接在院结算，未实施工伤康复费在院结算的统筹地区，或无法实现工伤康复费在院结算的，相关费用可提交至社会保险经办机构人工审核后报销。

7. 工伤康复期间的待遇

（1）工伤康复期间，康复对象享受工伤医疗和停工留薪期待遇；经鉴定为一级至四级的，继续享受伤残津贴待遇。

（2）工伤康复住院期间的伙食补助费，由社会保险按规定支付。

（3）康复对象经社会保险经办机构批准转往外地工伤康复机构进行工伤康复所需交通费、食宿费用，由社会保险按规定支付。

（4）未参加工伤保险的，工伤职工的康复费用由用人单位承担。

8. 不予支付的费用

康复期间，工伤保险基金不予支付的费用如下：

（1）生活用品费用。

(2) 非因工伤病及其合并症、并发症所发生的医疗、康复费用。

(3) 非工伤康复期的费用。

(4) 故意加重残情或拒绝合理的工伤康复治疗而增加的医疗、康复费用。

(5) 违法犯罪、醉酒所致伤病发生的医疗、康复费用。

(6) 其他不符合工伤保险有关规定的费用。

第五节 劳动能力鉴定（确认）办理流程与注意事项

一、劳动能力鉴定（确认）办理流程

劳动能力鉴定（确认）办理流程如图6—5所示。

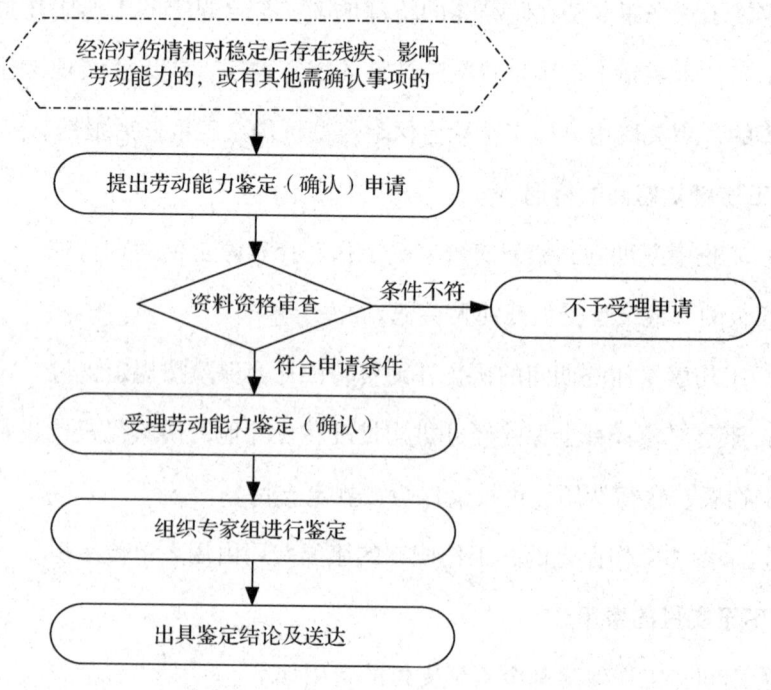

图6—5 劳动能力鉴定（确认）办理流程

二、劳动能力鉴定（确认）办理说明与注意事项

（一）流程简介

根据《工伤保险条例》《工伤职工劳动能力鉴定管理办法》及相关规定，劳动能力鉴定程序包括：

（1）提出劳动能力鉴定申请。

（2）对申请人提交的材料进行审核及受理。

（3）组织专家组进行鉴定。

（4）出具鉴定结论并送达用人单位及工伤职工。

（二）注意事项

1. 申请情形

职工发生工伤，经治疗伤情相对稳定后存在残疾、影响劳动能力的，或者停工留薪期满（含劳动能力鉴定委员会确认的延长期限），工伤职工或者其用人单位应当及时向设区的市级劳动能力鉴定委员会提出劳动能力鉴定申请。工伤康复确认、辅助器具配置确认等确认申请，根据具体情形提出。

2. 申请材料

提出劳动能力鉴定申请应当填写劳动能力鉴定申请表，并提交下列材料：

（1）工伤认定决定书原件和复印件。

（2）有效的诊断证明、按照医疗机构病历管理有关规定复印或者复制的检查、检验报告等完整病历材料。

（3）工伤职工的居民身份证或者社会保障卡等其他有效身份证明原件和复印件。

（4）劳动能力鉴定委员会规定的其他材料。

3. 委托鉴定（确认）

（1）目前各地只受理相关部门（组织）、用人单位在鉴定（确认）范围内

符合受理条件的鉴定委托，暂不接受个人鉴定委托。

(2) 提出委托鉴定的，需提交书面委托书。委托书应包含的内容有：鉴定（确认）事由、被鉴定人姓名、身份证号，鉴定伤病情或鉴定部位，明确鉴定项目及适用标准。以上内容经审查无误后方可受理。

(3) 委托鉴定是根据委托书中的委托开展鉴定，不代表被鉴定人符合工伤或者非法用工等资格。

(4) 鉴定过程中，被鉴定人需要提交的材料要求和办事程序除资格审查事项之外，其余要求和普通被鉴定人一致。

4. 审核及做出结论时限

劳动能力鉴定委员会收到劳动能力鉴定申请后，应当及时对申请人提交的材料进行审核。申请人提供材料不完整的，劳动能力鉴定委员会应当自收到劳动能力鉴定申请之日起 5 个工作日内一次性书面告知申请人需要补正的全部材料；申请人提供材料完整的，劳动能力鉴定委员会应当及时组织鉴定，并在收到劳动能力鉴定申请之日起 60 日内做出劳动能力鉴定结论。伤情复杂、涉及医疗卫生专业较多的，做出劳动能力鉴定结论的期限可以延长 30 日。

5. 现场鉴定

劳动能力鉴定委员会应当视伤情程度等从医疗卫生专家库中随机抽取 3 名或者 5 名与工伤职工伤情相关科别的专家组成专家组进行鉴定。劳动能力鉴定委员会应当提前通知工伤职工进行鉴定的时间、地点以及应当携带的材料。工伤职工应当按照通知的时间、地点参加现场鉴定。对行动不便的工伤职工，劳动能力鉴定委员会可以组织专家上门进行劳动能力鉴定。组织劳动能力鉴定的工作人员应当对工伤职工的身份进行核实。工伤职工因故不能按时参加鉴定的，经劳动能力鉴定委员会同意，可以调整现场鉴定的时间，做出劳动能力鉴定结论的期限相应顺延。

6. 拒不接受劳动能力鉴定的

根据《工伤保险条例》第四十二条规定，拒不接受劳动能力鉴定或拒绝治疗的工伤职工，停止享受工伤保险待遇，且停发期间的待遇不予补发。

（三）救济途径

申请鉴定的单位或者个人对设区的市级劳动能力鉴定委员会做出的鉴定结论不服的，可以在收到该鉴定结论之日起 15 日内向省、自治区、直辖市劳动能力鉴定委员会提出再次鉴定申请。省、自治区、直辖市劳动能力鉴定委员会做出的劳动能力鉴定结论为最终结论。

第六节　工伤保险待遇申领流程与注意事项

一、工伤保险待遇申领流程

工伤保险待遇申领流程如图 6—6 所示。

二、工伤保险待遇申领说明与注意事项

（一）流程简介

根据《社会保险法》《工伤保险条例》及相关规定，职工因工作原因受到事故伤害或者患职业病，且经工伤认定的，享受工伤保险待遇。其中，经劳动能力鉴定丧失劳动能力的，享受伤残待遇。根据《工伤保险条例》规定，工伤保险待遇由工伤保险基金、用人单位按规定支付。向工伤保险基金提出工伤保险待遇领取的程序包括：

（1）提出工伤保险待遇申请。

（2）对申请人提交的材料进行审核及受理。

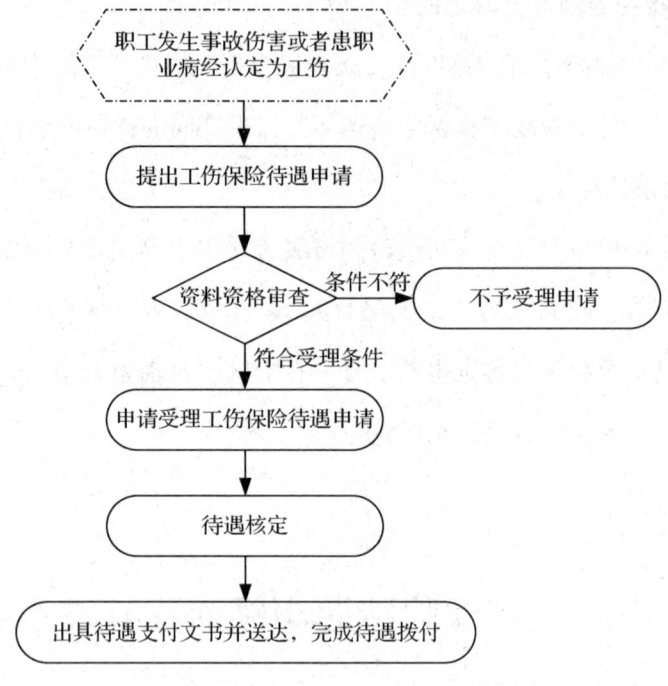

图 6—6 工伤保险待遇申领流程

（3）待遇核定。

（4）出具待遇支付决定并送达用人单位及工伤职工（或其近亲属）。

(二) 注意事项

（1）工伤保险待遇项目、计发基数及标准，支付方式（详见附录二）。

（2）工伤保险待遇的申领时限：工伤职工在工伤医疗终结或解除劳动关系后，应及时向当地社会保险经办部门提出申领工伤保险待遇，并办理相关手续。工伤保险待遇发放均有具体的条件和时限要求，按照相关的文件执行。

（3）工伤医疗待遇申请材料：工伤职工在医疗机构、工伤康复机构、劳动能力鉴定机构及康复器具装配机构现金结算的相关费用，应提交下列材料：

1）身份证、社会保障卡及其他有效身份证明材料复印件。

2）认定工伤决定书复印件。

3）劳动能力鉴定（确认）书。

4)疾病诊断证明书复印件。

5)门诊、住院收据(发票)、费用明细清单。

6)领取相关待遇须提供的其他资料。

(4)工伤补偿待遇申请材料。工伤职工申领工伤补偿待遇时,应提交下列材料:

1)认定工伤决定书复印件。

2)工伤职工身份证、社会保障卡或其他有效身份证明材料复印件。

3)劳动能力鉴定(确认)书复印件。

4)领取相关待遇须提供的其他资料。

(5)工亡待遇申请材料。工亡职工近亲属领取工亡待遇,应提交如下资料:

1)认定工伤决定书复印件。

2)工伤职工、待遇申请人身份证、社会保障卡复印件或其他有效身份证明材料。

3)工亡职工死亡证明书复印件。

4)工亡职工本人、近亲属的户口本复印件(原件备查),未上户口的,应提交相关证明资料(如结婚证、子女出生证等)。

5)工亡职工待遇申领人关系证明公证书原件。

6)申领供养亲属抚恤金的供养亲属,提供主要生活来源证明材料原件。

7)领取相关待遇须提供的其他资料。

(6)停止享受工伤保险待遇的情形:

1)丧失享受待遇条件的。

2)拒不接受劳动能力鉴定的。

3)拒绝治疗的。

4)其他丧失享受待遇的情形。

(三)救济途径

1. 对经办机构核定的工伤保险待遇有异议

工伤职工或者其近亲属对经办机构核定的工伤保险待遇有异议的,可以在收到认定书之日起60日内向当地人民政府或上一级主管部门申请行政复议,或在收到决定之日起6个月内向人民法院提起行政诉讼。

2. 职工与用人单位发生工伤待遇方面的争议

按照处理劳动争议的有关规定处理。具体包括:

(1)职工可以和用人单位自行协商解决。

(2)双方在30日内向本用人单位所在地劳动争议调解委员会申请调解。

(3)若经过调解双方达不成协议,当事人一方或双方可在60日之内向当地劳动争议仲裁委员会申请仲裁,当事人也可以直接申请仲裁。

(4)当事人如果对仲裁裁决不服,可以在15日内向当地基层人民法院起诉。

附　　录

附录一　工伤保险相关法律法规规章文件

一、工伤保险相关法律法规规章文件目录

根据法律效力、制定机构的不同，按法律、行政法规、部门规章、规范性文件等顺序进行排布，共分为10个类别。

1. 综合类

（1）中华人民共和国社会保险法（2010年10月28日中华人民共和国主席令第35号颁布，2018年12月29日中华人民共和国主席令第25号公布修改）

（2）中华人民共和国劳动法（1994年7月5日中华人民共和国主席令第28号颁布，2009年8月27日中华人民共和国主席令第18号公布第一次修改，2018年12月29日中华人民共和国主席令第24号公布第二次修改）

（3）中华人民共和国工会法（1992年4月3日中华人民共和国主席令第57号颁布，2009年8月27日中华人民共和国主席令第18号公布修改）

（4）中华人民共和国劳动合同法（2007年6月29日中华人民共和国主席令第65号颁布，2012年12月28日中华人民共和国主席令第73号公布修改）

（5）中华人民共和国劳动争议调解仲裁法（2007年12月29日中华人民共和国主席令第80号颁布）

（6）工伤保险条例（2003年4月27日中华人民共和国国务院令第375号公布，2010年12月20日中华人民共和国国务院令第586号公布修改）

（7）劳动保障监察条例（2004年10月26日中华人民共和国国务院令第423号公布）

(8) 实施《中华人民共和国社会保险法》若干规定（2011 年 6 月 29 日人力资源和社会保障部令第 13 号公布）

(9) 社会保险行政争议处理办法（2001 年 5 月 27 日劳动和社会保障部令第 13 号公布）

(10) 人力资源社会保障行政复议办法（2010 年 3 月 16 日人力资源和社会保障部令第 6 号公布）

(11) 社会保险基金监督举报工作管理办法（2001 年 5 月 18 日劳动和社会保障部令第 11 号公布）

(12) 社会保险基金行政监督办法（2001 年 5 月 18 日劳动和社会保障部令第 12 号公布）

(13) 社会保险稽核办法（2003 年 2 月 27 日劳动和社会保障部令第 16 号公布）

(14) 社会保险业务档案管理规定（试行）（2009 年 7 月 23 日人力资源和社会保障部、国家档案局令第 3 号公布）

(15) 关于实施《工伤保险条例》若干问题的意见（劳社部函〔2004〕256 号）

(16) 人力资源社会保障部关于执行《工伤保险条例》若干问题的意见（人社部发〔2013〕34 号）

(17) 人力资源社会保障部关于执行《工伤保险条例》若干问题的意见（二）（人社部发〔2016〕29 号）

(18) 关于印发工伤保险经办规程的通知（人社部发〔2012〕11 号）

(19) 关于印发《社会保险经办机构内部控制暂行办法》的通知（劳社部发〔2017〕2 号）

2. 参保缴费

(20) 社会保险费征缴暂行条例（1999 年 1 月 22 日中华人民共和国国务院

令第 259 号公布）

（21）社会保险登记管理暂行办法（1999 年 3 月 19 日劳动和社会保障部令第 1 号公布）

（22）部分行业企业工伤保险费缴纳办法（2010 年 12 月 31 日人力资源和社会保障部令第 10 号公布）

（23）在中国境内就业的外国人参加社会保险暂行办法（2011 年 9 月 6 日人力资源和社会保障部令第 16 号公布）

（24）社会保险费申报缴纳管理规定（2013 年 9 月 26 日人力资源和社会保障部令第 20 号公布）

（25）关于农民工参加工伤保险有关问题的通知（劳社部发〔2004〕18 号）

（26）关于贯彻《安全生产许可证条例》做好企业参加工伤保险有关工作的通知（劳社部发〔2005〕8 号）

（27）关于进一步做好中央企业工伤保险工作有关问题的通知（劳社部发〔2007〕36 号）

（28）关于加强工伤保险医疗服务协议管理工作的通知（劳社部发〔2007〕7 号）

（29）关于推进工伤保险市级统筹有关问题的通知（人社部发〔2010〕20 号）

（30）人力资源社会保障部　财政部关于进一步做好事业单位等参加工伤保险工作有关问题的通知（人社部发〔2012〕67 号）

（31）人力资源社会保障部　住房城乡建设部　安全监管总局　全国总工会关于进一步做好建筑业工伤保险工作的意见（人社部发〔2014〕103 号）

（32）人力资源社会保障部　财政部关于调整工伤保险费率政策的通知（人社部发〔2015〕71 号）

（33）人力资源社会保障部 财政部关于做好工伤保险费率调整工作 进一步加强基金管理的指导意见（人社部发〔2015〕72号）

（34）关于铁路企业参加工伤保险有关问题的通知（劳社部函〔2004〕257号）

（35）人力资源社会保障部办公厅关于开展建筑业"同舟计划"——建筑业工伤保险专项扩面行动计划的通知（人社厅发〔2015〕43号）

（36）人力资源社会保障部办公厅关于加快推进建筑业工伤保险工作的通知（人社厅发〔2016〕43号）

（37）人力资源社会保障部办公厅关于进一步做好建筑业工伤保险工作的通知（人社厅函〔2017〕53号）

3. 工伤预防

（38）中华人民共和国安全生产法（2002年6月29日中华人民共和国主席令第70号颁布，2009年8月27日中华人民共和国主席令第18号公布第一次修改，2014年8月31日中华人民共和国主席令第13号公布第二次修改）

（39）中华人民共和国职业病防治法（2001年10月27日中华人民共和国主席令第60号颁布，2011年12月31日中华人民共和国主席令第52号公布第一次修改，2016年7月2日中华人民共和国主席令第48号公布第二次修改，2017年11月4日中华人民共和国主席令第81号公布第三次修改，2018年12月29日中华人民共和国主席令第24号公布第四次修改）

（40）中华人民共和国道路交通安全法（2003年10月28日中华人民共和国主席令第8号颁布，2007年12月29日中华人民共和国主席令第81号公布第二次修改，2011年4月22日中华人民共和国主席令第47号公布第三次修改）

（41）使用有毒物品作业场所劳动保护条例（2002年4月30日中华人民共和国国务院令第352号公布）

（42）禁止使用童工规定（2002年10月1日中华人民共和国国务院令第364号公布）

（43）安全生产许可证条例（2004年1月13日中华人民共和国国务院令第397号公布）

（44）生产安全事故报告和调查处理条例（2007年4月9日中华人民共和国国务院令第493号公布）

（45）女职工劳动保护特别规定（2012年4月28日中华人民共和国国务院令第619号公布）

（46）中华人民共和国尘肺病防治条例（国发〔1987〕105号）

（47）未成年工特殊保护规定（劳部发〔1994〕498号）

（48）人力资源社会保障部　财政部　国家卫生计生委　国家安全监管总局关于印发工伤预防费使用管理暂行办法的通知（人社部规〔2017〕13号）

（49）人力资源社会保障部关于进一步做好工伤预防试点工作的通知（人社部发〔2013〕32号）

（50）人力资源社会保障部办公厅关于确认工伤预防试点城市的通知（人社厅〔2013〕111号）

（51）关于同意北京市为全国工伤预防试点城市的通知（人社厅发〔2015〕119号）

（52）关于确认贵州省为全国工伤预防试点地区的函（人社厅函〔2016〕123号）

（53）关于确认青海省为全国工伤预防试点地区的复函（人社厅函〔2016〕184号）

（54）关于加强用人单位职业卫生培训工作的通知（安监总厅安健〔2015〕121号）

（55）关于印发《职业病危害因素分类目录》的通知（国卫疾控发

〔2015〕92号)

(56) 关于印发加强农民工尘肺病防治工作的意见的通知(国卫疾控发〔2016〕2号)

(57) 关于印发防暑降温措施管理办法的通知(安监总安健〔2012〕89号)

(58) 关于印发用人单位劳动防护用品管理规范的通知(安监总厅安健〔2015〕124号)

(59) 个体防护装备选用规范(GB/T 11651-2008)

4. 工伤认定

(60) 中华人民共和国行政诉讼法(1989年4月4日中华人民共和国主席令第16号颁布,2014年11月1日中华人民共和国主席令第15号公布第一次修改,2017年7月1日中华人民共和国主席令第71号公布第二次修改)

(61) 中华人民共和国行政复议法(1999年4月29日中华人民共和国主席令第16号颁布,2009年8月27日中华人民共和国主席令第18号公布第一次修改,2017年9月1日中华人民共和国主席令第76号公布第二次修改)

(62) 中华人民共和国行政处罚法(1996年3月17日中华人民共和国主席令第63号颁布,2009年8月27日中华人民共和国主席令第18号公布第一次修改,2017年9月1日中华人民共和国主席令第76号公布第二次修改)

(63) 国务院关于职工工作时间的规定(1994年3月1日中华人民共和国国务院令第174号公布)

(64) 工伤认定办法(2010年12月31日人力资源和社会保障部令第8号公布)

(65) 职业病诊断与鉴定管理办法(2013年2月19日卫生部令第91号公布)

(66) 职业病危害项目申报办法(2012年4月27日国家安全生产监督管理

总局令第48号公布）

（67）劳动人事争议仲裁办案规则（2017年5月8日人力资源和社会保障部令第33号公布）

（68）国家卫生计生委等四部门关于印发《职业病分类和目录》的通知（国卫疾控发〔2013〕48号）

（69）《国务院关于职工工作时间的规定》问题解答（劳部发〔1995〕187号）

（70）关于确立劳动关系有关事项的通知（劳社部发〔2005〕12号）

（71）卫生部关于进一步加强职业病诊断与鉴定管理工作的通知（卫监督发〔2009〕82号）

（72）最高人民法院关于审理工伤保险行政案件若干问题的规定（法释〔2014〕9号）

（73）最高人民法院关于适用《中华人民共和国行政诉讼法》若干问题的解释（法释〔2015〕9号）

5. 工伤医疗

（74）《关于加强工伤保险医疗服务协议管理工作的通知》（劳社部发〔2007〕7号）

6. 工伤康复

（75）人力资源社会保障部关于印发《工伤康复服务项目（试行）》和《工伤康复服务规范（试行）》（修订版）的通知（人社部发〔2013〕30号）

（76）关于设立公布第一批区域性工伤康复示范平台名单有关问题的通知（人社厅发〔2015〕178号）

7. 劳动能力鉴定

（77）工伤职工劳动能力鉴定管理办法（2014年4月1日人力资源和社会保障部、国家卫生和计划生育委员会令第21号）

（78）关于印发《职工非因工伤残或因病丧失劳动能力程度鉴定标准（试行）》的通知（劳社部发〔2002〕8号）

（79）人力资源社会保障部关于实施修订后劳动能力鉴定标准有关问题处理意见的通知（人社部发〔2014〕81号）

（80）劳动能力鉴定　职工工伤与职业病致残等级（GB/T 16180-2014）

8. 劳动能力确认

（81）工伤保险辅助器具配置管理办法（2010年2月16日人力资源和社会保障部、民政部、国家卫生和计划生育委员会令第27号）

（82）关于印发工伤保险辅助器具配置目录的通知（人社厅函〔2012〕381号）

9. 工伤保险待遇

（83）军人抚恤优待条例（2004年8月1日中华人民共和国国务院、中华人民共和国中央军事委员会令第413号公布，2011年7月29日中华人民共和国国务院、中华人民共和国中央军事委员会令第602号公布修改）

（84）伤残抚恤管理办法（2007年7月31日民政部令第34号公布）

（85）因工死亡职工供养亲属范围规定（2003年9月23日劳动和社会保障部令第18号公布）

（86）非法用工单位伤亡人员一次性赔偿办法（人力资源和社会保障部令第9号公布）

（87）社会保险基金先行支付暂行办法（人力资源和社会保障部令第15号公布）

（88）关于工资总额组成的规定（1990年1月1日国家统计局令第1号公布）

10. 工伤保险权益记录

（89）社会保险个人权益记录管理办法（2011年6月29日人力资源和社会

保障部令第 14 号公布）

二、工伤保险主要法律法规规章文件选录

1. 中华人民共和国社会保险法（节选）

2010 年 10 月 28 日第十一届全国人民代表大会常务委员会第十七次会议通过，中华人民共和国主席令第 35 号颁布，根据 2018 年 12 月 29 日第十三届全国人民代表大会常务委员会第七次会议《关于修改〈中华人民共和国社会保险法〉的决定》修改，中华人民共和国主席令第 25 号公布。

第四章　工 伤 保 险

第三十三条　职工应当参加工伤保险，由用人单位缴纳工伤保险费，职工不缴纳工伤保险费。

第三十四条　国家根据不同行业的工伤风险程度确定行业的差别费率，并根据使用工伤保险基金、工伤发生率等情况在每个行业内确定费率档次。行业差别费率和行业内费率档次由国务院社会保险行政部门制定，报国务院批准后公布施行。

社会保险经办机构根据用人单位使用工伤保险基金、工伤发生率和所属行业费率档次等情况，确定用人单位缴费费率。

第三十五条　用人单位应当按照本单位职工工资总额，根据社会保险经办机构确定的费率缴纳工伤保险费。

第三十六条　职工因工作原因受到事故伤害或者患职业病，且经工伤认定的，享受工伤保险待遇；其中，经劳动能力鉴定丧失劳动能力的，享受伤残待遇。

工伤认定和劳动能力鉴定应当简捷、方便。

第三十七条　职工因下列情形之一导致本人在工作中伤亡的，不认定为工

伤：

（一）故意犯罪；

（二）醉酒或者吸毒；

（三）自残或者自杀；

（四）法律、行政法规规定的其他情形。

第三十八条　因工伤发生的下列费用，按照国家规定从工伤保险基金中支付：

（一）治疗工伤的医疗费用和康复费用；

（二）住院伙食补助费；

（三）到统筹地区以外就医的交通食宿费；

（四）安装配置伤残辅助器具所需费用；

（五）生活不能自理的，经劳动能力鉴定委员会确认的生活护理费；

（六）一次性伤残补助金和一至四级伤残职工按月领取的伤残津贴；

（七）终止或者解除劳动合同时，应当享受的一次性医疗补助金；

（八）因工死亡的，其遗属领取的丧葬补助金、供养亲属抚恤金和因工死亡补助金；

（九）劳动能力鉴定费。

第三十九条　因工伤发生的下列费用，按照国家规定由用人单位支付：

（一）治疗工伤期间的工资福利；

（二）五级、六级伤残职工按月领取的伤残津贴；

（三）终止或者解除劳动合同时，应当享受的一次性伤残就业补助金。

第四十条　工伤职工符合领取基本养老金条件的，停发伤残津贴，享受基本养老保险待遇。基本养老保险待遇低于伤残津贴的，从工伤保险基金中补足差额。

第四十一条　职工所在用人单位未依法缴纳工伤保险费，发生工伤事故的，由用人单位支付工伤保险待遇。用人单位不支付的，从工伤保险基金中先行支付。

从工伤保险基金中先行支付的工伤保险待遇应当由用人单位偿还。用人单位不偿还的，社会保险经办机构可以依照本法第六十三条的规定追偿。

第四十二条　由于第三人的原因造成工伤，第三人不支付工伤医疗费用或者无法确定第三人的，由工伤保险基金先行支付。工伤保险基金先行支付后，有权向第三人追偿。

第四十三条　工伤职工有下列情形之一的，停止享受工伤保险待遇：

（一）丧失享受待遇条件的；

（二）拒不接受劳动能力鉴定的；

（三）拒绝治疗的。

2. 国务院关于修改《工伤保险条例》的决定

《国务院关于修改〈工伤保险条例〉的决定》经 2010 年 12 月 8 日国务院第 136 次常务会议通过，中华人民共和国国务院令第 586 号公布，自 2011 年 1 月 1 日起施行。

国务院决定对《工伤保险条例》做如下修改：

一、第二条修改为："中华人民共和国境内的企业、事业单位、社会团体、民办非企业单位、基金会、律师事务所、会计师事务所等组织和有雇工的个体工商户（以下称用人单位）应当依照本条例规定参加工伤保险，为本单位全部职工或者雇工（以下称职工）缴纳工伤保险费。

中华人民共和国境内的企业、事业单位、社会团体、民办非企业单位、基金会、律师事务所、会计师事务所等组织的职工和个体工商户的雇工，均有依照本条例的规定享受工伤保险待遇的权利。"

二、第八条第二款修改为："国家根据不同行业的工伤风险程度确定行业的差别费率，并根据工伤保险费使用、工伤发生率等情况在每个行业内确定若干费率档次。行业差别费率及行业内费率档次由国务院社会保险行政部门制定，报国务院批准后公布施行。"

三、第九条修改为："国务院社会保险行政部门应当定期了解全国各统筹地区工伤保险基金收支情况，及时提出调整行业差别费率及行业内费率档次的方案，报国务院批准后公布施行。"

四、第十条增加一款，作为第三款："对难以按照工资总额缴纳工伤保险费的行业，其缴纳工伤保险费的具体方式，由国务院社会保险行政部门规定。"

五、第十一条第一款修改为："工伤保险基金逐步实行省级统筹。"

六、第十二条修改为："工伤保险基金存入社会保障基金财政专户，用于本条例规定的工伤保险待遇，劳动能力鉴定，工伤预防的宣传、培训等费用，以及法律、法规规定的用于工伤保险的其他费用的支出。

工伤预防费用的提取比例、使用和管理的具体办法，由国务院社会保险行政部门会同国务院财政、卫生行政、安全生产监督管理等部门规定。

任何单位或者个人不得将工伤保险基金用于投资运营、兴建或者改建办公场所、发放奖金，或者挪作其他用途。"

七、第十四条第（六）项修改为："在上下班途中，受到非本人主要责任的交通事故或者城市轨道交通、客运轮渡、火车事故伤害的；"

八、第十六条修改为："职工符合本条例第十四条、第十五条的规定，但是有下列情形之一的，不得认定为工伤或者视同工伤：

（一）故意犯罪的；

（二）醉酒或者吸毒的；

（三）自残或者自杀的。"

九、第二十条修改为："社会保险行政部门应当自受理工伤认定申请之日起60日内作出工伤认定的决定，并书面通知申请工伤认定的职工或者其近亲属和该职工所在单位。

社会保险行政部门对受理的事实清楚、权利义务明确的工伤认定申请，应当在15日内作出工伤认定的决定。

作出工伤认定决定需要以司法机关或者有关行政主管部门的结论为依据的，在司法机关或者有关行政主管部门尚未作出结论期间，作出工伤认定决定的时限中止。

社会保险行政部门工作人员与工伤认定申请人有利害关系的，应当回避。"

十、增加一条，作为第二十九条："劳动能力鉴定委员会依照本条例第二十六条和第二十八条的规定进行再次鉴定和复查鉴定的期限，依照本条例第二十五条第二款的规定执行。"

十一、第二十九条改为第三十条，第四款修改为："职工住院治疗工伤的伙食补助费，以及经医疗机构出具证明，报经办机构同意，工伤职工到统筹地区以外就医所需的交通、食宿费用从工伤保险基金支付，基金支付的具体标准由统筹地区人民政府规定。"

第六款修改为："工伤职工到签订服务协议的医疗机构进行工伤康复的费用，符合规定的，从工伤保险基金支付。"

十二、增加一条，作为第三十一条："社会保险行政部门作出认定为工伤的决定后发生行政复议、行政诉讼的，行政复议和行政诉讼期间不停止支付工伤职工治疗工伤的医疗费用。"

十三、第三十三条改为第三十五条，第一款第（一）项修改为："从工伤保险基金按伤残等级支付一次性伤残补助金，标准为：一级伤残为27个月的本人工资，二级伤残为25个月的本人工资，三级伤残为23个月的本人工资，四级伤残为21个月的本人工资；"

第一款第（三）项修改为："工伤职工达到退休年龄并办理退休手续后，停发伤残津贴，按照国家有关规定享受基本养老保险待遇。基本养老保险待遇低于伤残津贴的，由工伤保险基金补足差额。"

十四、第三十四条改为第三十六条,第一款第(一)项修改为:"从工伤保险基金按伤残等级支付一次性伤残补助金,标准为:五级伤残为18个月的本人工资,六级伤残为16个月的本人工资;"

第二款修改为:"经工伤职工本人提出,该职工可以与用人单位解除或者终止劳动关系,由工伤保险基金支付一次性工伤医疗补助金,由用人单位支付一次性伤残就业补助金。一次性工伤医疗补助金和一次性伤残就业补助金的具体标准由省、自治区、直辖市人民政府规定。"

十五、第三十五条改为第三十七条,修改为:"职工因工致残被鉴定为七级至十级伤残的,享受以下待遇:

(一)从工伤保险基金按伤残等级支付一次性伤残补助金,标准为:七级伤残为13个月的本人工资,八级伤残为11个月的本人工资,九级伤残为9个月的本人工资,十级伤残为7个月的本人工资;

(二)劳动、聘用合同期满终止,或者职工本人提出解除劳动、聘用合同的,由工伤保险基金支付一次性工伤医疗补助金,由用人单位支付一次性伤残就业补助金。一次性工伤医疗补助金和一次性伤残就业补助金的具体标准由省、自治区、直辖市人民政府规定。"

十六、第三十七条改为第三十九条,第一款第(三)项修改为:"一次性工亡补助金标准为上一年度全国城镇居民人均可支配收入的20倍。"

十七、第四十条改为第四十二条,删去第(四)项。

十八、第四十一条改为第四十三条,第四款修改为:"企业破产的,在破产清算时依法拨付应当由单位支付的工伤保险待遇费用。"

十九、第五十三条改为第五十五条,修改为:"有下列情形之一的,有关单位或者个人可以依法申请行政复议,也可以依法向人民法院提起行政诉讼:

(一)申请工伤认定的职工或者其近亲属、该职工所在单位对工伤认定申请不予受理的决定不服的;

（二）申请工伤认定的职工或者其近亲属、该职工所在单位对工伤认定结论不服的；

（三）用人单位对经办机构确定的单位缴费费率不服的；

（四）签订服务协议的医疗机构、辅助器具配置机构认为经办机构未履行有关协议或者规定的；

（五）工伤职工或者其近亲属对经办机构核定的工伤保险待遇有异议的。"

二十、第五十八条改为第六十条，修改为："用人单位、工伤职工或者其近亲属骗取工伤保险待遇，医疗机构、辅助器具配置机构骗取工伤保险基金支出的，由社会保险行政部门责令退还，处骗取金额2倍以上5倍以下的罚款；情节严重，构成犯罪的，依法追究刑事责任。"

二十一、第六十条改为第六十二条，修改为："用人单位依照本条例规定应当参加工伤保险而未参加的，由社会保险行政部门责令限期参加，补缴应当缴纳的工伤保险费，并自欠缴之日起，按日加收万分之五的滞纳金；逾期仍不缴纳的，处欠缴数额1倍以上3倍以下的罚款。

依照本条例规定应当参加工伤保险而未参加工伤保险的用人单位职工发生工伤，由该用人单位按照本条例规定的工伤保险待遇项目和标准支付费用。

用人单位参加工伤保险并补缴应当缴纳的工伤保险费、滞纳金后，由工伤保险基金和用人单位依照本条例的规定支付新发生的费用。"

二十二、增加一条，作为第六十三条："用人单位违反本条例第十九条的规定，拒不协助社会保险行政部门对事故进行调查核实的，由社会保险行政部门责令改正，处2000元以上2万元以下的罚款。"

二十三、第六十一条改为第六十四条，删去第一款。

二十四、第六十二条改为第六十五条，修改为："公务员和参照公务员法管理的事业单位、社会团体的工作人员因工作遭受事故伤害或者患职业病的，由所在单位支付费用。具体办法由国务院社会保险行政部门会同国务院财政部门规定。"

此外，对条文的个别文字作了修改，对条文的顺序做了相应调整。

本决定自 2011 年 1 月 1 日起施行。

《工伤保险条例》根据本决定作相应的修改，重新公布。本条例施行后本决定施行前受到事故伤害或者患职业病的职工尚未完成工伤认定的，依照本决定的规定执行。

工伤保险条例

2003 年 4 月 27 日中华人民共和国国务院令第 375 号公布，根据 2010 年 12 月 20 日《国务院关于修改〈工伤保险条例〉的决定》修订。

第一章 总 则

第一条 为了保障因工作遭受事故伤害或者患职业病的职工获得医疗救治和经济补偿，促进工伤预防和职业康复，分散用人单位的工伤风险，制定本条例。

第二条 中华人民共和国境内的企业、事业单位、社会团体、民办非企业单位、基金会、律师事务所、会计师事务所等组织和有雇工的个体工商户（以下称用人单位）应当依照本条例规定参加工伤保险，为本单位全部职工或者雇工（以下称职工）缴纳工伤保险费。

中华人民共和国境内的企业、事业单位、社会团体、民办非企业单位、基金会、律师事务所、会计师事务所等组织的职工和个体工商户的雇工，均有依照本条例的规定享受工伤保险待遇的权利。

第三条 工伤保险费的征缴按照《社会保险费征缴暂行条例》关于基本养老保险费、基本医疗保险费、失业保险费的征缴规定执行。

第四条 用人单位应当将参加工伤保险的有关情况在本单位内公示。

用人单位和职工应当遵守有关安全生产和职业病防治的法律法规，执行安全卫生规程和标准，预防工伤事故发生，避免和减少职业病危害。

职工发生工伤时，用人单位应当采取措施使工伤职工得到及时救治。

第五条　国务院社会保险行政部门负责全国的工伤保险工作。

县级以上地方各级人民政府社会保险行政部门负责本行政区域内的工伤保险工作。

社会保险行政部门按照国务院有关规定设立的社会保险经办机构（以下称经办机构）具体承办工伤保险事务。

第六条　社会保险行政部门等部门制定工伤保险的政策、标准，应当征求工会组织、用人单位代表的意见。

第二章　工伤保险基金

第七条　工伤保险基金由用人单位缴纳的工伤保险费、工伤保险基金的利息和依法纳入工伤保险基金的其他资金构成。

第八条　工伤保险费根据以支定收、收支平衡的原则，确定费率。

国家根据不同行业的工伤风险程度确定行业的差别费率，并根据工伤保险费使用、工伤发生率等情况在每个行业内确定若干费率档次。行业差别费率及行业内费率档次由国务院社会保险行政部门制定，报国务院批准后公布施行。

统筹地区经办机构根据用人单位工伤保险费使用、工伤发生率等情况，适用所属行业内相应的费率档次确定单位缴费费率。

第九条　国务院社会保险行政部门应当定期了解全国各统筹地区工伤保险基金收支情况，及时提出调整行业差别费率及行业内费率档次的方案，报国务院批准后公布施行。

第十条　用人单位应当按时缴纳工伤保险费。职工个人不缴纳工伤保险费。

用人单位缴纳工伤保险费的数额为本单位职工工资总额乘以单位缴费费率之积。

对难以按照工资总额缴纳工伤保险费的行业，其缴纳工伤保险费的具体方式，由国务院社会保险行政部门规定。

第十一条 工伤保险基金逐步实行省级统筹。

跨地区、生产流动性较大的行业，可以采取相对集中的方式异地参加统筹地区的工伤保险。具体办法由国务院社会保险行政部门会同有关行业的主管部门制定。

第十二条 工伤保险基金存入社会保障基金财政专户，用于本条例规定的工伤保险待遇，劳动能力鉴定，工伤预防的宣传、培训等费用，以及法律、法规规定的用于工伤保险的其他费用的支付。

工伤预防费用的提取比例、使用和管理的具体办法，由国务院社会保险行政部门会同国务院财政、卫生行政、安全生产监督管理等部门规定。

任何单位或者个人不得将工伤保险基金用于投资运营、兴建或者改建办公场所、发放奖金，或者挪作其他用途。

第十三条 工伤保险基金应当留有一定比例的储备金，用于统筹地区重大事故的工伤保险待遇支付；储备金不足支付的，由统筹地区的人民政府垫付。储备金占基金总额的具体比例和储备金的使用办法，由省、自治区、直辖市人民政府规定。

第三章 工伤认定

第十四条 职工有下列情形之一的，应当认定为工伤：

（一）在工作时间和工作场所内，因工作原因受到事故伤害的；

（二）工作时间前后在工作场所内，从事与工作有关的预备性或者收尾性工作受到事故伤害的；

（三）在工作时间和工作场所内，因履行工作职责受到暴力等意外伤害的；

（四）患职业病的；

（五）因工外出期间，由于工作原因受到伤害或者发生事故下落不明的；

（六）在上下班途中，受到非本人主要责任的交通事故或者城市轨道交通、客运轮渡、火车事故伤害的；

（七）法律、行政法规规定应当认定为工伤的其他情形。

第十五条 职工有下列情形之一的，视同工伤：

（一）在工作时间和工作岗位，突发疾病死亡或者在 48 小时之内经抢救无效死亡的；

（二）在抢险救灾等维护国家利益、公共利益活动中受到伤害的；

（三）职工原在军队服役，因战、因公负伤致残，已取得革命伤残军人证，到用人单位后旧伤复发的。

职工有前款第（一）项、第（二）项情形的，按照本条例的有关规定享受工伤保险待遇；职工有前款第（三）项情形的，按照本条例的有关规定享受除一次性伤残补助金以外的工伤保险待遇。

第十六条 职工符合本条例第十四条、第十五条的规定，但是有下列情形之一的，不得认定为工伤或者视同工伤：

（一）故意犯罪的；

（二）醉酒或者吸毒的；

（三）自残或者自杀的。

第十七条 职工发生事故伤害或者按照职业病防治法规定被诊断、鉴定为职业病，所在单位应当自事故伤害发生之日或者被诊断、鉴定为职业病之日起 30 日内，向统筹地区社会保险行政部门提出工伤认定申请。遇有特殊情况，经报社会保险行政部门同意，申请时限可以适当延长。

用人单位未按前款规定提出工伤认定申请的，工伤职工或者其近亲属、工会组织在事故伤害发生之日或者被诊断、鉴定为职业病之日起1年内,可以直接向用人单位所在地统筹地区社会保险行政部门提出工伤认定申请。

按照本条第一款规定应当由省级社会保险行政部门进行工伤认定的事项,根据属地原则由用人单位所在地的设区的市级社会保险行政部门办理。

用人单位未在本条第一款规定的时限内提交工伤认定申请,在此期间发生符合本条例规定的工伤待遇等有关费用由该用人单位负担。

第十八条 提出工伤认定申请应当提交下列材料:

(一)工伤认定申请表;

(二)与用人单位存在劳动关系(包括事实劳动关系)的证明材料;

(三)医疗诊断证明或者职业病诊断证明书(或者职业病诊断鉴定书)。

工伤认定申请表应当包括事故发生的时间、地点、原因以及职工伤害程度等基本情况。

工伤认定申请人提供材料不完整的,社会保险行政部门应当一次性书面告知工伤认定申请人需要补正的全部材料。申请人按照书面告知要求补正材料后,社会保险行政部门应当受理。

第十九条 社会保险行政部门受理工伤认定申请后,根据审核需要可以对事故伤害进行调查核实,用人单位、职工、工会组织、医疗机构以及有关部门应当予以协助。职业病诊断和诊断争议的鉴定,依照职业病防治法的有关规定执行。对依法取得职业病诊断证明书或者职业病诊断鉴定书的,社会保险行政部门不再进行调查核实。

职工或者其近亲属认为是工伤,用人单位不认为是工伤的,由用人单位承担举证责任。

第二十条 社会保险行政部门应当自受理工伤认定申请之日起60日内作出工伤认定的决定,并书面通知申请工伤认定的职工或者其近亲属和该职工所在单位。

社会保险行政部门对受理的事实清楚、权利义务明确的工伤认定申请，应当在15日内作出工伤认定的决定。

作出工伤认定决定需要以司法机关或者有关行政主管部门的结论为依据的，在司法机关或者有关行政主管部门尚未作出结论期间，作出工伤认定决定的时限中止。

社会保险行政部门工作人员与工伤认定申请人有利害关系的，应当回避。

第四章 劳动能力鉴定

第二十一条 职工发生工伤，经治疗伤情相对稳定后存在残疾、影响劳动能力的，应当进行劳动能力鉴定。

第二十二条 劳动能力鉴定是指劳动功能障碍程度和生活自理障碍程度的等级鉴定。

劳动功能障碍分为十个伤残等级，最重的为一级，最轻的为十级。

生活自理障碍分为三个等级：生活完全不能自理、生活大部分不能自理和生活部分不能自理。

劳动能力鉴定标准由国务院社会保险行政部门会同国务院卫生行政部门等部门制定。

第二十三条 劳动能力鉴定由用人单位、工伤职工或者其近亲属向设区的市级劳动能力鉴定委员会提出申请，并提供工伤认定决定和职工工伤医疗的有关资料。

第二十四条 省、自治区、直辖市劳动能力鉴定委员会和设区的市级劳动能力鉴定委员会分别由省、自治区、直辖市和设区的市级社会保险行政部门、卫生行政部门、工会组织、经办机构代表以及用人单位代表组成。

劳动能力鉴定委员会建立医疗卫生专家库。列入专家库的医疗卫生专业技术人员应当具备下列条件：

（一）具有医疗卫生高级专业技术职务任职资格；

（二）掌握劳动能力鉴定的相关知识；

（三）具有良好的职业品德。

第二十五条　设区的市级劳动能力鉴定委员会收到劳动能力鉴定申请后，应当从其建立的医疗卫生专家库中随机抽取 3 名或者 5 名相关专家组成专家组，由专家组提出鉴定意见。设区的市级劳动能力鉴定委员会根据专家组的鉴定意见作出工伤职工劳动能力鉴定结论；必要时，可以委托具备资格的医疗机构协助进行有关的诊断。

设区的市级劳动能力鉴定委员会应当自收到劳动能力鉴定申请之日起 60 日内作出劳动能力鉴定结论，必要时，作出劳动能力鉴定结论的期限可以延长 30 日。劳动能力鉴定结论应当及时送达申请鉴定的单位和个人。

第二十六条　申请鉴定的单位或者个人对设区的市级劳动能力鉴定委员会作出的鉴定结论不服的，可以在收到该鉴定结论之日起 15 日内向省、自治区、直辖市劳动能力鉴定委员会提出再次鉴定申请。省、自治区、直辖市劳动能力鉴定委员会作出的劳动能力鉴定结论为最终结论。

第二十七条　劳动能力鉴定工作应当客观、公正。劳动能力鉴定委员会组成人员或者参加鉴定的专家与当事人有利害关系的，应当回避。

第二十八条　自劳动能力鉴定结论作出之日起 1 年后，工伤职工或者其近亲属、所在单位或者经办机构认为伤残情况发生变化的，可以申请劳动能力复查鉴定。

第二十九条　劳动能力鉴定委员会依照本条例第二十六条和第二十八条的规定进行再次鉴定和复查鉴定的期限，依照本条例第二十五条第二款的规定执行。

第五章 工伤保险待遇

第三十条 职工因工作遭受事故伤害或者患职业病进行治疗,享受工伤医疗待遇。

职工治疗工伤应当在签订服务协议的医疗机构就医,情况紧急时可以先到就近的医疗机构急救。

治疗工伤所需费用符合工伤保险诊疗项目目录、工伤保险药品目录、工伤保险住院服务标准的,从工伤保险基金支付。工伤保险诊疗项目目录、工伤保险药品目录、工伤保险住院服务标准,由国务院社会保险行政部门会同国务院卫生行政部门、食品药品监督管理部门等部门规定。

职工住院治疗工伤的伙食补助费,以及经医疗机构出具证明,报经办机构同意,工伤职工到统筹地区以外就医所需的交通、食宿费用从工伤保险基金支付,基金支付的具体标准由统筹地区人民政府规定。

工伤职工治疗非工伤引发的疾病,不享受工伤医疗待遇,按照基本医疗保险办法处理。

工伤职工到签订服务协议的医疗机构进行工伤康复的费用,符合规定的,从工伤保险基金支付。

第三十一条 社会保险行政部门作出认定为工伤的决定后发生行政复议、行政诉讼的,行政复议和行政诉讼期间不停止支付工伤职工治疗工伤的医疗费用。

第三十二条 工伤职工因日常生活或者就业需要,经劳动能力鉴定委员会确认,可以安装假肢、矫形器、假眼、假牙和配置轮椅等辅助器具,所需费用按照国家规定的标准从工伤保险基金支付。

第三十三条 职工因工作遭受事故伤害或者患职业病需要暂停工作接受工伤医疗的,在停工留薪期内,原工资福利待遇不变,由所在单位按月支付。

停工留薪期一般不超过 12 个月。伤情严重或者情况特殊，经设区的市级劳动能力鉴定委员会确认，可以适当延长，但延长不得超过 12 个月。工伤职工评定伤残等级后，停发原待遇，按照本章的有关规定享受伤残待遇。工伤职工在停工留薪期满后仍需治疗的，继续享受工伤医疗待遇。

生活不能自理的工伤职工在停工留薪期需要护理的，由所在单位负责。

第三十四条　工伤职工已经评定伤残等级并经劳动能力鉴定委员会确认需要生活护理的，从工伤保险基金按月支付生活护理费。

生活护理费按照生活完全不能自理、生活大部分不能自理或者生活部分不能自理 3 个不同等级支付，其标准分别为统筹地区上年度职工月平均工资的 50%、40%或者 30%。

第三十五条　职工因工致残被鉴定为一级至四级伤残的，保留劳动关系，退出工作岗位，享受以下待遇：

（一）从工伤保险基金按伤残等级支付一次性伤残补助金，标准为：一级伤残为 27 个月的本人工资，二级伤残为 25 个月的本人工资，三级伤残为 23 个月的本人工资，四级伤残为 21 个月的本人工资；

（二）从工伤保险基金按月支付伤残津贴，标准为：一级伤残为本人工资的 90%，二级伤残为本人工资的 85%，三级伤残为本人工资的 80%，四级伤残为本人工资的 75%。伤残津贴实际金额低于当地最低工资标准的，由工伤保险基金补足差额；

（三）工伤职工达到退休年龄并办理退休手续后，停发伤残津贴，按照国家有关规定享受基本养老保险待遇。基本养老保险待遇低于伤残津贴的，由工伤保险基金补足差额。

职工因工致残被鉴定为一级至四级伤残的，由用人单位和职工个人以伤残津贴为基数，缴纳基本医疗保险费。

第三十六条　职工因工致残被鉴定为五级、六级伤残的，享受以下待遇：

(一)从工伤保险基金按伤残等级支付一次性伤残补助金，标准为：五级伤残为 18 个月的本人工资，六级伤残为 16 个月的本人工资；

(二)保留与用人单位的劳动关系，由用人单位安排适当工作。难以安排工作的，由用人单位按月发给伤残津贴，标准为：五级伤残为本人工资的 70%，六级伤残为本人工资的 60%，并由用人单位按照规定为其缴纳应缴纳的各项社会保险费。伤残津贴实际金额低于当地最低工资标准的，由用人单位补足差额。

经工伤职工本人提出，该职工可以与用人单位解除或者终止劳动关系，由工伤保险基金支付一次性工伤医疗补助金，由用人单位支付一次性伤残就业补助金。一次性工伤医疗补助金和一次性伤残就业补助金的具体标准由省、自治区、直辖市人民政府规定。

第三十七条 职工因工致残被鉴定为七级至十级伤残的，享受以下待遇：

(一)从工伤保险基金按伤残等级支付一次性伤残补助金，标准为：七级伤残为 13 个月的本人工资，八级伤残为 11 个月的本人工资，九级伤残为 9 个月的本人工资，十级伤残为 7 个月的本人工资；

(二)劳动、聘用合同期满终止，或者职工本人提出解除劳动、聘用合同的，由工伤保险基金支付一次性工伤医疗补助金，由用人单位支付一次性伤残就业补助金。一次性工伤医疗补助金和一次性伤残就业补助金的具体标准由省、自治区、直辖市人民政府规定。

第三十八条 工伤职工工伤复发，确认需要治疗的，享受本条例第三十条、第三十二条和第三十三条规定的工伤待遇。

第三十九条 职工因工死亡，其近亲属按照下列规定从工伤保险基金领取丧葬补助金、供养亲属抚恤金和一次性工亡补助金：

(一)丧葬补助金为 6 个月的统筹地区上年度职工月平均工资；

(二)供养亲属抚恤金按照职工本人工资的一定比例发给由因工死亡职工

生前提供主要生活来源、无劳动能力的亲属。标准为：配偶每月40%，其他亲属每人每月30%，孤寡老人或者孤儿每人每月在上述标准的基础上增加10%。核定的各供养亲属的抚恤金之和不应高于因工死亡职工生前的工资。供养亲属的具体范围由国务院社会保险行政部门规定；

（三）一次性工亡补助金标准为上一年度全国城镇居民人均可支配收入的20倍。

伤残职工在停工留薪期内因工伤导致死亡的，其近亲属享受本条第一款规定的待遇。

一级至四级伤残职工在停工留薪期满后死亡的，其近亲属可以享受本条第一款第（一）项、第（二）项规定的待遇。

第四十条　伤残津贴、供养亲属抚恤金、生活护理费由统筹地区社会保险行政部门根据职工平均工资和生活费用变化等情况适时调整。调整办法由省、自治区、直辖市人民政府规定。

第四十一条　职工因工外出期间发生事故或者在抢险救灾中下落不明的，从事故发生当月起3个月内照发工资，从第4个月起停发工资，由工伤保险基金向其供养亲属按月支付供养亲属抚恤金。生活有困难的，可以预支一次性工亡补助金的50%。职工被人民法院宣告死亡的，按照本条例第三十九条职工因工死亡的规定处理。

第四十二条　工伤职工有下列情形之一的，停止享受工伤保险待遇：

（一）丧失享受待遇条件的；

（二）拒不接受劳动能力鉴定的；

（三）拒绝治疗的。

第四十三条　用人单位分立、合并、转让的，承继单位应当承担原用人单位的工伤保险责任；原用人单位已经参加工伤保险的，承继单位应当到当地经办机构办理工伤保险变更登记。

用人单位实行承包经营的,工伤保险责任由职工劳动关系所在单位承担。

职工被借调期间受到工伤事故伤害的,由原用人单位承担工伤保险责任,但原用人单位与借调单位可以约定补偿办法。

企业破产的,在破产清算时依法拨付应当由单位支付的工伤保险待遇费用。

第四十四条　职工被派遣出境工作,依据前往国家或者地区的法律应当参加当地工伤保险的,参加当地工伤保险,其国内工伤保险关系中止;不能参加当地工伤保险的,其国内工伤保险关系不中止。

第四十五条　职工再次发生工伤,根据规定应当享受伤残津贴的,按照新认定的伤残等级享受伤残津贴待遇。

第六章　监督管理

第四十六条　经办机构具体承办工伤保险事务,履行下列职责:

(一)根据省、自治区、直辖市人民政府规定,征收工伤保险费;

(二)核查用人单位的工资总额和职工人数,办理工伤保险登记,并负责保存用人单位缴费和职工享受工伤保险待遇情况的记录;

(三)进行工伤保险的调查、统计;

(四)按照规定管理工伤保险基金的支出;

(五)按照规定核定工伤保险待遇;

(六)为工伤职工或者其近亲属免费提供咨询服务。

第四十七条　经办机构与医疗机构、辅助器具配置机构在平等协商的基础上签订服务协议,并公布签订服务协议的医疗机构、辅助器具配置机构的名单。具体办法由国务院社会保险行政部门分别会同国务院卫生行政部门、民政部门等部门制定。

第四十八条　经办机构按照协议和国家有关目录、标准对工伤职工医疗费用、康复费用、辅助器具费用的使用情况进行核查，并按时足额结算费用。

第四十九条 经办机构应当定期公布工伤保险基金的收支情况，及时向社会保险行政部门提出调整费率的建议。

第五十条 社会保险行政部门、经办机构应当定期听取工伤职工、医疗机构、辅助器具配置机构以及社会各界对改进工伤保险工作的意见。

第五十一条 社会保险行政部门依法对工伤保险费的征缴和工伤保险基金的支付情况进行监督检查。

财政部门和审计机关依法对工伤保险基金的收支、管理情况进行监督。

第五十二条 任何组织和个人对有关工伤保险的违法行为，有权举报。社会保险行政部门对举报应当及时调查，按照规定处理，并为举报人保密。

第五十三条 工会组织依法维护工伤职工的合法权益，对用人单位的工伤保险工作实行监督。

第五十四条 职工与用人单位发生工伤待遇方面的争议，按照处理劳动争议的有关规定处理。

第五十五条 有下列情形之一的，有关单位或者个人可以依法申请行政复议，也可以依法向人民法院提起行政诉讼：

（一）申请工伤认定的职工或者其近亲属、该职工所在单位对工伤认定申请不予受理的决定不服的；

（二）申请工伤认定的职工或者其近亲属、该职工所在单位对工伤认定结论不服的；

（三）用人单位对经办机构确定的单位缴费费率不服的；

（四）签订服务协议的医疗机构、辅助器具配置机构认为经办机构未履行有关协议或者规定的；

（五）工伤职工或者其近亲属对经办机构核定的工伤保险待遇有异议的。

第七章 法律责任

第五十六条 单位或者个人违反本条例第十二条规定挪用工伤保险基金，构成犯罪的，依法追究刑事责任；尚不构成犯罪的，依法给予处分或者纪律处分。被挪用的基金由社会保险行政部门追回，并入工伤保险基金；没收的违法所得依法上缴国库。

第五十七条 社会保险行政部门工作人员有下列情形之一的，依法给予处分；情节严重，构成犯罪的，依法追究刑事责任：

（一）无正当理由不受理工伤认定申请，或者弄虚作假将不符合工伤条件的人员认定为工伤职工的；

（二）未妥善保管申请工伤认定的证据材料，致使有关证据灭失的；

（三）收受当事人财物的。

第五十八条 经办机构有下列行为之一的，由社会保险行政部门责令改正，对直接负责的主管人员和其他责任人员依法给予纪律处分；情节严重，构成犯罪的，依法追究刑事责任；造成当事人经济损失的，由经办机构依法承担赔偿责任：

（一）未按规定保存用人单位缴费和职工享受工伤保险待遇情况记录的；

（二）不按规定核定工伤保险待遇的；

（三）收受当事人财物的。

第五十九条 医疗机构、辅助器具配置机构不按服务协议提供服务的，经办机构可以解除服务协议。

经办机构不按时足额结算费用的，由社会保险行政部门责令改正；医疗机构、辅助器具配置机构可以解除服务协议。

第六十条 用人单位、工伤职工或者其近亲属骗取工伤保险待遇，医疗机构、辅助器具配置机构骗取工伤保险基金支出的，由社会保险行政部门责令退还,处骗取金额 2 倍以上 5 倍以下的罚款;情节严重,构成犯罪的,依法追究刑事责任。

第六十一条 从事劳动能力鉴定的组织或者个人有下列情形之一的,由社会保险行政部门责令改正,处 2000 元以上 1 万元以下的罚款;情节严重,构成犯罪的,依法追究刑事责任:

(一)提供虚假鉴定意见的;

(二)提供虚假诊断证明的;

(三)收受当事人财物的。

第六十二条 用人单位依照本条例规定应当参加工伤保险而未参加的,由社会保险行政部门责令限期参加,补缴应当缴纳的工伤保险费,并自欠缴之日起,按日加收万分之五的滞纳金;逾期仍不缴纳的,处欠缴数额 1 倍以上 3 倍以下的罚款。

依照本条例规定应当参加工伤保险而未参加工伤保险的用人单位职工发生工伤的,由该用人单位按照本条例规定的工伤保险待遇项目和标准支付费用。

用人单位参加工伤保险并补缴应当缴纳的工伤保险费、滞纳金后,由工伤保险基金和用人单位依照本条例的规定支付新发生的费用。

第六十三条 用人单位违反本条例第十九条的规定,拒不协助社会保险行政部门对事故进行调查核实的,由社会保险行政部门责令改正,处 2000 元以上 2 万元以下的罚款。

第八章 附 则

第六十四条 本条例所称工资总额,是指用人单位直接支付给本单位全部职工的劳动报酬总额。

本条例所称本人工资,是指工伤职工因工作遭受事故伤害或者患职业病前

12个月平均月缴费工资。本人工资高于统筹地区职工平均工资300%的，按照统筹地区职工平均工资的300%计算；本人工资低于统筹地区职工平均工资60%的，按照统筹地区职工平均工资的60%计算。

第六十五条　公务员和参照公务员法管理的事业单位、社会团体的工作人员因工作遭受事故伤害或者患职业病的，由所在单位支付费用。具体办法由国务院社会保险行政部门会同国务院财政部门规定。

第六十六条　无营业执照或者未经依法登记、备案的单位以及被依法吊销营业执照或者撤销登记、备案的单位的职工受到事故伤害或者患职业病的，由该单位向伤残职工或者死亡职工的近亲属给予一次性赔偿，赔偿标准不得低于本条例规定的工伤保险待遇；用人单位不得使用童工，用人单位使用童工造成童工伤残、死亡的，由该单位向童工或者童工的近亲属给予一次性赔偿，赔偿标准不得低于本条例规定的工伤保险待遇。具体办法由国务院社会保险行政部门规定。

前款规定的伤残职工或者死亡职工的近亲属就赔偿数额与单位发生争议的，以及前款规定的童工或者童工的近亲属就赔偿数额与单位发生争议的，按照处理劳动争议的有关规定处理。

第六十七条　本条例自2004年1月1日起施行。本条例施行前已受到事故伤害或者患职业病的职工尚未完成工伤认定的，按照本条例的规定执行。

3. 实施《中华人民共和国社会保险法》若干规定（节选）

《实施〈中华人民共和国社会保险法〉若干规定》经人力资源和社会保障部第67次部务会审议通过，中华人民共和国人力资源和社会保障部令第13号公布，自2011年7月1日起施行。

第三章　关于工伤保险

第九条　职工（包括非全日制从业人员）在两个或者两个以上用人单位同

时就业的，各用人单位应当分别为职工缴纳工伤保险费。职工发生工伤，由职工受到伤害时工作的单位依法承担工伤保险责任。

第十条　社会保险法第三十七条第二项中的醉酒标准，按照《车辆驾驶人员血液、呼气酒精含量阈值与检验》（GB 19522-2004）执行。公安机关交通管理部门、医疗机构等有关单位依法出具的检测结论、诊断证明等材料，可以作为认定醉酒的依据。

第十一条　社会保险法第三十八条第八项中的因工死亡补助金是指《工伤保险条例》第三十九条的一次性工亡补助金，标准为工伤发生时上一年度全国城镇居民人均可支配收入的20倍。

上一年度全国城镇居民人均可支配收入以国家统计局公布的数据为准。

第十二条　社会保险法第三十九条第一项治疗工伤期间的工资福利，按照《工伤保险条例》第三十三条有关职工在停工留薪期内应当享受的工资福利和护理等待遇的规定执行。

4. 关于实施《工伤保险条例》若干问题的意见（劳社部函〔2004〕256号）

各省、自治区、直辖市劳动和社会保障厅（局）：

《工伤保险条例》（以下简称条例）已于2004年1月1日起施行，现就条例实施中的有关问题提出如下意见：

一、职工在两个或两个以上用人单位同时就业的，各用人单位应当分别为职工缴纳工伤保险费。职工发生工伤，由职工受到伤害时其工作的单位依法承担工伤保险责任。

二、条例第十四条规定"上下班途中，受到机动车事故伤害的，应当认定为工伤"。这里"上下班途中"既包括职工正常工作的上下班途中，也包括职工加班加点的上下班途中。"受到机动车事故伤害的"既可以是职工驾驶或乘坐的机动车发生事故造成的，也可以是职工因其他机动车事故造成的。

三、条例第十五条规定"职工在工作时间和工作岗位，突发疾病死亡或者在 48 小时之内经抢救无效死亡的，视同工伤"。这里"突发疾病"包括各类疾病。"48 小时"的起算时间，以医疗机构的初次诊断时间作为突发疾病的起算时间。

四、条例第十七条第二款规定的有权申请工伤认定的"工会组织"包括职工所在用人单位的工会组织以及符合《中华人民共和国工会法》规定的各级工会组织。

五、用人单位未按规定为职工提出工伤认定申请，受到事故伤害或者患职业病的职工或者其直系亲属、工会组织提出工伤认定申请，职工所在单位是否同意（签字、盖章），不是必经程序。

六、条例第十七条第四款规定"用人单位未在本条第一款规定的时限内提交工伤认定申请的，在此期间发生符合本条例规定的工伤待遇等有关费用由该用人单位负担"。这里用人单位承担工伤待遇等有关费用的期间是指从事故伤害发生之日或职业病确诊之日起到劳动保障行政部门受理工伤认定申请之日止。

七、条例第三十六条规定的工伤职工旧伤复发，是否需要治疗应由治疗工伤职工的协议医疗机构提出意见，有争议的由劳动能力鉴定委员会确认。

八、职工因工死亡，其供养亲属享受抚恤金待遇的资格，按职工因工死亡时的条件核定。

劳动和社会保障部
2004 年 11 月 1 日

5. 人力资源社会保障部关于执行《工伤保险条例》若干问题的意见（人社部发〔2013〕34 号）

各省、自治区、直辖市及新疆生产建设兵团人力资源社会保障厅（局）：

《国务院关于修改〈工伤保险条例〉的决定》（国务院令第 586 号）已于 2011 年 1 月 1 日实施。为贯彻执行新修订的《工伤保险条例》，妥善解决实际工作中的问题，更好地保障职工和用人单位的合法权益，现提出如下意见：

一、《工伤保险条例》（以下简称《条例》）第十四条第（五）项规定的"因工外出期间"的认定，应当考虑职工外出是否属于用人单位指派的因工作外出，遭受的事故伤害是否因工作原因所致。

二、《条例》第十四条第（六）项规定的"非本人主要责任"的认定，应当以有关机关出具的法律文书或者人民法院的生效裁决为依据。

三、《条例》第十六条第（一）项"故意犯罪"的认定，应当以司法机关的生效法律文书或者结论性意见为依据。

四、《条例》第十六条第（二）项"醉酒或者吸毒"的认定，应当以有关机关出具的法律文书或者人民法院的生效裁决为依据。无法获得上述证据的，可以结合相关证据认定。

五、社会保险行政部门受理工伤认定申请后，发现劳动关系存在争议且无法确认的，应告知当事人可以向劳动人事争议仲裁委员会申请仲裁。在此期间，作出工伤认定决定的时限中止，并书面通知申请工伤认定的当事人。劳动关系依法确认后，当事人应将有关法律文书送交受理工伤认定申请的社会保险行政部门，该部门自收到生效法律文书之日起恢复工伤认定程序。

六、符合《条例》第十五条第（一）项情形的，职工所在用人单位原则上应自职工死亡之日起5个工作日内向用人单位所在统筹地区社会保险行政部门报告。

七、具备用工主体资格的承包单位违反法律、法规规定，将承包业务转包、分包给不具备用工主体资格的组织或者自然人，该组织或者自然人招用的劳动者从事承包业务时因工伤亡的，由该具备用工主体资格的承包单位承担用人单位依法应承担的工伤保险责任。

八、曾经从事接触职业病危害作业、当时没有发现罹患职业病、离开工作岗位后被诊断或鉴定为职业病的符合下列条件的人员，可以自诊断、鉴定为职业病之日起一年内申请工伤认定，社会保险行政部门应当受理：

（一）办理退休手续后，未再从事接触职业病危害作业的退休人员；

（二）劳动或聘用合同期满后或者本人提出而解除劳动或聘用合同后，未再从事接触职业病危害作业的人员。

经工伤认定和劳动能力鉴定，前款第（一）项人员符合领取一次性伤残补助金条件的，按就高原则以本人退休前12个月平均月缴费工资或者确诊职业病前12个月的月平均养老金为基数计发。前款第（二）项人员被鉴定为一级至十级伤残、按《条例》规定应以本人工资作为基数享受相关待遇的，按本人终止或者解除劳动、聘用合同前12个月平均月缴费工资计发。

九、按照本意见第八条规定被认定为工伤的职业病人员，职业病诊断证明书（或职业病诊断鉴定书）中明确的用人单位，在该职工从业期间依法为其缴纳工伤保险费的，按《条例》的规定，分别由工伤保险基金和用人单位支付工伤保险待遇；未依法为该职工缴纳工伤保险费的，由用人单位按照《条例》规定的相关项目和标准支付待遇。

十、职工在同一用人单位连续工作期间多次发生工伤的，符合《条例》第三十六、第三十七条规定领取相关待遇时，按照其在同一用人单位发生工伤的最高伤残级别，计发一次性伤残就业补助金和一次性工伤医疗补助金。

十一、依据《条例》第四十二条的规定停止支付工伤保险待遇的，在停止支付待遇的情形消失后，自下月起恢复工伤保险待遇，停止支付的工伤保险待遇不予补发。

十二、《条例》第六十二条第三款规定的"新发生的费用"，是指用人单位职工参加工伤保险前发生工伤的，在参加工伤保险后新发生的费用。

十三、由工伤保险基金支付的各项待遇应按《条例》相关规定支付，不得采取将长期待遇改为一次性支付的办法。

十四、核定工伤职工工伤保险待遇时，若上一年度相关数据尚未公布，可暂按前一年度的全国城镇居民人均可支配收入、统筹地区职工月平均工资核定和计发，待相关数据公布后再重新核定，社会保险经办机构或者用人单位予以补发差额部分。

本意见自发文之日起执行，此前有关规定与本意见不一致的，按本意见执行。执行中有重大问题，请及时报告我部。

人力资源社会保障部
2013 年 4 月 25 日

6. 人力资源社会保障部关于执行《工伤保险条例》若干问题的意见（二）（人社部发〔2016〕29 号）

各省、自治区、直辖市及新疆生产建设兵团人力资源社会保障厅（局）：

为更好地贯彻执行新修订的《工伤保险条例》，提高依法行政能力和水平，妥善解决实际工作中的问题，保障职工和用人单位合法权益，现提出如下意见：

一、一级至四级工伤职工死亡，其近亲属同时符合领取工伤保险丧葬补助金、供养亲属抚恤金待遇和职工基本养老保险丧葬补助金、抚恤金待遇条件的，由其近亲属选择领取工伤保险或职工基本养老保险其中一种。

二、达到或超过法定退休年龄，但未办理退休手续或者未依法享受城镇职工基本养老保险待遇，继续在原用人单位工作期间受到事故伤害或患职业病的，用人单位依法承担工伤保险责任。

用人单位招用已经达到、超过法定退休年龄或已经领取城镇职工基本养老保险待遇的人员，在用工期间因工作原因受到事故伤害或患职业病的，如招用单位已按项目参保等方式为其缴纳工伤保险费的，应适用《工伤保险条例》。

三、《工伤保险条例》第六十二条规定的"新发生的费用"，是指用人单位参加工伤保险前发生工伤的职工，在参加工伤保险后新发生的费用。其中由工伤保险基金支付的费用，按不同情况予以处理：

（一）因工受伤的，支付参保后新发生的工伤医疗费、工伤康复费、住院伙食补助费、统筹地区以外就医交通食宿费、辅助器具配置费、生活护理费、一级至四级伤残职工伤残津贴，以及参保后解除劳动合同时的一次性工伤医疗补助金；

（二）因工死亡的，支付参保后新发生的符合条件的供养亲属抚恤金。

四、职工在参加用人单位组织或者受用人单位指派参加其他单位组织的活动中受到事故伤害的，应当视为工作原因，但参加与工作无关的活动除外。

五、职工因工作原因驻外，有固定的住所、有明确的作息时间，工伤认定时按照在驻在地当地正常工作的情形处理。

六、职工以上下班为目的、在合理时间内往返于工作单位和居住地之间的合理路线，视为上下班途中。

七、用人单位注册地与生产经营地不在同一统筹地区的，原则上应在注册地为职工参加工伤保险；未在注册地参加工伤保险的职工，可由用人单位在生产经营地为其参加工伤保险。

劳务派遣单位跨地区派遣劳动者，应根据《劳务派遣暂行规定》参加工伤保险。建筑施工企业按项目参保的，应在施工项目所在地参加工伤保险。

职工受到事故伤害或者患职业病后，在参保地进行工伤认定、劳动能力鉴定，并按照参保地的规定依法享受工伤保险待遇；未参加工伤保险的职工，应当在生产经营地进行工伤认定、劳动能力鉴定，并按照生产经营地的规定依法由用人单位支付工伤保险待遇。

八、有下列情形之一的，被延误的时间不计算在工伤认定申请时限内。

（一）受不可抗力影响的；

（二）职工由于被国家机关依法采取强制措施等人身自由受到限制不能申请工伤认定的；

（三）申请人正式提交了工伤认定申请，但因社会保险机构未登记或者材料遗失等原因造成申请超时限的；

（四）当事人就确认劳动关系申请劳动仲裁或提起民事诉讼的；

（五）其他符合法律法规规定的情形。

九、《工伤保险条例》第六十七条规定的"尚未完成工伤认定的"，是指在《工伤保险条例》施行前遭受事故伤害或被诊断鉴定为职业病，且在工伤认定申请法定时限内（从《工伤保险条例》施行之日起算）提出工伤认定申请，尚未做出工伤认定的情形。

十、因工伤认定申请人或者用人单位隐瞒有关情况或者提供虚假材料，导致工伤认定决定错误的，社会保险行政部门发现后，应当及时予以更正。

本意见自发文之日起执行，此前有关规定与本意见不一致的，按本意见执行。执行中有重大问题，请及时报告我部。

人力资源社会保障部

2016年3月28日

7. 人力资源社会保障部 财政部 国家卫生计生委 国家安全监管总局关于印发工伤预防费使用管理暂行办法的通知（人社部规〔2017〕13号）

各省、自治区、直辖市及新疆生产建设兵团人力资源社会保障厅（局）、财政（财务）厅（局）、卫生计生委、安全监管局：

为更好地坚持以人为本，保障职工的生命安全和健康，根据《工伤保险条例》规定，人力资源社会保障部会同财政部、卫生计生委、安全监管总局制定了《工伤预防费使用管理暂行办法》（以下简称《办法》），现印发给你们，请结合实际认真贯彻落实。

各地人力资源社会保障、财政、卫生计生、安全监管等部门要根据《办法》要求，高度重视、认真组织、密切配合，结合本地区工作实际，围绕工伤预防工作目标，细化落实政策措施，制定具体实施方案，建立工作机制，做好政策宣传解读，加强预防费使用监管，积极稳妥推进工伤预防工作。

人力资源社会保障部

财政部

国家卫生计生委

国家安全监管总局

2017年8月17日

工伤预防费使用管理暂行办法

第一条 为更好地保障职工的生命安全和健康，促进用人单位做好工伤预防工作，降低工伤事故伤害和职业病的发生率，规范工伤预防费的使用和管理，根据《社会保险法》《工伤保险条例》及相关规定，制定本办法。

第二条 本办法所称工伤预防费是指统筹地区工伤保险基金中依法用于开展工伤预防工作的费用。

第三条 工伤预防费使用管理工作由统筹地区人力资源社会保障行政部门会同财政、卫生计生、安全监管行政部门按照各自职责做好相关工作。

第四条 工伤预防费用于下列项目的支出：

（一）工伤事故和职业病预防宣传；

（二）工伤事故和职业病预防培训。

第五条 在保证工伤保险待遇支付能力和储备金留存的前提下，工伤预防费的使用原则上不得超过统筹地区上年度工伤保险基金征缴收入的3%。因工伤预防工作需要，经省级人力资源社会保障部门和财政部门同意，可以适当提高工伤预防费的使用比例。

第六条 工伤预防费使用实行预算管理。统筹地区社会保险经办机构按照上年度预算执行情况，根据工伤预防工作需要，将工伤预防费列入下一年度工伤保险基金支出预算。具体预算编制按照预算法和社会保险基金预算有关规定执行。

第七条 统筹地区人力资源社会保障部门应会同财政、卫生计生、安全监管部门以及本辖区内负有安全生产监督管理职责的部门，根据工伤事故伤害、职业病高发的行业、企业、工种、岗位等情况，统筹确定工伤预防的重点领域，并通过适当方式告知社会。

第八条 统筹地区行业协会和大中型企业等社会组织根据本地区确定的工伤预防重点领域，于每年工伤保险基金预算编制前提出下一年拟开展的工伤预防项目，编制项目实施方案和绩效目标，向统筹地区的人力资源社会保障行政部门申报。

第九条 统筹地区人力资源社会保障部门会同财政、卫生计生、安全监管等部门，根据项目申报情况，结合本地区工伤预防重点领域和工伤保险等工作重点，以及下一年工伤预防费预算编制情况，统筹考虑工伤预防项目的轻重缓急，于每年10月底前确定纳入下一年度的工伤预防项目并向社会公开。

列入计划的工伤预防项目实施周期最长不超过2年。

第十条 纳入年度计划的工伤预防实施项目，原则上由提出项目的行业协会和大中型企业等社会组织负责组织实施。

行业协会和大中型企业等社会组织根据项目实际情况，可直接实施或委托第三方机构实施。直接实施的，应当与社会保险经办机构签订服务协议。委托第三方机构实施的，应当参照政府采购法和招投标法规定的程序，选择具备相应条件的社会、经济组织以及医疗卫生机构提供工伤预防服务，并与其签订服务合同，明确双方的权利义务。服务协议、服务合同应报统筹地区人力资源社会保障部门备案。

面向社会和中小微企业的工伤预防项目，可由人力资源社会保障、卫生计生、安全监管部门参照政府采购法等相关规定，从具备相应条件的社会、经济组织以及医疗卫生机构中选择提供工伤预防服务的机构，推动组织项目实施。

参照政府采购法实施的工伤预防项目，其费用低于采购限额标准的，可协议确定服务机构。具体办法由人力资源社会保障部门会同有关部门确定。

第十一条 提供工伤预防服务的机构应遵守《社会保险法》《工伤保险条例》以及相关法律法规的规定，并具备以下基本条件：

（一）具备相应条件，且从事相关宣传、培训业务二年以上并具有良好市场信誉；

（二）具备相应的实施工伤预防项目的专业人员；

（三）有相应的硬件设施和技术手段；

（四）依法应具备的其他条件。

第十二条 对确定实施的工伤预防项目，统筹地区社会保险经办机构可以根据服务协议或者服务合同的约定，向具体实施工伤预防项目的组织支付30%～70%预付款。

项目实施过程中，提出项目的单位应及时跟踪项目实施进展情况，保证项目有效进行。

对于行业协会和大中型企业等社会组织直接实施的项目，由人力资源社会保障部门组织第三方中介机构或聘请相关专家对项目实施情况和绩效目标实现情况进行评估验收，形成评估验收报告；对于委托第三方机构实施的，由提出项目的单位或部门通过适当方式组织评估验收，评估验收报告报人力资源社会保障部门备案。评估验收报告作为开展下一年度项目重要依据。

评估验收合格后，由社会保险经办机构支付余款。具体程序按社会保险基金财务制度、工伤保险业务经办管理等规定执行。

第十三条 社会保险经办机构要定期向社会公布工伤预防项目实施情况和工伤预防费用使用情况，接受参保单位和社会各界的监督。

第十四条 工伤预防费按本办法规定使用，违反本办法规定使用的，对相关责任人参照《社会保险法》《工伤保险条例》等法律法规的规定处理。

第十五条　工伤预防服务机构提供的服务不符合法律和合同规定、服务质量不高的，三年内不得从事工伤预防项目。

工伤预防服务机构存在欺诈、骗取工伤保险基金行为的，按照有关法律法规等规定进行处理。

第十六条　统筹地区人力资源社会保障、卫生计生、安全监管等部门应分别对工作场所工伤发生情况、职业病报告情况和安全事故情况进行分析，定期相互通报基本情况。

第十七条　各省、自治区、直辖市人力资源社会保障行政部门可以结合本地区实际，会同财政、卫生计生和安全监管等行政部门制定具体实施办法。

第十八条　企业规模的划分标准按照工业和信息化部、国家统计局、国家发展改革委、财政部《关于印发中小企业划型标准规定的通知》（工信部联企业〔2011〕300号）执行。

第十九条　本办法自2017年9月1日起施行。

8. 人力资源社会保障部工伤保险司负责人就《工伤预防费使用管理暂行办法》答记者问

为更好地保障职工的生命安全和健康，促进用人单位做好工伤预防工作，降低工伤事故伤害和职业病的发生率，规范工伤预防费的使用和管理，人力资源社会保障部、财政部、国家卫生计生委、国家安全监管总局联合印发了《工伤预防费使用管理暂行办法》（以下简称《办法》）。人力资源社会保障部工伤保险司负责人就《办法》有关问题回答了记者提问，具体内容如下：

记者：制定《办法》的背景是什么？

答：为更好地保障职工的生命安全和健康，发挥工伤预防降低工伤事故和职业病发生率的作用，按照《工伤保险条例》的有关规定，我部积极推进工伤预防工作，2013年，下发了《人力资源社会保障部关于进一步做好工伤预防试点工作的通知》，在全国54个统筹地区开展工伤预防试点。几年来，试点成效初显，部分城市的工伤发生率有所下降。为进一步促进工伤预防工作，2015年底，中共中央办公厅印发的《完善体制机制防范化解风险着力促进安全生产形势根本好转》督查报告、2016年审计署对工伤保险基金的审计整改意见，特别是2016年底，中共中央国务院印发的《关于推进安全生产领域改革发展的意见》都对加快推进工伤预防工作，尽快出台办法提出了明确要求。在此背景下，2016年，我们启动了《办法》的制定工作。

记者：起草《办法》坚持的原则是什么？

答：起草《办法》中我们注意把握以下几项原则：

一是处理好牵头部门和有关部门关系，办法既明确人力资源社会保障部门的牵头职责，又充分发挥财政、卫生计生、安全监管等部门的作用，形成推进工作的合力；

二是处理好政府和市场的关系，政府相关部门主要是制定政策、提出工伤预防重点领域、确定工伤预防项目及对项目的监督管理，项目的具体实施原则上由符合条件的行业协会、大中型企业等社会组织负责；

三是处理好权责关系，确保权责对等，主要是预防项目实行谁提出、谁招标、谁组织实施、谁承担相应责任。

记者：请您概况地介绍一下《办法》的主要内容。

答：《办法》共19条，主要规定了制定办法的目的，预防费的概念、使用范围、使用比例、预算编制、项目的确定和实施、提供服务的社会组织应具备的条件，项目的验收评估以及违反规定应承担的责任等。

记者：请介绍一下《办法》对工伤预防费的使用范围有哪些规定？

答：《办法》第四条规定，工伤预防费用于工伤事故和职业病预防的宣传和培训。

记者：《办法》第五条规定，工伤预防费的使用原则上不得超过统筹地区上年度工伤保险基金征缴收入的3%。请问这样规定是基于什么考虑？

答：这样规定主要基于以下考虑：

据对部分试点地区统计，24个地区规定预防费使用比例不超过3%；4个规定不超过5%的地区，实际使用比例均不超过3%；只有1个地区使用比例超过3%。综合全国各试点地区情况，实际使用比例为0.97%，不超3%的规定符合地方的实际。

同时，为避免政策一刀切，满足部分地方的实际需要，《办法》第五条还规定，因工伤预防工作需要，经省级人力资源社会保障、财政部门同意，可以适当提高工伤预防费的使用比例。《办法》对部分地区实际工作中可能超过3%的情形作了授权规定，以保证这些地区工伤预防工作正常开展。

记者：对于工伤预防项目的确定，《办法》有哪些规定？

答：《办法》第七条、第八条、第九条规定，由统筹地区人力资源社会保障部门会同财政、卫生计生、安全监管等部门以及本辖区内负有安全生产监督管理职责的部门，共同确定每年工伤预防的重点领域，由行业协会和大中型企业等社会组织在确定的重点领域内提出拟实施的项目，再由人力资源社会保障部门会同有关部门共同确定下一年度安排实施的项目。

规定人力资源社会保障部门会同有关部门共同确定重点领域和实施项目，一是体现有关部门履职尽责、齐抓共管，二是体现源头把关、政府主导。

记者：《办法》对工伤预防项目的实施主体是如何规定的？

答：《办法》第十条规定，纳入年度计划的工伤预防实施项目，原则上由提出项目的行业协会和大中型企业等社会组织负责组织实施。可以直接实施，与社会保险经办机构签订服务协议；也可以委托第三方机构实施，与服务机构签订服务合同。由行业协会和企业作为实施主体，有助于发挥其工伤预防主体责任，操作实施更具有针对性和灵活性。

同时，《办法》规定了面向社会和中小微企业的工伤预防项目，可由人力资源社会保障、卫生计生、安全监管部门参照政府采购法等相关规定，从具备相应条件的社会组织中选择提供工伤预防服务的机构，推动组织项目实施。这样规定，主要是考虑由某个行业、企业承担面向全社会的工伤预防宣传、培训等工作具有一定的局限性，如涉及领域较窄、经验积累和专业性不足、服务受众有限等，通过政府参与的方式可以弥补上述不足，取得更好的社会效果。

记者：在保障工伤预防项目的实施效果方面，《办法》有哪些措施？

答：为了加强对项目实施的全过程监督，保障项目的实施效果，提高工伤预防费的使用效率和保障基金合规使用，《办法》对项目的评估验收作出了规定。

《办法》第十二条规定，项目实施前，社会保险经办机构根据服务协议或服务合同支付部分预付款。对于行业协会和大中型企业等社会组织直接实施的项目，由人力资源社会保障部门组织第三方中介机构或聘请相关专家对项目实施情况和绩效目标实现情况进行评估验收，形成评估验收报告；对于委托第三方机构实施的，由提出项目的单位或部门通过适当方式组织评估验收，评估验收报告报人力资源社会保障部门备案。评估验收报告作为开展下一年度项目以及社会保险经办机构支付余款的重要依据。

记者：《办法》对相关责任人和相关主体有哪些约束？

答：《办法》第十四条、第十五条规定，违反本办法规定使用预防费的，对相关责任人参照《社会保险法》《工伤保险条例》等法律法规的规定处理；工伤预防服务机构提供的服务不符合法律和合同规定、服务质量不高的，三年内不得从事工伤预防项目。存在欺诈、骗保行为的，按照有关法律法规处理。

附录二 工伤保险待遇一览表

序号	待遇项目	计发基数及标准			支付方式
1	工伤医疗费	签订服务协议的医疗机构内符合规定范围内的医疗费			参保：基金支付 非参保：用人单位支付
2	工伤康复费	签订服务协议的医疗机构内符合规定范围内的康复费			
3	住院治疗工伤的伙食补助费	职工治疗工伤的伙食费用，按当地标准支付			
4	到统筹地区以外就医交通、食宿费	经医疗机构出具证明，报经办机构同意，工伤职工到统筹地区以外就医所需的交通、食宿费用，按当地标准支付			
5	辅助器具装配费	经劳动能力鉴定委员会确认需安装辅助器具的，发生符合支付标准的辅助器具配置费用			
6	停工留薪期工资福利待遇	停工留薪期间，按原工资福利待遇			参保、非参保均由用人单位支付
7	停工留薪期内护理	生活不能自理的工伤职工在停工留薪期间需要护理的			
8	生活护理费	统筹地区上年度职工月平均工资	完全不能自理	50%	参保：基金定期支付 非参保：用人单位支付
			大部分不能自理	40%	
			部分不能自理	30%	
9	一次性伤残补助金	本人工资	一级	27个月	参保：基金支付 非参保：用人单位支付
			二级	25个月	
			三级	23个月	
			四级	21个月	
			五级	18个月	
			六级	16个月	

续表

序号	待遇项目	计发基数及标准			支付方式
9	一次性伤残补助金	本人工资	七级	13个月	参保：基金支付 非参保：用人单位支付
			八级	11个月	
			九级	9个月	
			十级	7个月	
10	伤残津贴	本人工资	一级	90%	参保人：基金定期支付 非参保：用人单位支付
			二级	85%	
			三级	80%	
			四级	75%	
			五级	70%	保留劳动关系，难以安排工作的，由用人单位按月支付
			六级	60%	
11	一次性工伤医疗补助金	按各地具体制定的标准执行	五级至十级	按各地具体制定的标准执行	终结关系时参保人由基金支付，非参保由用人单位支付
12	一次性伤残就业补助金	按各地具体制定的标准执行	五级至十级	按各地具体制定的标准执行	终结关系时参保、非参保均由用人单位支付
13	丧葬补助金	统筹地区上年度职工月平均工资	6个月		参保：基金支付 非参保：用人单位支付
14	一次性工亡补助金	上一年度全国城镇居民人均可支配收入	20倍		
15	供养亲属抚恤金	本人工资	配偶	40%	参保：基金按月支付 非参保：用人单位支付，符合工亡职工供养范围条件的亲属可领取
			其他亲属	30%	
			孤寡老人或者孤儿每人每月在上述标准的基础上增加10%，核定的各供养亲属的抚恤金之和不应高于因工死亡职工生前的工资		